信息安全系列教材

操作系统安全

主编 贾春福 郑 鹏

参编 杨 峰 钟安鸣 段雪涛

武汉大学出版社

图书在版编目(CIP)数据

操作系统安全/贾春福,郑鹏主编. —武汉:武汉大学出版社,2006.12
信息安全系列教材
ISBN 978-7-307-05302-1

Ⅰ.操… Ⅱ.①贾… ②郑… Ⅲ.操作系统—安全技术—高等学校—教材 Ⅳ.TP316

中国版本图书馆 CIP 数据核字(2006)第 132974 号

责任编辑:林 莉　　责任校对:程小宜　　版式设计:支 笛

出版发行:武汉大学出版社　(430072 武昌 珞珈山)
　　　　　(电子邮件:cbs22@whu.edu.cn 网址:www.wdp.com.cn)
印刷:安陆市鼎鑫印务有限责任公司
开本:787×1092　1/16　印张:12.5　字数:307 千字
版次:2006 年 12 月第 1 版　　2010 年 1 月第 2 次印刷
ISBN 978-7-307-05302-1/TP·223　　定价:19.00 元

版权所有,不得翻印;凡购买我社的图书,如有缺页、倒页、脱页等质量问题,请与当地图书销售部门联系调换。

信息安全系列教材

编委会

主　　任：张焕国，武汉大学计算机学院，教授
副 主 任：何大可，西南交通大学信息科学与技术学院，教授
　　　　　黄继武，中山大学信息科技学院，教授
　　　　　贾春福，南开大学信息技术科学学院，教授
编　　委：（排名不分先后）
　　东北
　　张国印，哈尔滨工程大学计算机科学与技术学院副院长，教授
　　姚仲敏，齐齐哈尔大学通信与电子工程学院，教授
　　江荣安，大连理工大学电信学院计算机系，副教授
　　姜学军，沈阳理工大学信息科学与工程学院，副教授
　　华北
　　王昭顺，北京科技大学计算机系副主任，副教授
　　李凤华，北京电子科技学院研究生工作处处长，教授
　　李　健，北京工业大学计算机学院，教授
　　王春东，天津理工大学计算机科学与技术学院，副教授
　　丁建立，中国民航大学计算机学院，教授
　　武金木，河北工业大学计算机科学与软件学院，教授
　　张常有，石家庄铁道学院计算机系，副教授
　　田俊峰，河北大学数学与计算机学院，教授
　　王新生，燕山大学计算机系，教授
　　杨秋翔，中北大学电子与计算机科学技术学院网络工程系主任，副教授
　　西南
　　彭代渊，西南交通大学信息科学与技术学院，教授
　　王　玲，四川师范大学计算机科学学院院长，教授
　　何明星，西华大学数学与计算机学院副院长，教授
　　代春艳，重庆工商大学计算机科学与信息工程学院
　　陈　龙，重庆邮电大学计算机科学与技术学院，副教授

杨德刚,重庆师范大学数学与计算机科学学院
黄同愿,重庆工学院计算机学院
郑智捷,云南大学软件学院信息安全系主任,教授
谢晓尧,贵州师范大学副校长,教授

华东

徐炜民,上海大学计算机工程与科学学院,教授
楚丹琪,上海大学教务处,副教授
孙　莉,东华大学计算机科学与技术学院,副教授
李继国,河海大学计算机及信息工程学院,副教授
张福泰,南京师范大学数学与计算机科学学院,教授
王　箭,南京航空航天大学信息科学技术学院,副教授
张书奎,苏州大学计算机科学与技术学院,副教授
殷新春,杨州大学信息工程学院副院长,教授
林柏钢,福州大学数学与计算机科学学院,教授
唐向宏,杭州电子科技大学通信工程学院,教授
侯整风,合肥工业大学计算机学院计算机系主任,教授
贾小珠,青岛大学信息工程学院,教授
郑汉垣,福建龙岩学院数学与计算机科学学院副院长,高级实验师

中南

钟　珞,武汉理工大学计算机学院院长,教授
赵俊阁,海军工程大学信息安全系,副教授
王江晴,中南民族大学计算机学院院长,教授
宋　军,中国地质大学(武汉)计算机学院
麦永浩,湖北警官学院信息技术系副主任,教授
亢保元,中南大学数学科学与计算技术学院,副教授
李章兵,湖南科技大学计算机学院信息安全系主任,副教授
唐韶华,华南理工大学计算机科学与工程学院,教授
杨　波,华南农业大学信息学院,教授
王晓明,暨南大学计算机科学系,教授
喻建平,深圳大学计算机系,教授
何炎祥,武汉大学计算机学院院长,教授
王丽娜,武汉大学计算机学院副院长,教授

执行编委:黄金文,武汉大学出版社计算机图书事业部主任,副编审

内 容 简 介

本书是关于操作系统安全的教材，共分为七章，较为全面地介绍了操作系统安全的理论和关键技术。主要内容包括：操作系统安全的相关概念（基本名词和基本概念）、操作系统的安全机制、操作系统安全模型、操作系统的安全结构、主流操作系统（UNIX/Linux 和 Windows）的安全机制与技术、操作系统的安全评测，以及操作系统的安全设计等方面的内容。

本书内容丰富，深入浅出，特点鲜明，注重理论与实际应用的结合，利于学生较好地掌握所学到的知识和相关的技能。

本书可作为信息安全、计算机科学技术、通信工程等专业的高年级本科生的教材；也可作为相关专业本科生和研究生，以及从事相关领域科研和工程的技术人员的参考书。

序　言

21世纪是信息的时代，信息成为一种重要的战略资源，信息的安全保障能力成为一个国家综合国力的重要组成部分。一方面，信息科学和技术正处于空前繁荣的阶段，信息产业成为世界第一大产业。另一方面，危害信息安全的事件不断发生，信息安全的形势是严峻的。

信息安全事关国家安全，事关社会稳定；必须采取措施确保我国的信息安全。

我国政府高度重视信息安全技术与产业的发展，先后在成都、上海和武汉建立了信息安全产业基地。

发展信息安全技术和产业，人才是关键。人才培养，教育是根本。2001年经教育部批准，武汉大学创建了全国第一个信息安全本科专业。2003年经国务院学位办批准，武汉大学又建立了信息安全的硕士点、博士点和企业博士后产业基地。自此以后，我国的信息安全专业得到迅速的发展。到目前为止，全国设立信息安全专业的高等院校已达50多所。我国的信息安全人才培养进入蓬勃发展阶段。

为了给信息安全专业的大学生提供一套适用的教材，武汉大学出版社组织全国40多所高校，联合编写出版了这套《信息安全系列教材》。该套教材涵盖了信息安全的主要专业领域，既有基础课教材，又有专业课教材，既有理论课教材，又有实验课教材。

这套书的特点是内容全面，技术新颖，理论联系实际。教材结构合理，内容翔实，通俗易懂，重点突出，便于讲解和学习。它的出版发行，一定会推动我国信息安全人才培养事业的发展。

诚恳希望读者对本系列教材的缺点和不足提出宝贵的意见。

编委会
2006年9月19日

前 言

计算机和网络技术的飞速发展和广泛应用,极大地改变了人们的工作和生活方式,推动了整个社会的快速发展。随着人们对计算机和网络技术依赖程度的不断增加,信息安全问题更多地受到人们的关注。计算机主机系统和网络安全是信息安全的关键。

操作系统是计算机系统的系统软件,是计算机资源的直接管理者,它可以直接与硬件打交道,并为用户提供接口,是计算机软件的基础和核心。在计算机网络环境中,整个网络的安全依赖于其中各主机系统的安全可信性。如果没有操作系统安全的基础,就谈不上主机系统和网络系统的安全,也就不能真正解决数据库和其他应用软件的安全问题。因此,操作系统的安全是整个计算机系统安全的基础。

此外,一个有效可靠的操作系统自身也应该具有很强的安全性,它必须具有相应的保护措施,能够杜绝或限制后门、隐蔽通道、特洛伊木马等系统安全隐患;对系统中的信息提供足够的保护,防止未授权用户的滥用和蓄意破坏。硬件是计算机系统的支撑,但仅有硬件还不能提供足够的安全保护手段,操作系统的安全机制与相关硬件相结合才能提供强有力的保护。因此,操作系统安全是计算机信息系统安全的一个不可缺少的支柱,对安全操作系统进行研究具有重要的意义。

本书共分为七章,较为全面地介绍了操作系统安全的理论和关键技术。第一章介绍了操作系统安全的相关概念,包括基本名词和基本概念等;第二章介绍了操作系统的安全机制,包括标识与鉴别机制、访问控制、最小特权管理、安全审计机制、可信通路和存储与运行保护等内容;第三章介绍了操作系统安全模型的相关概念及几种重要的操作系统安全模型;第四章介绍了操作系统的安全结构的内容;第五章介绍了主流操作系统(UNIX/Linux 和 Windows)的安全机制和技术;第六章介绍了操作系统的安全评测问题,包括国内外安全操作系统的评估标准和方法;第七章介绍了操作系统的安全设计等方面的内容。本书第一章至第五章由南开大学贾春福、杨峰、钟安鸣和段雪涛编写,第六章和第七章由武汉大学郑鹏编写。

由于作者水平有限,加之时间仓促,书中难免有错漏之处,敬请广大读者批评指正。

本书得到了天津市科技发展计划项目(05YFGZGX24200)的支持,在此表示感谢。

作者

2006 年 9 月

目 录

第1章 绪 论 ··· 1
1.1 操作系统面临的安全威胁 ··· 1
1.1.1 保密性威胁 ·· 1
1.1.2 完整性威胁 ·· 2
1.1.3 可用性威胁 ·· 3
1.2 安全操作系统研究的发展 ··· 4
1.3 操作系统安全的基本定义及术语 ·· 11
1.4 操作系统安全的基本概念 ·· 13
1.4.1 安全功能与安全保证 ··· 13
1.4.2 可信软件和不可信软件 ·· 13
1.4.3 主体与客体 ·· 14
1.4.4 安全策略和安全模型 ··· 14
1.4.5 参照监视器 ·· 14
1.4.6 安全内核 ··· 14
1.4.7 可信计算基 ·· 15

第2章 操作系统安全机制 ··· 17
2.1 标识与鉴别机制 ·· 17
2.1.1 基本概念 ··· 17
2.1.2 密码 ·· 18
2.1.3 生物鉴别方法 ·· 21
2.1.4 与鉴别有关的认证机制 ··· 22
2.2 访问控制 ·· 23
2.2.1 基本概念 ··· 23
2.2.2 自主访问控制 ·· 24
2.2.3 强制访问控制 ·· 28
2.2.4 基于角色的访问控制 ·· 29
2.3 最小特权管理 ·· 30
2.4 可信通路 ·· 34
2.5 安全审计机制 ·· 35
2.5.1 审计事件 ··· 36
2.5.2 审计系统的实现 ·· 37
2.6 存储保护、运行保护和I/O保护 ··· 38

2.6.1 存储保护 ·· 38
   2.6.2 运行保护 ·· 39
   2.6.3 I/O 保护 ··· 39
  2.7 主流操作系统的安全机制 ··· 40
   2.7.1 Linux 操作系统的安全机制 ··· 40
   2.7.2 Windows 2000 操作系统的安全机制 ·· 42

第 3 章 操作系统安全模型 ··· 45
  3.1 安全模型的概念及特点 ··· 45
  3.2 安全模型的开发和验证 ··· 46
  3.3 安全模型的分类 ··· 47
   3.3.1 访问控制模型 ·· 48
   3.3.2 信息流模型 ·· 49
  3.4 主要安全模型 ··· 49
   3.4.1 Bell-LaPadula 模型 ·· 49
   3.4.2 Biba 模型 ·· 56
   3.4.3 Clark-Wilson 模型 ··· 57
   3.4.4 中国墙模型 ·· 59

第 4 章 操作系统安全体系结构 ··· 66
  4.1 概述 ·· 66
   4.1.1 安全体系结构的概念 ·· 66
   4.1.2 安全体系结构设计的基本原则 ··· 68
  4.2 Flask 体系结构 ··· 70
   4.2.1 Flask 体系结构的概念及特点 ·· 70
   4.2.2 Flask 体系结构的组成 ·· 72
   4.2.3 Flask 体系结构在 Linux LSM 中的应用 ···································· 80

第 5 章 主流操作系统的安全技术 ··· 83
  5.1 Linux/UNIX 安全技术 ·· 83
   5.1.1 Linux 身份验证 ··· 83
   5.1.2 Linux 访问控制 ··· 86
   5.1.3 Linux 网络服务安全 ··· 90
   5.1.4 Linux 备份/恢复 ·· 93
   5.1.5 Linux 日志系统 ··· 97
   5.1.6 Linux 内核安全技术 ··· 100
   5.1.7 安全 Linux 服务器配置参考 ·· 105
  5.2 Windows 安全技术 ·· 110
   5.2.1 Windows 身份验证与访问控制 ·· 110
   5.2.2 Windows 分布式安全服务 ·· 118

5.2.3 Windows 审核(Audit)机制 ··· 121
　　5.2.4 Windows 注册表 ·· 125
　　5.2.5 Windows 加密文件系统(EFS) ··· 130
　　5.2.6 Windows 基准安全注意事项 ·· 132
　　5.2.7 Windows 2003 中的新安全技术简介 ································· 139

第 6 章　操作系统安全评测 ·· 143
6.1　操作系统安全评测概述 ·· 143
　　6.1.1 安全认证的发展过程 ·· 145
　　6.1.2 操作系统安全评测方法 ··· 146
　　6.1.3 操作系统安全级别 ··· 147
6.2　操作系统漏洞扫描 ··· 149
6.3　描述安全漏洞的通用语言 ·· 151
6.4　系统安全评测准则 ··· 152
　　6.4.1 美国可信计算机系统评估准则(TCSEC) ····························· 153
　　6.4.2 欧洲的安全评价标准(ITSEC) ·· 157
　　6.4.3 加拿大的评价标准(CTCPEC) ·· 157
　　6.4.4 美国联邦准则(FC) ··· 157
　　6.4.5 通用安全评估准则 CC ·· 158
　　6.4.6 中国计算机信息系统安全保护等级划分准则 ······················· 158

第 7 章　安全操作系统设计 ··· 161
7.1　安全操作系统设计 ··· 162
　　7.1.1 安全操作系统设计的原则 ·· 162
　　7.1.2 安全操作系统的开发方法 ·· 164
　　7.1.3 安全操作系统的开发过程 ·· 164
7.2　Linux 安全模块(LSM) ·· 165
7.3　安全操作系统设计实例剖析(以 SELinux 为例) ·································· 170
　　7.3.1 SELinux 简介 ··· 170
　　7.3.2 SELinux 的工作原理 ··· 171
　　7.3.3 普通的 Linux 与 SELinux 相比较 ······································· 174
　　7.3.4 强制访问控制(MAC) ·· 175
　　7.3.5 SELinux 体系结构 ·· 177
　　7.3.6 SELinux 的安装与使用 ·· 179
　　7.3.7 Fedora Core 中的 SELinux ··· 182

主要参考文献 ··· 185

第1章 绪 论

随着计算机和网络技术在全球的普及和发展,计算机通信网络在社会、政治、经济、文化、军事等方面的作用日益增大,电子商务、网络办公、金融电子化等新兴事物的出现,极大地改变了人们学习和生活的方式,计算机技术的普及使得越来越多的人对电脑的依赖程度增加。然而,计算机网络的开放性,尤其是Internet的跨国界性,使计算机网络面临着巨大的安全威胁。随着社会网络化程度的增加,计算机网络体系的安全性隐患日益明显地暴露出来。

计算机网络体系的安全威胁,其来源主要有以下几个方面:一个是计算机结构上的安全缺陷;一个是操作系统的不安全性;还有一个就是网络协议的不安全性。目前国际上流行的可信计算技术就是为了弥补计算机结构上的安全缺陷而提出的,可信计算机的核心和基础就是安全的操作系统。而逐渐获得应用的IPv6网络协议已经更多地考虑了安全性方面的要求,安全的网络协议只有在安全的操作系统之上运行才能体现它的安全价值。由此可见,操作系统安全在整个信息安全领域的重要性。

安全操作系统是信息安全基础设施的关键技术,研究操作系统安全对我国信息化的建设具有重要意义。

1.1 操作系统面临的安全威胁

信息安全的很多问题都源于操作系统存在的安全弱点,要解决操作系统的安全问题,就要研究系统所遭到的各种各样的成功的和未成功的入侵攻击的威胁,这样才能有的放矢,提高操作系统的安全性。

计算机安全是建立在保密性、完整性和可用性之上的,破坏了信息的保密性、完整性或可用性,也就破坏了信息的安全性。从这个角度上看,操作系统所受到的安全威胁可以分为保密性威胁、完整性威胁和可用性威胁。

1.1.1 保密性威胁

信息的保密性是指信息的隐藏,目的是对非授权的用户不可见。信息保密的需求来源于计算机在敏感领域的使用,比如军事应用、企业应用等。军事部门经常需要控制某些信息只能被特定的人群访问。企业也有很多数据,例如公司的专利、采购价格等,是不能对所有人公开的。

保密性也指保护数据的存在性,存在性有时候比数据本身更能暴露信息。精确地知道某个地区参与游行的人数,可能并不会比知道该地区发生了游行事件这一信息更重要,因此保护数据的存在性也是非常重要的。

操作系统受到的保密性威胁很多,例如嗅探。嗅探就是对信息的非法拦截,它是某种形式的信息泄露。通过嗅探可以获得很多敏感信息，甚至可以获得用户使用某种服务的密码以及重要的交易记录等。

保密性威胁中，木马和后门事件的危害是最为严重的，因为此类事件隐蔽性非常强，是造成失泄密危害的重要原因。2005年，国家计算机网络应急技术处理协调中心对常见的28种木马程序的活动状况进行了抽样监测，发现我国大陆地区22 500多个IP地址的主机被植入木马，同时发现大陆地区以外22 800多个主机地址和这些木马进行通信。这些数据只是对我国互联网上木马活动情况的初步统计，实际情况会更加严重和复杂。随着我国互联网应用的普及，日益增加的木马程序将造成计算机数据的失窃和被控，感染木马的计算机不仅面临严重的泄密威胁，更容易被黑客利用，从而发起有组织的大规模攻击，而且木马类程序不断出现，用户很难发觉，因此造成的影响往往比较长久。

还有一类威胁信息保密性的程序叫做间谍软件(Spyware)。间谍软件通常是一个独立的程序，它监视用户和系统活动、窃取用户敏感信息，包括用户名、密码、银行卡和信用卡信息等，然后将窃取到的信息以加密的方式发送给攻击者。近几年来，间谍软件的数量、种类和危害不断增加，引起了广泛重视。现在大部分蠕虫、木马等恶意代码也都加入了间谍软件功能，敏感信息失窃成为用户面临的主要威胁。2005年，我国大陆至少有70万台主机被植入了某种类型的间谍软件。这些间谍软件向服务器汇报搜集到的信息，从服务器读取关键字、下载更新版本，极大地破坏了用户信息的保密性。

隐蔽通道也是一类不易被发现的数据泄密途径。隐蔽通道是一种允许违背合法的安全策略的方式进行操作系统进程间通信(IPC)的通道。隐蔽通道又分为隐蔽存储通道与隐蔽时间通道。隐蔽存储通道通过两个进程利用同一块不受安全策略限制的存储空间来传递信息。前一个进程向该存储单元中写入要传递的信息，后一个进程检测到该单元内容发生改变后就读取该信息。隐蔽时间通道原理上与隐蔽存储通道相同，不同的是隐蔽时间通道具有一个实时时钟或定时器等计时装置。前一个进程写入信息后，后一个进程必须迅速接收该信息，否则信息有可能会被覆盖。接收进程利用计时装置进行测量，判断接收信息的时间。

1.1.2 完整性威胁

信息的完整性指的是信息的可信程度。保证完整性的信息应该没有经过非法的或者是未经授权的数据改变。完整性包括信息内容的完整性和信息来源的完整性。如果信息被非法改变了，就破坏了信息的内容完整性，使其内容的可信程度受到质疑。同样，信息的来源可能会涉及来源的准确性和可信性，也涉及了人们对此信息所赋予的信任性。例如，有些网站上可能会发布一些从政府泄露出来的信息，却声称该信息来自于其他的信息源。虽然信息按原样刊登，保证了信息内容的完整性，但是信息的来源是错误的，即破坏了信息的来源完整性。因此，该信息同样是不可信的。完整性要同时包括数据的正确性和可信性、信息的来源(即如何获取信息和从何处获取信息)、信息在到达当前机器前所受到的保护程度，以及信息在当前机器中所受到的保护程度都会影响信息的完整性。

根据信息完整性的特点，信息的完整性威胁主要可以分为两类：破坏和欺骗。破坏指中断或妨碍正常操作。数据遭到破坏后，其内容就可能会发生非正常改变，破坏了信息的内容完整性。欺骗指接受虚假数据。欺骗过程中，一些实体要根据修改后的数据来决定采取什么样的动作,或者不正确的信息会被当做正确的信息被接受和发布。例如,网上先后出现了假冒中国银行、农业银行、工商银行的网站,这些冒牌网站的共同特点是网址及页面均与真网站相似。如假冒中国银行网站的域名是 www.bank-off-china.com,比中国银行网站的域名 www.bank-of-china.com 多一个英文字母 f;假冒中国工商银行网站的域名是 www.1cbc.com.cn,与中国工商银行网站的域名 www.icbc.com.cn 也只是"1"和"i"一字之差;而假冒中国农业银行网站的域名是 www.965555.com,与中国农业银行网站 www.95599.com 也较为相近。不法分子通过设立假冒银行网站,试图骗取该行用户的账号和密码,用户一旦输入了账号及密码,用户的资料就会落入欺骗者的手中,后果将不堪设想。欺骗会破坏信息来源的完整性。

计算机病毒是操作系统所受到的安全威胁中人们最为熟悉的一种。绝大部分的病毒都会对信息的内容完整性产生危害。计算机病毒是一个程序,一段可执行代码,具有寄生性、潜伏性、隐蔽性、传染性等特点。就像生物病毒一样,计算机病毒有自我复制的能力。计算机病毒可以很快地蔓延,又常常难以根除。它们能把自身附着在各种类型的文件上,当文件被复制或从一个用户传送到另一个用户时,它们就随同文件一起蔓延开来。计算机病毒可以通过磁盘、磁带和网络等媒介传播扩散,能够感染其他的程序。与生物病毒不同的是几乎所有的计算机病毒都是人为地故意制造出来的,有时一旦扩散出来后连编写者自己也无法控制。它已经不是一个简单的纯计算机学术问题,而是一个严重的社会问题了。几年前,大多数类型的病毒主要是通过软盘传播,但是,因特网引入了新的病毒传播机制。由于电子邮件被用做重要的企业通信工具,病毒比以往任何时候扩展得都要快。附着在电子邮件信息中的病毒,仅仅在几分钟内就可以感染整个企业,让公司每年在生产损失和清除病毒开销上花费数百万美元。按美国国家计算机安全协会发布的统计资料,已有超过 10 000 种病毒被辨认出来,而且每个月都在产生 200 种新型病毒。1999 年 4 月 26 日,全世界至少有六千万台计算机遭受了 CIH 病毒的侵害,计算机系统瘫痪或硬盘分区表被改写,甚至许多机器的数据永久地丢失了。直到现在,每到 4 月 26 日,还会有很多安全意识不强的用户受到 CIH 病毒的侵害。没有一个使用多台计算机的机构,可以是对病毒免疫的。因此,如何有效地减少计算机病毒对操作系统的安全威胁,是安全操作系统设计过程中所要考虑的一个很重要的问题。

1.1.3 可用性威胁

可用性是指对信息或资源的期望使用能力。可用性是系统可靠性与系统设计中的一个重要方面,因为一个不可用的系统起到的作用还不如没有系统。可用性之所以与安全相关,是因为有人可能会蓄意地使数据或服务失效,以此来拒绝对数据或服务的访问。

企图破坏系统的可用性的攻击称为拒绝服务攻击。拒绝服务攻击的目的是使计算机或网络无法提供正常的服务。拒绝有可能发生在服务器的源端(即阻止服务器取得完成任务所需的资源),也可能发生在服务器的目的端(即阻断来自服务器的信息),或者发生在中间路径(即丢弃从客户端或服务器端传来的信息,或者同时丢弃这两端传来的信息)。最常见的拒绝服务攻击有计算机网络带宽攻击和连通性攻击。带宽攻击指以极大的通信量冲击网络,使得所有可用网络资源都被消耗殆尽,最后导致合法的用户请求无法通过。连通性攻击指用大量的连接请求冲击计算机,使得所有可用的操作系统资源都被消耗殆尽,最终计算机无法再处理合法用户的请求。2000 年 2 月,在三天的时间里,黑客组织使全球顶级互联网站——雅虎、亚马逊、电子港湾、CNN等陷入瘫痪。黑客使用的就是拒绝服务攻击,即用大量无用信息阻塞网站的服务器,使其不能提供正常服务。据统计,在2月7~9日三天时间里,这些受害公司的损失就超过了10亿美元,其中仅营销和广告收入就高达1亿美元。

操作系统可用性威胁的另一个主要来源在于计算机软件设计实现中的疏漏。操作系统功能复杂,规模庞大,而且发展趋势表明,在不远的将来还会变得更加复杂。每千行代码中的bug数量随系统的不同而不同,但是不管什么系统,bug都在5~50个之间。即使一个经过了严格质量认证测试的系统每千行仍然会有大约5个bug。一个只经过了特性测试的软件系统,每千行则存在大约50个bug。图1.1是Linux操作系统从发布到2.4.17版的源代码行数。到现在的Linux 2.6版本的内核源代码已经超过了三千万行。如此庞大的系统要想保证百分之百的正确是不可能的,其中隐藏的缺陷可能会被缓冲区溢出、符号连接和特洛伊木马等各种各样的攻击手段所利用,这些缺陷一旦被利用,就可能对系统的安全构成致命的威胁。微软2004年正式公布了34个安全漏洞,2005年公布了48个安全漏洞,这些漏洞大部分是和操作系统相关的。绝对安全的操作系统是不存在的,只有在操作系统设计时就以安全理论作指导,始终贯穿正确的安全原则,才能尽可能地减少操作系统本身的漏洞。

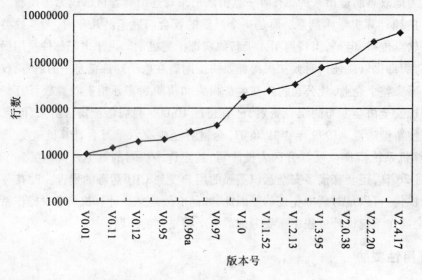

图1.1 Linux内核各版本源代码行数

事实上,操作系统面临的威胁已经越来越复杂,各种各样的威胁有时会交织在一起而难以详细区分,这些威胁对操作系统的影响也是多方面的,很多威胁可能会在破坏系统的可用性同时又破坏了数据的完整性。2005年,国家计算机网络应急技术处理协调中心收到的9 112件非扫描类网络安全事件报告按类型统计情况如图1.2所示,其中绝大部分事件都与操作系统的安全性相关,并且对系统的影响是多方面的。

1.2 安全操作系统研究的发展

为了更好地研究操作系统,使安全操作系统的发展符合现代军事和商业等方面的需要,有

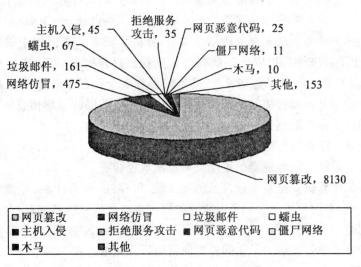

图 1.2　2005 年网络安全事件报告类型分布

必要对安全操作系统的发展规律和发展方向加以了解。下面按时间顺序给出安全操作系统技术发展的历史资料，从中可以看出安全操作系统的基本思想、技术和方法形成及发展的过程。

20 世纪 60 年代是大型计算机快速发展的年代，当时的麻省理工学院因最先实现了兼容分时系统（CTSS，Compatible Time Sharing System），在电子计算器领域享有相当崇高的地位。1963 年，麻省理工的里克莱德推动了 MAC 计划，MAC 以 IBM 的大型计算机作为主体，连接了将近 160 台终端机，这些终端机就四散在教学区以及教职员的家中，可以让 30 位使用者同时共享计算机资源。这项计划到了 1965 年便不堪负荷，于是麻省理工便决定开发更大型的计算机系统，这项计划便是开发 Multics，其目标是向更大的用户团体提供对计算机的同时访问，支持强大的计算能力和数据存储，并具有很高的安全性。在这一年由麻省理工学院、奇异公司及贝尔实验室这三个成员开始了合作开发。由于 Multics 预期的复杂性和理想性，直到 1969 年在历经四年的奋战后，仍未达到原先规划设计的目标，贝尔实验室决定退出计划。功能未达原始设计目标的 Multics 还是安装在奇异公司的 GE645 大型计算机上供麻省理工使用。虽然 Multics 没有成功，但在安全操作系统的研究方面迈出了重要的一步，是开发安全操作系统最早期的尝试，并为后来的研究开发工作积累了大量有用的经验。

1969 年，出现了历史上的第一个可以实际投入使用的安全操作系统——Adept-50。C. Weissman 发表了有关 Adept-50 的安全控制的研究成果。Adept-50 运行于 IBM360 硬件平台，它以一个形式化的安全模型——高水标模型（High-watermark Model）为基础，实现了一个军事安全系统模型，为给定的安全问题提供了一个比较形式化的解决方案。

同年，在安全操作系统的安全模型研究上也取得了很大进展。B. W. Lampson 第一次对访问控制问题进行了抽象。他通过形式化表示方法运用了主体（Subject）、客体（Object）和访问矩阵（Access Matrix）的思想。主体是访问操作中的主动实体，客体是访问操作中的被动实体，即主体对客体进行访问。访问矩阵是以主体为行索引、以客体为列索引的矩阵，矩阵中的每一个元素表示一组访问方式，是若干访问方式的集合。矩阵中第 i 行第 j 列的元素 M_{ij} 记录着第 i 个主体 S_i 可以执行的对第 j 个客体 O_j 的访问方式，比如 M_{ij} 等于 {read, write} 表示 S_i 可

以对 O_j 进行读和写访问。

1970 年,W. H. Ware 给出了针对多渠道访问的资源共享的计算机系统引起的安全问题的研究报告。报告研究的主要目标是多级安全系统(Multi-level Security System)在计算机中的实现。报告结合实际的国防信息安全等级划分体制,分析了资源共享系统中敏感信息可能受到的安全威胁,提出了解决计算机安全问题的建议途径。报告指出,安全级别和需知(Need-to-know)权限是多级安全问题中的重要成分,基本的多级安全问题就是要确定具有特定安全级别和需知权限的个体是否能够访问给定物理环境中的某个范围的敏感信息。报告对计算机安全系统的设计提出了两个限制条件:

①计算机安全系统必须与现实的安全等级划分结构一致;
②计算机安全系统必须与现实的手工安全控制规程相符。

该报告建议的计算机安全系统涉及系统灵活性、可靠性、可审计性、可管理性、可依赖性、配置完整性等特点,并讨论了在存储资源管理方面避免遗留信息泄露问题。报告认为,计算机系统的安全控制是一个系统设计问题,必须从硬件、软件、通信、物理、人员和行政管理规程等各个方面综合考虑。报告还给出了访问控制问题的形式化描述。

1972 年,J. P. Anderson 在一份研究报告中提出了引用监控器(Reference Monitor)、引用验证机制(Reference Validation Mechanism)、安全核(Security Kernel)和安全建模(Security Modeling)等重要思想。

引用监控器思想是为了解决用户程序的运行控制问题而引入的,其目的是在用户(程序)与系统资源之间实施一种授权的访问关系。J. P. Anderson 把引用监控器的职能定义为:以主体(用户等)所获得的引用权限为基准,验证运行中的程序(对程序、数据、设备等)的所有引用。

J. P. Anderson 把引用监控器的具体实现称为引用验证机制,它是实现引用监控器思想的硬件和软件的组合。引用验证机制需要同时满足以下三个原则:

①必须具有自我保护能力;
②必须总是处于活跃状态;
③必须设计得足够小,以利于分析和测试,从而能够证明它的实现是正确的。

第一个原则保证引用验证机制即使受到攻击也能保持自身的完整性;第二个原则保证程序对资源的所有引用都得到引用验证机制的仲裁;第三个原则保证引用验证机制的实现是正确的和符合要求的。

把授权机制与能够对程序的运行加以控制的系统环境结合在一起,可以对受控共享提供支持,授权机制负责确定用户(程序)对系统资源(数据、程序、设备等)的引用许可权(也可称之为访问许可权),程序运行控制负责把用户程序对资源的引用控制在授权的范围之内。在受控共享和引用监控器思想的基础上,J. P. Anderson 定义了安全核的概念。安全核是系统中与安全性的实现有关的部分,包括引用验证机制、访问控制机制、授权(Authorization)机制和授权的管理机制等成分。

J. P. Anderson 指出,要开发安全系统,首先必须建立系统的安全模型。安全模型给出安全系统的形式化定义,正确地综合系统的各类因素,这些因素包括:系统的使用方式、使用环境类型、授权的定义、共享的客体(系统资源)、共享的类型和受控共享思想等。这些因素应构成安全系统的形式化抽象描述,使得系统可以被证明是完整的、反映真实环境的、逻辑上能够实现程序的受控执行的。完成安全系统的建模之后,再进行安全核的设计与实现。

1973年，B. W. Lampson提出了隐蔽通道(Covert Channel)的概念。这个概念是在对程序的禁闭(Confinement)问题进行研究的基础上提出来的。其研究的背景是程序的调用与信息的传送。B. W. Lampson把隐蔽通道定义为，按常规不会用于传送信息但却被用于泄露信息的信息传送渠道。例如，程序对存储单元的影响，表面看起来与信息传送渠道无关，但该程序可以通过其对存储单元拥有的写权限改变其内容，利用该存储单元的变化情况来向另一个程序传递某种信息，这种信息泄露的渠道就属于隐蔽通道。

同年，D. E. Bell和L. J. LaPadula提出了Bell-LaPadula模型，简称BLP模型，这是第一个可证明的安全系统的数学模型。BLP模型是根据军方的安全政策设计的，它要解决的本质问题是对具有密级划分的信息的访问进行控制。在随后的几年，该模型得到了进一步的充实和完善。Bell和LaPadula在1976年完成的研究报告给出了BLP模型的最完整表述，其中包含模型的形式化描述和非形式化说明。

1975年，关于计算机系统的信息保护问题，J. H. Saltzer和M. D. Schroeder给出了信息保护机制的八条设计原则。关于这个问题的讨论，J. H. Saltzer和M. D. Schroeder以保护机制的体系结构为中心，重点考察了权能(Capability)实现结构和访问控制表(Access Control List)实现结构。

这八条设计原则是：

①机制经济性(Economy)原则：保护机制应设计得尽可能的简单和短小。有些设计和实现错误可能产生意想不到的访问途径，而这些错误在常规使用中是察觉不出的，难免需要进行诸如软件逐行排查等工作，简单而短小的设计是这类工作成功的关键。

②失败-保险(Fail-safe)默认原则：访问判定应建立在显式授权而不是隐式授权的基础上，显式授权指定的是主体该有的权限，隐式授权指定的是主体不该有的权限。在默认情况下，没有明确授权的访问方式，应该视做不允许的访问方式，如果主体欲以该方式进行访问，结果将是失败，这对于系统来说是保险的。

③完全仲裁原则：对每一个客体的每一次访问都必须经过检查，以确认是否已经得到授权。

④开放式设计原则：不应该把保护机制的抗攻击能力建立在设计的保密性的基础之上，应该在设计公开的环境中设法增强保护机制的防御能力。

⑤特权分离原则：为一项特权划分出多个决定因素，仅当所有决定因素均具备时，才能行使该项特权。正如一个保险箱设有两把钥匙，由两个人掌管，仅当两个人都提供钥匙时，保险箱才能打开。

⑥最小特权原则：分配给系统中的每一个程序和每一个用户的特权应该是它们完成工作所必须享有的特权的最小集合。

⑦最少公共机制原则：把由两个以上用户共用和被所有用户依赖的机制的数量减少到最小。每一个共享机制都是一条潜在的用户间的信息通路，要谨慎设计，避免无意中破坏安全性。应证明为所有用户服务的机制能满足每一个用户的要求。

⑧心理可接受性原则：为使用户习以为常地、自动地正确运用保护机制，把用户界面设计得易于使用是根本。

于1975年前后开始开发研究的可验证安全操作系统(Provably Secure Operating System, PSOS)采用层次式开发方法，通过形式化技术实现对安全操作系统的描述和验证。设计中的每一个层次管理一个特定类型的对象，系统中的每一个对象通过该对象的权能表进行访问。

1976年，M.A. Harrison、W.L. Ruzzo 和 J.D. Ullman 提出了操作系统保护(Protection)的第一个基本理论。该理论形式化地给出保护系统模型的定义，并通过三个定理给出有关保护系统的一些结果。Harrison 等还用该模型对 UNIX 系统的保护系统进行了刻画。

1977年，美国国防部研究计划局发起了一个安全操作系统研制项目——KSOS(Kernelized Secure Operating System)项目，项目的目标是为 PDP-11/70 机器开发一个可投放市场的安全操作系统，系统的要求是：

① 与贝尔实验室的 UNIX 系统兼容；
② 实现多级安全性和完整性；
③ 正确性可以被证明。

项目的开发提供了形式化的顶层描述和验证，代码与描述间的一致性证明由手工完成。起初该项目由 Ford 航空航天与通信公司承担，开发了一个安全核原型和一个 UNIX 系统仿真环境。后来由 Logicon 公司进行改造，把核心做得更小、更快，并开发一套接口包取代原来的仿真环境。系统的改造保持形式化描述的一致性。

1978年前后，进行开发研究的 UCLA 数据安全 UNIX 项目，也是由美国国防部研究计划局发起的。该项目由加利福尼亚大学承担，目的是为 PDP-11 机器开发者提供 UNIX 用户界面的安全核原型。该项目的任务由两大部分组成：

① 开发能够降低安全判定和安全实施软件的规模和复杂性的系统体系结构；
② 通过形式化验证方法证明系统能够满足安全性要求。

随着各个安全操作系统的开发项目不断涌现，人们也认识到了计算机安全评价标准的重要性。在1983年，美国国防部颁布可信计算机系统评价标准，简称 TCSEC，又称橘皮书。1985年，美国国防部对 TCSEC 进行了修订，这是历史上第一个计算机安全评价标准。TCSEC 提供 D、C1、C2、B1、B2、B3 和 A1 等七个等级的可信系统评价标准，每个等级对应有确定的安全特性需求和保障需求，高等级的需求建立在低等级的需求基础之上。

1984年，S. Kramer 发表了 LINUS IV 系统的开发成果，这是基于 UNIX 的一个实验型安全操作系统。LINUS IV 以 4.1BSD UNIX 为原型，结合 TCSEC 标准的要求，对安全性进行了改造和扩充，系统的安全性可以达到美国国防部橘皮书的 B2 级。

1986年，IBM 公司的 V.D. Gligor 等在 SCO Xenix 的基础上开发了 Secure Xenix 系统。Secure Xenix 属于 UNIX 类的安全操作系统，最初是在 IBM PC/AT 平台上实现的。Secure Xenix 对 Xenix 进行了大量的改造开发，并采用了许多形式化说明与验证技术，它要达到的目标是 TCSEC 标准 B2 至 A1 级的安全要求。

1987年，美国 Trusted Information Systems 公司在 Mach 操作系统的基础上开发了 Tmach (Trusted Mach)安全操作系统。在该系统中除了进行用户标识和鉴别以及命名客体的访问控制外，它还将 BLP 模型加以改进，运用到对系统中核心的端口、存储对象等的管理当中，通过对端口之间的消息传送、对端口、存储对象、任务等的安全标识，加强了内核的安全机制，可以达到 TCSEC 标准的 B3 级的安全要求。

1988年，贝尔实验室的 C.W. Flink 和 J.D. Weiss 发表了关于 System V/MLS 系统的设计与开发成果。System V/MLS 是以 AT&T 的 UNIX System V 为原型的多级安全操作系统。该系统通过在内核中加入多级安全性(MLS)模块实现对多级安全性的支持。MLS 模块是内核中可删除、可替换的独立模块，负责解释安全等级标记的含义和多级安全性控制规则，实现强制访问控制判定。在原系统的与访问判定有关的内核函数中插入调用 MLS 模块的命令，实现原有内核机制与 MLS 机制的连接。

1989 年,加拿大多伦多大学的 G. L. Grenier、R. Holt 和 M. Funkenhauser 开发了与 UNIX 兼容的 Secure TUNIS(Toronto UNIversity System)操作系统。该系统是 UNIX 内核的一个新的实现,采用强类型的 Turing Plus 高级语言编写,具有较好的模块化结构。Grenier 等指出,如果不进行系统的重新设计,以传统 UNIX 系统为原型,很难开发出高于 TCSEC 标准的 B2 安全等级的安全操作系统。这一方面是因为用于编写 UNIX 系统的 C 语言是一个非安全的语言,另一方面是因为 UNIX 系统内部的模块化程度不够。Turing Plus 是一个可验证的语言,采用该语言编写的 Secure TUNIS 系统的设计目标是 TCSEC 标准的 B3 至 A1 等级。Secure TUNIS 系统的可信计算基(TCB)由硬件、内核和可信进程等成分构成。Secure TUNIS 的设计借鉴了 Hydra 系统设计中的策略与机制分离的思想,不同的是,Hydra 系统在内核中实现机制,在应用程序中实现策略,Secure TUNIS 系统把内核分割成两个部分,一部分实现安全策略,另一部分实现安全机制。Secure TUNIS 采用改造过的 BLP 模型的安全策略,内核中实现安全策略的部分被设计成一个称为安全管理器的模块,安全管理器的职能是根据安全策略的规定执行安全判定。该系统可以达到 TCSEC 标准 B3 级要求。

1990 年,TRW 公司的 N. A. Waldhart 和 B. L. Di Vito 等开发了针对美军的战术需要而设计的军用安全操作系统——ASOS(Army Secure Operating System)系统。ASOS 由两类系统组成,其中一类是多级安全操作系统,设计目标是满足 TCSEC 标准的 A1 级要求,另一类是专用安全操作系统,设计目标是满足 TCSEC 标准的 C2 级要求。两类系统都支持 Ada 语言编写的实时战术应用程序,而且 ASOS 操作系统本身主要也是用 Ada 语言实现的。两类系统都能根据不同的战术应用需求进行配置,都具有容易在不同硬件平台间移植的特点,并且提供一致的用户界面。ASOS 系统采用访问控制表(ACL)结构支持自主访问控制。对于每一个客体,ASOS 的 ACL 结构可以指定每一个用户和用户组对它的访问权限,也可以明确指定给定用户或用户组不能对该客体进行访问。ASOS 系统依据 BLP 模型实现防止信息泄露的强制访问控制,依据限制的 Biba 模型实现确保数据完整性的强制访问控制。限制的 Biba 模型规定,仅当主体的完整性等级支配客体的完整性等级时,允许主体写客体。ASOS 的强制访问控制除了支持安全性等级和完整性等级外,还支持访问等级,访问等级是安全性等级和完整性等级的组合。

同年,开放软件基金会推出了 OSF/1 安全操作系统。该系统的安全性主要表现在:系统标识、口令管理、强制访问控制和自主访问控制以及审计。美国国家计算机安全中心(NCSC)认为该系统符合 TCSEC 标准的 B1 级。

20 世纪 90 年代初网络的应用越来越普及,而 TCSEC 为安全系统指定的是一个统一的系统安全策略,这与安全策略多种多样的现实世界之间已经有了很大的差距。于是在 1992 年,美国推出联邦标准草案,欲以取代 TCSEC,消除 TCSEC 的局限性。1993 年,美国国防部在 TAFIM(Technical Architecture For Information Management)计划中推出新的安全体系结构 DGSA(DoD Goal Security Architecture)。DGSA 的安全需求是一定层次上的抽象需求,这些需求包括:对多种信息安全策略的支持、开放系统的采用、充分的安全保护和共同的安全管理。DGSA 是讨论安全策略及其实现问题的一个概念框架,它给安全操作系统开发者带来的挑战是,安全操作系统应该能够灵活地支持在一个计算平台上同时工作的多种安全策略,应该能够与不同平台上能够支持相同安全策略的其他操作系统进行互操作。

为解决在分布式多策略环境中支持用户定义的安全策略的问题,1992 年,M. M. Theimer

等提出了访问控制程序(ACP)范型思想;1993年,H. Hartig 等提出了看守员(Custodian)范型思想。与传统的访问控制机制不同,ACP 和看守员范型都采用了基于算法的安全策略解决方法。

1997年,美国国家安全局(NSA)和美国安全计算公司(SCC)共同完成了 DTOS(Distributed Trusted Operating System)安全操作系统。该系统属于 Synergy 项目的一个组成部分,Synergy 项目是进行操作系统研究的一个庞大复杂的项目,它的目标是为安全分布式系统开发一个灵活的、基于微内核的体系结构,激励安全操作系统厂商在下一代面向市场的操作系统中提供强大的安全机制。DTOS 项目采用的是基于安全威胁的开发方法,它的主要目的之一是为 Synergy 体系结构的最底层软件组件开发一个原型系统。DTOS 原型系统以 Mach 为基础,其设计目标为:

①策略灵活性:DTOS 内核应该能够支持一系列的安全策略,包括诸如国防部的多级安全策略的强制访问控制策略。为提高系统的策略变换能力,由策略变化引起的必要的系统变化应该能局限在一个单一的系统组件(即安全服务器)的范围内。

②Mach 兼容性:DTOS 内核应该能够支持现有的所有 Mach 应用,使它们顶多只受到实施的安全策略的限制。特别地,如果安全策略允许所有的操作,那么现有的 Mach 应用应该能够在不做任何改变的情况下运行。

③性能:DTOS 内核的性能应该与它的母体 Mach 内核的性能相近。

1999年,Flask(Fluke Advanced Security Kernel)系统诞生。Flask 是以 Fluke 操作系统为基础开发的安全操作系统原型。Fluke 是一个基于微内核的操作系统,它提供一个基于递归虚拟机思想的、利用权能系统的基本机制实现的体系结构。Flask 是 Fluke 保障计划项目的研究成果,这个项目属于 DTOS 项目的延伸。在 DTOS 项目之后,Mach 微内核的工作没有得到持续的支持,因而 NSA 和 Utah 大学合作启动了 Fluke 保障计划项目,并且把 DTOS 安全体系结构集成到 Utah 大学开发的 Fluke 操作系统中,同时对该体系结构进行了改造,后来形成的就是 Flask 安全体系结构。Fluke 项目的安全性目标和保障能力目标是:

①安全性:主要的安全性目标是在 DTOS 安全体系结构的基础上建立一个策略灵活的访问控制模型的原型,重点是对动态安全策略的支持。

②保障能力:保障能力目标是通过运用形式化描述和推理手段实现对关键安全功能的验证。

因为 Flask 项目的研究工作主要集中在安全策略的实施机制和这些机制与安全策略间的协调作用,在已实现的原型系统中,依靠修改策略数据库就能实现的安全策略还非常有限。

2001年,P. Loscocco 等开发了 SELinux。该系统以 Linux 操作系统为基础,以 Flask 安全体系结构为指导。Flask 项目完成后,作为 Flask 系统的主要开发者的美国国家安全局(NSA)启动了把 Flask 的安全体系结构集成到 Linux 操作系统中的项目,网络伙伴公司(NAI)的实验室、安全计算公司(SCC)和 MITRE 公司等协助 NSA 完成集成工作。NSA 已经在 Linux 内核的主要子系统中实现了 Flask 安全体系结构,这些子系统包括进程、文件和 Socket 等操作的强制访问控制。NAI 实验室与 NSA 合作进一步开发和配置这个安全增强的 Linux 系统,SCC 和 MITRE 协助 NSA 开发应用层的安全策略和增强的实用程序。SELinux 定义了一个类型实施(TE)策略,基于角色的访问控制(RBAC)策略和多级安全(MLS)策略组合的安全策略。

我国在安全操作系统的开发研制工作方面也取得了一定的研究成果。1996年,中国国防科学技术工业委员会发布了军用计算机安全评估准则 GJB2646-96,该准则与美国的 TCSEC 基本一致。

1999年10月19日,国家技术监督局发布了国家标准 GB17859-1999《计算机信息系统安全保护等级划分准则》,为计算机信息系统安全保护能力划分了等级。该标准已于2001年起强制执行。

在软件方面,我国安全操作系统研究人员也相继推出了一批基于 Linux 的安全操作系统,例如红旗安全操作系统、安胜安全操作系统等。

1.3 操作系统安全的基本定义及术语

■计算机信息系统(Computer Information System):计算机信息系统是指由计算机及其相关的和配套的设备、设施(含网络)构成的,按照一定的应用目标和规则对信息进行采集、加工、存储、传输、检索等处理的人机系统。

■可信计算基(Trusted Computing Base):计算机系统内保护装置的总体,包括硬件、固件、软件和负责执行安全策略的组织体。它建立了一个基本的保护环境并提供一个可信计算机系统所要求的附加用户服务。

■访问(Access):信息在主体和客体间交流的一种方式。

■访问类别(Access Category):根据信息系统中被授权访问资源或资源组而规定的用户、程序、数据或进程等的等级。

■访问控制(Access Control):限制已授权的用户、程序、进程或计算机网络中其他系统访问本系统资源的过程。

■访问控制机制(Access Control Mechanisms):在信息系统中,为检测和防止未授权访问,以及为使授权访问正确进行所设计的硬件或软件功能、操作规程、管理规程和它们的各种组合。

■访问列表(Access List):用户、程序和/或进程以及每个将进行的访问等级的规格说明的列表。

■访问类型(Access Type):程序或文件的访问权的种类,如读、写、执行、增加、修改、删除和建立。

■审计跟踪(Audit Trail):系统活动的流水记录。该记录按事件从始至终的途径,顺序重现、审查和检验每个事件的环境及活动。

■鉴别(Authentication):验证用户、设备和其他实体的身份或验证数据的完整性。

■授权(Authorization):授予用户、程序或进程的访问权。

■认证(Certification):信息系统技术和非技术的安全特征及其他防护的综合评估,用以支持审批过程和确定特殊的设计和实际满足一系列预定的安全需求的程度。

■计算机安全(Computer Security):保护信息系统免遭拒绝服务、未授权(意外的或有意的)暴露、修改和数据破坏的措施和控制。

■自主访问控制(Discretionary Access Control):根据用户、进程、所属的群的标识和已知需要来限制对客体访问的一种手段。自主访问的含义是有访问许可的主体能够向其他主体转让访问权。

■信息安全(Information Security):为保证信息的完整性、可用性和保密性所需的全面管理、规程和控制。

■信息系统安全(Information System Security)：为了提供对信息系统的保护，在计算机硬件、软件和数据上所建立的技术安全设施和管理规程。在计算机安全中，表示客体安全等级并描述客体中信息敏感性的信息。在数据安全中，反映信息密级及表示信息敏感性种类的信息标志。

■最小特权(Least Privilege)：要求系统主体赋予授权任务所需的最大限制特权的原则。这一原则的应用可限制事故、错误、未授权使用带来的损害。

■漏洞(Loophole)：由软硬件的设计疏忽或漏洞导致的能避过系统的安全措施的一种错误。

■强制访问控制(Mandatory Access Control)：根据客体所含信息的敏感性及主体对这些敏感信息访问的正式授权来限制对客体访问的一种手段。

■客体(Object)：一种包含或接收信息的被动实体。对一个客体的访问隐含着对其包含信息的访问。客体的实体有：记录、程序块、页面、段、文件、目录、目录树和程序，还有位、字节、字、字段、处理器、视频显示器、键盘、时钟、打印机和网络节点等。

■客体重用(Object Reuse)：对曾经包含一个或几个客体的存储媒体(如页框、盘扇面、磁带)重新分配和重用。为了安全地重分配、重用，媒体不得包含重分配前的残留数据。

■个人身份识别号 PIN(Person Identification Number)：访问控制中的识别个人身份号。在使用终端或访问、传输信息前，用户必须输入的惟一的个人号码。

■特权指令(Privileged Instructions)：一般指在信息系统以执行状态运行时才执行的一组指令，例如中断处理。也可以指为控制信息系统保护特征而设计的计算机专用指令，例如存储器保护特征。

■安全操作系统(Secure Operating System)：为了对所管理的数据与资源提供适当的保护级，而有效地控制硬件与软件功能的操作系统。

■安全状态(Secure State)：在未授权情况下，不会出现主体访问客体的情况。

■安全过滤器(Security Filter)：对传输的数据强制执行安全策略的可信子系统。

■安全内核(Security Kernel)：控制对系统资源的访问而实现基本安全规程的计算机系统的中心部分。

■安全策略(Security Policy)：规定机构如何管理、保护与分发敏感信息的法规与条例的集合。

■安全需求(Security Requirements)：为使设备、信息、应用及设施符合安全策略的要求而需要采取的保护类型及保护等级。

■安全规范(Security Specifications)：系统所需要的安全功能的本质与特征的详细描述。

■敏感信息(Sensitive Information)：由于有意或无意的泄密、修改或破坏，可能造成很大损失或危害，需要某种等级保护的信息。

■主体(Subject)：一个主动的实体，一般以人、进程或装置的形式存在，它使信息在客体中间流动或者改变系统状态。

■系统完整性(System Integrity)：在任何情况下，信息系统都保持操作系统逻辑上的正确性和可靠性；实现保护机制的硬件和软件的完备性时所处的状态。

■系统完整性规程(System Integrity Procedure)：为保证信息系统中硬件、软件及数据能保持其初始完整状态，且不受程序更改影响而建立的规程。

■可信计算机系统(Trusted Computer System)：采用充分的软件和硬件保证措施，能同时处理大量敏感或不同类别信息的系统。

■可信通路(Trusted Path):终端人员能借以直接同可信计算基通信的一种机制。该机制只能由有关终端人员或可信计算基启动,并且不能被不可信软件所模仿。

■可信软件(Trusted Software):可信计算基的软件部分。

■用户标识(User Identification):信息系统用以标识用户的一个独特符号或字符串。

■脆弱性(Vulnerability):导致破坏系统安全策略的系统安全规程、系统设计、实现、内部控制等方面的弱点。

1.4 操作系统安全的基本概念

1.4.1 安全功能与安全保证

操作系统的安全功能主要说明操作系统所实现的安全策略和安全机制符合评价准则中哪一级的功能要求。安全保证则是通过一定的方法保证操作系统所提供的安全功能确实达到了确定的功能要求,它可以从系统的设计和实现、自身安全、安全管理等方面进行描述,也可以借助配置管理、发行与使用、开发和指南文档、生命周期支持、测试和脆弱性评估等方面所采取的措施来确定产品的安全确信度。因此,一个安全操作系统,无论其安全等级达到评价准则所规定的哪一级,都要从安全功能和安全保证两方面考虑其安全性。这就要求在设计一个安全操作系统时,首先要按照安全需求分析确定总体安全应达到的安全保护等级,然后再进一步明确该安全保护等级所规定的安全功能和安全保证的要求。

对于面向威胁的、不把追求评价准则的安全等级作为开发目标的操作系统,安全功能重点在于说明该系统为抵御威胁所应实现的安全策略和安全机制的功能要求;安全保证同样要通过一定的方法保证操作系统所提供的安全功能确实达到了确定的功能要求。因此,面向威胁的安全系统设计也应该从安全功能和安全保证两方面进行考虑。

1.4.2 可信软件和不可信软件

一般来说,软件可以分为三大可信类别:

①可信的:软件保证能安全运行,但是系统的安全仍依赖于对软件的无错操作。

②良性的:软件并不确保安全运行,但由于使用了特权或对敏感信息的访问权,因而必须确信它不会有意的违反规则。良性软件的错误被视为偶然性的,而且这类错误不会影响系统的安全。

③恶意的:软件来源不明,从安全的角度出发,该软件必须被视为恶意的,即认为将对系统进行破坏。

安全操作系统内的可信软件通常是指首先由可信人员根据严格的标准开发出来,然后通过先进的软件工程技术(例如形式化模型设计与验证)证明了的软件。可信软件只是与安全相关的,并且位于安全周界内的那部分,这部分软件的故障会对系统安全造成不利影响。良性的软件与安全无关,且位于安全周界之外,这些软件对维持系统的运行也许是必需的,但不会破坏系统的安全。

1.4.3 主体与客体

在一个操作系统中,每一个实体组件或是主体或是客体,或者既是主体又是客体。

主体是一个主动的实体,它包括用户、用户组、进程等。系统中最基本的主体应该是用户(包括一般用户和系统管理员、系统安全员、系统审计员等特殊用户)。每个进入系统的用户必须是惟一标识的,并经过鉴别确定为真实的。系统中的所有事件请求,几乎全是由用户激发的。进程是系统中最活跃的实体,用户的所有事件请求都要通过进程的运行来处理。在这里,进程作为用户的客体,同时又是其访问对象的主体。操作系统进程一般分为用户进程和系统进程。用户进程通常运行应用程序,实现用户所要求的运算处理;系统进程则是操作系统完成对用户所请求的事件进行处理的必不可少的组成部分。

客体是一个被动的实体。在操作系统中,客体可以是按照一定格式存储在一定记录介质上的数据信息(通常以文件系统格式存储数据),也可以是操作系统中的进程。操作系统中的进程(包括用户进程和系统进程)一般有着双重身份。当一个进程运行时,它必定为某一用户服务,即直接或间接地处理该用户的事件请求,于是该进程成为该用户的客体,或为另一进程的主体(这时另一进程则是该用户的客体)。

1.4.4 安全策略和安全模型

安全策略是指有关管理、保护和发布敏感信息的法律、规定和实施细则。例如,可以将安全策略定义为:系统中的用户和信息被划分为不同的层次,一些级别比另一些级别高;当且仅当主体的级别高于或等于客体的级别,主体才能读访问客体;当且仅当主体的级别低于或等于客体的级别,主体才能写访问客体。

安全模型是对安全策略所表达的安全需求的简单、抽象和无歧义的描述,它为安全策略和安全策略实现机制的关联提供了一种框架。安全模型描述了对某个安全策略需要用哪种机制来满足,而模型的实现则描述了如何把特定的机制应用于系统中,从而实现某一特定安全策略所需的安全保护。

1.4.5 参照监视器

参照监视器是一个抽象概念,它表现的是一种思想。J. P. Anderson 把参照监视器的具体实现称为引用验证机制,它是实现参照监视器思想的硬件和软件的组合。安全策略所要求的访问判定以抽象访问控制数据库中的信息为依据,访问判定是安全策略的具体表现。访问控制数据库包含有关由主体访问的客体及其访问方式的信息。数据库是动态的,它随着主体和客体的产生或删除及其权限的修改而改变。参照监视器的关键需求是控制从主体到客体的每一次访问,并将重要的安全事件存入审计文件之中。

1.4.6 安全内核

安全内核是指系统中与安全性实现有关的部分,包括引用验证机制、访问控制机制、授权机制和授权管理机制等部分。因此一般情况下,人们趋向于把参照监视器的概念和安全内核方法等同起来。

安全内核方法是一种最常用的建立安全操作系统的方法,可以避免通常设计中固有的安全问题。安全内核方法以指导设计和开发的一系列严格的原则为基础,能够极大地提高用户对系统安全控制的信任度。

安全内核是实现参照监视器概念的一种技术,其理论依据是:在一个大型操作系统中,只有其中的一小部分软件用于安全目的。所以在重新生成操作系统过程中,可用其中安全相关的软件来构成操作系统的一个可信内核,称为安全内核。安全内核必须给以适当的保护,不能篡改。同时,绝不能有任何绕过安全内核访问控制检查的访问行为存在。此外安全内核必须尽可能地小,便于进行正确性验证。安全内核由硬件和介于硬件和操作系统之间的一层软件组成。安全内核的软件和硬件是可信的,处于安全周界内,但操作系统和应用程序均处于安全周界之外。安全周界是指划分操作系统时,与维护系统安全有关的元素和无关的元素之间的一个想像的边界。

1.4.7 可信计算基

操作系统的安全依赖于一些具体实施安全策略的可信的软件和硬件。这些软件、硬件和负责系统安全管理的人员一起组成了系统的可信计算基(Trusted Computing Base,TCB)。具体来说,可信计算基由以下几个部分组成:

①操作系统的安全内核。
②具有特权的程序和命令。
③处理敏感信息的程序,如系统管理命令等。
④与 TCB 实施安全策略有关的文件。
⑤其他有关的固件、硬件和设备。为使系统安全,这里要求系统的固件和硬件部分必须能可信地完成它们的设计任务,其原因在于固件和硬件故障可能引起信息的丢失、改变或产生违反安全策略的事件。这也是把安全操作系统中的固件和硬件作为 TCB 的一部分来看待的理由。
⑥负责系统管理的人员。由于系统管理员的误操作或恶意操作也会引起系统的安全性问题,因此他们也被看做是 TCB 的一部分。系统安全管理员必须经过严格的培训,并慎重地进行系统操作。
⑦保障固件和硬件正确的程序和诊断软件。

在上面所列的 TCB 的各组成部分中,可信计算基的软件部分是安全操作系统的核心内容,它完成下述工作:

①内核的良好定义和安全运行方式;
②标识系统中的每个用户;
③保持用户到 TCB 登录的可信路径;
④实施主体对客体的访问控制;
⑤维持 TCB 功能的正确性;
⑥监视和记录系统中的有关事件。

习题一

1. 什么是信息的完整性?
2. 逻辑炸弹是加在应用程序上的一段恶意代码,当满足爆炸条件时,就会执行炸弹代码,通常造成程序中断、更改视频显示、使键盘失效、破坏磁盘数据等危害,它属于操作系统的哪种威胁?

3. 举例说明隐蔽通道的工作方式。
4. 举例说明主体、客体的概念。
5. 举例说明安全操作系统中的可信软件与不可信软件。
6. 安全功能和安全保证之间是什么关系?
7. 简述安全策略和安全模型之间的关系。
8. 简述参照监视器和安全内核之间的关系。
9. 简述 TCB 的组成和功能。
10. 怎样理解 TCB 的各个组成部分?

第2章 操作系统安全机制

操作系统是硬件和其他应用软件之间的连接桥梁,它所提供的安全服务主要包括:内存保护、文件保护、普通实体保护(对实体的一般存取控制)、存取鉴别(用户身份的鉴别)等。

操作系统安全的主要目标为:

① 按系统安全策略对用户的操作进行访问控制,防止用户对计算机资源的非法使用(窃取、篡改和破坏);

② 标识系统中的用户,并对身份进行鉴别;

③ 监督系统运行的安全性;

④ 保证系统自身的安全性和完整性。

实现这些目标,需要建立相应的安全机制,根据国际标准化组织(ISO)的定义,安全机制是一种技术、一些软件或实施一个或更多安全服务的过程。安全机制可以分为特殊安全机制和普遍安全机制。一个特殊的安全机制是在同一时间只对一种安全服务上实施一种技术或软件。加密就是特殊安全机制的一个例子。尽管可以通过使用加密来保护数据的保密性,数据的完整性和不可否定性,但实施在每种服务时需要不同的加密技术。普遍的安全机制都列出了在同时实施一个或多个安全服务时的执行过程。特殊安全机制和普遍安全机制不同的另一个方面是普遍安全机制不能应用到 OSI(开放系统互联模型)参考模型的任一层上。

普遍的安全机制包括:

① 信任的功能性:指任何加强现有机制的执行过程。例如,当升级网络协议栈或运行一些软件来加强操作系统认证功能时,使用的就是普遍的机制。

② 事件检测:检查和报告本地或远程发生的事件。

③ 审计跟踪:任何机制都允许监视和记录与安全有关的活动。

④ 安全恢复:对一些事件作出反应,包括对于已知漏洞创建短期和长期的解决方案和对受危害系统的修复。

本章主要介绍标识与鉴别机制、访问控制机制、最小特权管理机制、可信通路机制、安全审计机制、存储和运行保护机制。

2.1 标识与鉴别机制

2.1.1 基本概念

标识是用户要向系统表明的身份。每个用户都具有一个系统可以识别的内部名称,即用户标识。用户标识可以是用户名、登录 ID、身份证号或智能卡等。用户一旦完成了身份标识,这个身份标识就要对该用户的所有行为负责,操作系统通过标识来跟踪用户的操作。因此,用户标识符必须是惟一的并且不能被伪造。

鉴别是指对用户所宣称的身份标识的有效性进行校验和测试的过程。鉴别主要用以识别用户的真实身份,需要用户提供额外的信息。这些信息必须与其身份标识所指示的内容完全相符,并且这些信息应该是秘密的,其他用户所不能拥有的。

用户可以用以下四种方法中的一种,表明他们是自己声明的身份。

(1) 证实你所知道的

密码验证是安全操作系统中最普通的身份验证方法。登录系统时,通常要出示自己的密码。这就是你所知道的。你所知道的内容除了密码,还有身份证号码、你最喜欢的歌手、你最爱的人的名字等。这些都可以作为身份鉴别的信息。

(2) 出示你所拥有的

这种方法是指用户出示自己拥有的可以证明身份的物质,例如智能卡、凭证设备和内存卡等。智能卡鉴别的方法现在应用也很广泛,智能卡具有微芯片,芯片中可以包含用户的详细的信息。但是智能卡需要依赖于智能卡读卡机才能进行操作,使用智能卡的安全操作系统需要具有相应的硬件支持。

(3) 证明你是谁

该方法是以一些无法轻易复制或偷走的物理、遗传或其他人类特征为基础的内容进行身份的鉴别。例如指纹、语音波纹、视网膜样本、照片、面部特征扫描等。目前指纹识别技术已经在操作系统的身份鉴别中得到了应用。

(4) 表现你的动作

指表现出你自己特有的能够表明身份的动作。例如签名、键入密码的速度与力量、语速等。不过这种方法具有一定的误判率,因此一般作为辅助鉴别手段。

用户将身份和鉴别信息提交给系统后,系统会将他们与系统中的身份标识数据库进行核对。如果身份标识和鉴别信息都正确,则主体就通过了身份鉴别。需要指出的是,用户通过身份鉴别,只能表明系统承认用户的合法性,并不意味着用户就可以为所欲为了。只有获得了授权,才可以进行指定的操作。授权就是系统向用户赋予的对目标的操作的权力和特权,授权的方法有很多,比较常用的是使用访问控制矩阵,后面的章节我们还要详细讨论。

2.1.2 密码

身份鉴别中最常用的就是口令机制。一般在用户登录时,系统要求用户输入口令,并比较用户输入口令的正确性。口令机制简单易行,但也是最弱的鉴别机制,因为有很多原因使得口令机制变得很脆弱。例如:

①用户经常使用自己的姓名、生日、身份证号等容易记忆的内容作为口令,这些口令很容易被猜到。

②使用系统随机生成的口令虽然安全性高,但由于难以记忆,用户经常将它们记在容易发现的地方。

③远程鉴别时,口令的传递经常会以明文的方式或者容易破解的协议进行。

④有很多手段可以获得用户口令,例如观察、录像等,甚至可以通过对口令数据库的盗取和破译来得到用户口令。

⑤比较简单的密码通过暴力攻击可以很容易被破解。

如果口令的选取方法巧妙,管理得当,安全性还是很高的。口令的选取应该注意以下一些因素:

①不要使用名字、生日、电话号码、家庭地址等有意义的能够标识自己身份的词或短语作为口令,这些口令容易被猜到。

②不要使用字典中的词、常用短语或行业缩写等作为口令,这些口令往往会在口令破解工具的字典中存在,很容易被破解。

③应该使用非标准的大写和拼写方法。

④应该使用大小写和数字混合的方法选取口令。

除了以上需要注意的因素,口令的质量还取决于以下几点:

(1) 口令空间

口令空间的大小是字母表规模和口令长度的函数。满足一定操作环境下安全要求的口令空间的最小尺寸可以使用以下公式:

$$S = G/P$$
$$G = L \times R$$

其中,S 代表口令空间,L 代表口令的最大有效期,R 代表单位时间内可能的口令猜测数,P 代表口令有效期内被猜出的可能性。

(2) 口令加密算法

单向加密函数可以用于加密口令,加密算法的安全性十分重要。此外,如果口令加密只依赖于口令或其他固定信息,有可能造成不同用户加密后的口令是相同的。当一个用户发现另一用户加密后的口令与自己的相同时,他就知道即使他们的口令明文不同,自己的口令对两个账号都是有效的。为了减少这种可能性,加密算法可以使用诸如系统名或用户账号作为加密因素。

(3) 口令长度

口令的安全性由口令有效期内被猜出的可能性决定。可能性越小,口令越安全。在其他条件相同的情况下,口令越长,安全性越大。口令有效期越短,口令被猜出的可能性越小。下面的公式给出了计算口令长度的方法:

$$M = \log_A S$$

其中,S 是口令空间,A 代表字母表中字母个数,M 代表口令长度。计算口令长度的过程如下:

①建立一个可以接受的口令猜出可能性 P,例如,将 P 设为 10^{-20};

②计算 $S = G/P$,其中 $G = L \times R$;

③用计算口令长度的公式 $M = \log_A S$ 计算口令长度 M。

通常情况下,M 应四舍五入成最接近的整数。

入侵者要破解密码时,可以有几种方法,最主要的就是以下四种:

①社会工程学方法,即通过了解用户的日常生活信息以及性格、爱好和习惯等来猜测用户可能会使用的口令,或者用欺骗的手段诱使用户透漏口令信息;

②字典程序攻击,即使用口令字典进行破解;

③口令文件窃取,即通过窃取系统的口令数据库文件来获得用户密码;

④暴力破解,即使用所有字符的可能组合进行系统的测试,企图破解用户的口令,这种方法对于短口令特别有效。

如果用户口令的选取依照上面的原则,就可以对抗大多数入侵者的破解,大大提高身份鉴别的安全性。然而,口令的管理也是不可忽略的。口令系统提供的安全性依赖于口令的保密性,这就要求在口令管理方面应该注意以下几点:

①当用户在系统注册时,必须赋予用户口令;

②用户口令必须定期更改；
③系统必须维护一个口令数据库；
④用户必须记忆自身的口令；
⑤在系统认证用户时，用户必须输入口令。

口令管理并不仅仅是系统管理员的责任，用户也应该提高安全意识，加强对自己口令的管理。口令的安全性应该由系统管理员和用户共同努力加以维护。其中系统管理员应该担负的职责是：

(1) 初始化系统口令

系统中有一些标准用户是事先在系统中注册了的。在允许普通用户访问系统之前，系统管理员应该能够为所有标准用户更改口令。

(2) 初始口令分配

系统管理员应负责为每个用户产生和分配初始口令，但要防止口令暴露给系统管理员。有许多方法可以实现口令生成后对系统管理员的保密。一种技术是将口令用一种密封的多分块方式显示，这样对系统管理员来说，口令是不可见的，然后系统管理员妥善保护好密封的口令直到将其传送给用户。在这种情况下，口令产生是随机的，不会泄露给系统管理员，口令只有解封后才是可见的。另一种方法是，口令产生时用户在场。系统管理员启动产生口令的程序，用户则掩盖住产生的口令并删除或擦去显示痕迹。这种方法不适合用于远程用户。无论使用哪一种方法，必须在一定时间内通知系统管理员用户接收到了分配的口令。

(3) 口令更改认证

有时用户会忘记口令，或者系统管理员可能会认为某一用户口令已经被破坏。为了适当处理这些问题，系统管理员应该能够产生一个新口令，更改任一用户的口令，而事前他可以不知道该用户的口令。系统管理员在进行这个操作时，必须遵循初始口令的分配规则分配新口令。总之当口令必须更换时，系统应该进行主动地用户身份鉴别。

(4) 用户 ID

在系统的整个生存周期内，每个用户 ID 应该赋予一个惟一的用户。如果两个人或更多人知道某一用户的口令，安全性就会遭到破坏。

(5) 使用户 ID 重新生效

(6) 培训用户

适当地对用户进行培训，让用户明白维护安全性和使用不易破解的密码的必要性。对记录或共享密码的用户进行警告。提供一些技巧减轻维护安全的工作负担，或防止通过键盘记录截获密码。对如何建立不易破解的密码提供一些技巧和建议。

用户应该担负的职责是：

(1) 安全意识

用户应该明白自己有责任将口令对他人保密，报告口令更改情况，并关注安全性是否被破坏。

(2) 更改口令

口令应该进行周期性的改动。至少应该保证在口令有效期内，可能的破坏足够低。为避免不必要的将用户口令暴露给系统管理员，用户应该能够独自更改其口令。

综上所述，口令机制的实现要点如下：

(1) 口令的存储

口令的存储,最好使用单向加密的最强形势。必须对口令的内部存储实行一定的访问控制,保证口令数据库不被未授权用户读取或者修改。未授权读会泄露口令信息,从而使一个用户可以冒充他人登录系统。但要注意登录程序和口令更改程序应该能够读、写口令数据库。访问控制可以采取强制访问控制或者自主访问控制,无论采用哪种访问控制机制,都要对存储的口令进行加密,因为访问控制机制有时候可能被绕过。口令输入后应该立即加密,存储口令明文的内存应该在口令加密后立即删除,以后都使用加密后的口令进行比较。

(2) 口令的传输

不要让口令以明文的形式或者较弱的加密能力在网络中进行传输。在口令从用户终端到认证机的传输中,应该加以保护。在保护级别上,应该与敏感数据密级相等。

(3) 账户闭锁

账户闭锁就是在失败的登录次数达到指定的数量后,关闭用户的账户。通过限制登录尝试次数,在口令的有效期内,攻击者猜测口令的次数就会限制在一定范围内。每一个访问端口应该独立控制登录尝试次数。建议限制每秒或每分钟内尝试最大次数,避免要求极大的口令空间或非常短的口令有效期。在成功登录的情况下,登录程序不应该有故意的延迟,但对不成功的登录,应该使用内部定时器延迟下一次的登录请求。

(4) 账户管理

关闭那些短时期内(例如一周或一个月)暂时不使用的用户账户。将那些再也不会使用的用户账户删除。

(5) 用户安全属性

对于多级安全操作系统,标识与鉴别不但要完成一般的用户管理和登录功能,如检查用户的登录名和口令,赋予用户惟一标识用户 ID、组 ID,还要检查用户申请的安全级、计算特权集、审计屏蔽码,赋予用户进程安全级、特权集标识和审计屏蔽码。检查用户安全级就是检验其本次申请的安全级是否在系统安全文件当中定义的该用户安全级范围之内。若是则认可,否则系统拒绝用户的本次登录。若用户没有申请安全级,系统取出该用户的默认安全级作为用户本次注册的安全级,赋予用户进程。

(6) 审计

系统应该对口令的使用和更改进行审计。审计事件包括成功登录、失败尝试、口令更改程序的使用、口令过期后上锁的用户账号等。对每个事件,应该记录事件发生的日期和时间、失败登录时提供的用户账号、其他事件执行者的真实用户账号和事件发生终端或端口号等。

(7) 实时通知系统管理员

同一访问端口或使用同一用户账号连续五次(或其他阈值)以上的登录失败应该立即通知系统管理员。虽然不要求立即采取一定措施,但频繁的报警可能说明攻击者正试图渗透系统。

(8) 通知用户

在成功登录时,系统应通知用户以下信息:用户上一次成功登录的日期和时间、用户登录地点、从上一次成功登录以后的所有失败登录。如此,用户可以判断是否有他人在使用或试图猜测自己的账号口令。

2.1.3 生物鉴别方法

生物鉴别方法也是比较常用的身份标识的鉴别方法。生物鉴别主要侧重于使用前面提到的"证明你是谁"和"表现你的动作"的身份鉴别方法。该方法要求用户提供的是用户独有的行为或生理上的特点,包括指纹、面容扫描、虹膜扫描、视网膜扫描、手掌扫描、心跳或脉搏取样、语音取样、签字力度、按键取样等。

生物鉴别方法采用的技术称为生物测定学。使用一个生物测定学因素代替用户名或账户 ID 作为身份标识,需要生物测定学取样对已存储的取样数据库中的内容进行一对多的查找,并且要在生物测定学取样和已存储的取样之间保持主体身份的一一对应。使用生物鉴别方法应该注意以下几点:

①应该保证对世界上的每一个人提供绝对惟一的身份标识。

②为了保证鉴别的准确性,鉴别设备必须能够读取非常精确的信息,如人的视网膜中的血管变化,或者声音中音调和音质的变化。

③用户的生物测定因素必须被取样并且存储在鉴别设备的数据库中。

④如果使用的生物测定因素其特性随时间而变化,例如人的语调、头发或签字的方式,则取样必须定期重新进行。

指纹鉴别设备具有较低的成本和可靠的性能,因而成为应用比较广泛的生物鉴别方法。指纹鉴别的方法由来已久,早在公元前三世纪,我国就已经用指纹作为识别个人的手段,那时已经使用指印(和手印)来证实文件,并且将罪犯的指印记录在陶片上。经过科学论证,指纹具有很强的稳定性和独特性。包括双胞胎在内,出现两人指纹完全一样的几率还不到十亿分之一。指纹鉴别设备一般是对细微纹点和指纹纹脊的终点,以及连接点进行分析,用坐标和变量来表示细微纹点的位置。也有的设备以手指作为图像处理问题来对待,应用超大规模集成电路芯片、神经网络系统、模糊逻辑和其他工艺解决相应的问题。指纹鉴别设备正在越来越多的企业和金融机构使用的系统中得到应用,它们的使用方法非常简单。对于绝大多数指纹鉴别设备而言,仅需把手指放在一个读出装置上就可以了。它会拍下指纹的图像,系统的软件则把拍下来的指纹图像转换成一幅由小花纹点构成的图,并将其储存起来以备查询之用。而小花纹点构成的图看起来就如同排列杂乱无章的繁星一样,很难被转换成指纹。

其他的生物鉴别方法,或者由于鉴别精确性提高的困难,或者由于成本较高等其他原因,大部分还处于研究阶段。不过生物鉴别方法因为其独有的优势,会越来越多地在对安全性要求较高的系统中采用。

2.1.4 与鉴别有关的认证机制

在安全操作系统中,可信计算基(TCB)要求先进行用户识别,之后才开始执行要 TCB 调节的任何其他活动。此外,TCB 要维持鉴别数据,不仅包括确定各个用户的许可证和授权的信息,而且包括为验证各个用户标识所需的信息(如口令等)。这些数据将由 TCB 使用,对用户标识进行鉴别,并确保由代表用户的活动所创建的 TCB 之外的主体的安全级和授权是受哪个用户的许可证和授权支配的。TCB 还必须保护鉴别数据,保证它不被任何非授权用户访问。

所有用户都必须进行标识与鉴别,所以需要建立一个登录进程与用户交互以得到用于标识与鉴别的必要信息。首先用户提供一个惟一的用户标识符给 TCB,接着 TCB 对用户进行认证。TCB 必须能证实该用户的确对应于所提供的标识符,这就要求认证机制做到以下几点:

①在进行任何需要 TCB 仲裁的操作之前,TCB 都应该要求用户标识他们自己。通过向每个用户提供惟一的标识,TCB 维护每个用户的记账信息。同时 TCB 还将这种标识与该用户有关的所有审计操作联系起来。

②TCB 必须维护认证数据,包括证实用户身份的信息以及决定用户策略属性的信息,如

Groups。这些数据被用来认证用户身份,并确保那些代表用户行为的、位于 TCB 之外的主体的属性对系统策略的满足。除非允许用户在一定范围内修改自己的认证数据,例如自身的口令,通常要求只有系统管理员才能控制用户的标识信息。

③TCB 保护认证数据,防止被非法用户使用。即使在用户标识无效的情况下,TCB 仍然执行全部的认证过程。当用户连续执行认证过程,超过系统管理员指定的次数而认证仍然失败时,TCB 应该关闭此登录会话。当尝试次数超过阈值时,TCB 发送警告消息给系统控制台或系统管理员,将此事件记录在审计档案中,同时将下一次登录延迟一段时间,时间的长短由授权的系统管理员设定。TCB 应提供一种保护机制,当连续或不连续的登录失败次数超过管理员指定的次数时,该用户的身份就临时不可使用,直到有系统管理员干预为止。

④TCB 应能维护、保护、显示所有活动用户和所有用户账户的状态信息。

⑤一旦口令被用做一种保护机制,至少应该满足:

a. 当用户选择了一个其他用户已使用的口令时,TCB 应该保持沉默。

b. TCB 应该以单向加密方式存储口令,访问加密口令必须具有特权。

c. 在口令输入或显示设备上,TCB 应该自动隐藏口令明文。

d. 在普通操作过程中,TCB 在默认情况下应该禁止使用空口令。只有系统管理员在某些特殊操作中可以在受控方式下使用空口令,例如系统初启、手工修复、维修模式等。

e. TCB 应提供一种保护机制允许用户更换自己的口令,这种机制要求重新认证用户身份。TCB 还必须保证只有系统管理员才能设置或初始化用户口令。

f. 对每一个用户或每一组用户,TCB 必须加强口令失效管理。口令的使用期超过系统的指定值后,系统应当要求用户修改口令。系统管理员的口令有效期通常比普通用户短。过期口令将失效。只有系统管理员才能进行口令失效控制。

g. 在要求用户更改口令时,TCB 应事先通知用户。一种方法是在用户口令过期之前通知用户系统指定的口令有效时间。另一种方法是在口令过期后,通知用户,在更改口令前,允许用户有指定次数的额外登录机会。

h. 要求在系统指定的时间段内,同一用户的口令不可重用。

i. TCB 应提供一种算法确保用户输入口令的复杂性。口令至少应满足以下要求:口令至少应有系统指定的最小长度,通常情况下,最小长度为 8 个字符;TCB 应能修改口令复杂性检查算法,默认的算法应要求口令包括至少一个字母字符、一个数字字符和一个特殊字符;TCB 应允许系统指定一些不可用的口令,如公司缩写字母、公司名称等,并确保用户被禁止使用这些口令。

j. 如果有口令生成算法,该算法必须满足:产生的口令容易记忆,比如说具有可读性;用户可自行选择可选口令;口令应在一定程度上能抵御字典攻击;如果口令生成算法可使用非字母符号,口令的安全不能依赖于将这些非字母符号保密;生成口令的顺序应具有随机性;连续生成的口令应毫不相关;口令的生成不具有周期性。

2.2 访问控制

2.2.1 基本概念

用户通过身份鉴别后,还必须通过授权才能访问资源或进行操作。授权可以只在用户的身份鉴别通过以后再进行。系统通过访问控制来提供授权。访问控制的基本任务是防止用户对系统资源的非法使用,保证对客体的所有直接访问都是被认可的。

使用访问控制机制主要是为了达到以下目的:
①保护存储在计算机上的个人信息。
②保护重要信息的机密性。
③维护计算机内信息的完整性。
④减少病毒感染机会,从而延缓这种感染的传播。
⑤保证系统的安全性和有效性,以免受到偶然的和蓄意的侵犯。

访问控制机制的实行主要包含以下措施:
①确定要保护的资源。即确定系统中被处理、被控制或被访问的对象,如文件、进程等。
②授权。即规定可以访问资源的实体或主体,通常是一个人,有时也指一个软件程序或进程。
③确定访问权限。即规定可以对该资源执行的动作,例如读、写、执行、追加、删除等不同方式的组合。
④实施访问权限。即通过确定每个实体可以对哪些资源执行哪些动作来确定该安全方案。

概括地说,就是首先识别与确认访问系统的用户,然后决定该用户对某一系统资源可以进行何种类型的访问(读、写、删、改、运行等)。

广义的访问控制包括外界对系统的访问和系统内主体对客体的访问。外界对系统的访问控制是由标识与鉴别机制完成的,这里我们讨论的主要是系统内主体对客体的访问控制机制。

目前主要有三种访问控制技术:自主访问控制(DAC)、强制访问控制(MAC)和基于角色的访问控制(RBAC)。

2.2.2 自主访问控制

自主访问控制是应用得最为广泛的一类访问控制机制。采用该机制的系统允许客体的所有者或建立者控制和定义主体对客体的访问,即访问控制是基于拥有者的自由处理。这里的自主有两方面的含义:一方面是指用户可以自主地说明自己所拥有的资源允许系统中哪些用户以何种权限进行共享;另一方面是指对其他具有授权能力的用户,能够自主地将访问权或访问权的某个子集授予另外的用户。

需要自主访问控制保护的客体的数量取决于系统环境,几乎所有的系统在自主访问控制机制中都包括对文件、目录、IPC(Internet Process Connection)以及设备的访问控制。为了实现完备的自主访问控制,系统将访问控制矩阵相应的信息以某种形式保存在系统中。访问控制矩阵的每一行表示一个主体,每一列表示一个受保护的客体,矩阵中的元素表示该主体可以对客体进行的访问模式。目前,在操作系统中实现的自主访问控制机制一般都不是将矩阵完整地保存起来。因为矩阵中的许多元素常常为空,大量的空元素会造成存储空间的浪费,并且查找元素会耗费很多时间,造成访问控制的效率很低。实际上常常采用的方法是基于矩阵的行或列来表示访问控制信息。

1. 基于行的自主访问控制机制

基于行的自主访问控制机制在每个主体上都附加一个该主体可以访问的客体的明细表,根据表中信息的不同可以分为三种形式:能力表、前缀表和口令。

(1) 能力表

能力决定用户是否可以对客体进行访问以及进行何种模式的访问,如读、写、执行等。拥有相应能力的主体可以按照给定的模式访问客体。在系统的最高层上,即与用户和文件相联系的位置,对于每个用户,系统有一个能力表。用户可以把自己文件能力的拷贝传给其他用户,从而使别的用户可以访问相应的文件;也可以从其他用户那里取回能力,从而恢复对自己文件的访问权限。

能力表中的能力是通过权限字来实现的。权限字是一个提供给主体对客体具有特定权限的不可伪造标志。主体可以建立新的客体,并指定在这些客体上允许的操作。每个权限字标识可以允许的访问,例如,用户可以创建文件、数据段、子进程等新客体,并指定它可接受的操作种类(读、写或执行);也可以定义新的访问类型,如授权、传递等。

主体 A 如果具有转移或传播权限,则它可以将自己的权限字副本传递给主体 B,主体 B 同样可以将权限字传递给其他人。如果 A 在传递权限字副本给 B 时去除了其中的转移权限,那么 B 就不能将权限字传递给其他人了。权限字也是一种程序运行期间直接跟踪主体对客体的访问权限的方法。一个进程具有自己运行时的作用域,即访问的客体集,如程序、文件、数据、输入输出设备等。当运行进程调用子过程时,可以将访问的某些客体作为参数传递给子过程,而子过程的作用域不一定与调用它的进程相同。即调用进程仅将其客体的一部分或全部访问传递给子过程,子过程也拥有自己能够访问的其他客体。由于每个权限字都标识了作用域中的单个客体,因此,权限字的集合就定义了作用域。进程调用子过程并传递特定客体或权限字时,操作系统形成一个当前进程的所有权限字组成的堆栈,并为子过程建立新的权限字。

权限字必须存放在内存中不能被普通用户访问的地方,如系统保留区、专用区或者被保护区域内。在程序运行期间,只有被当前进程访问的客体的权限字能够很快得到,这种限制提高了对访问客体权限字检查的速度。由于权限字可以被收回,操作系统必须保证能够跟踪应当删除的权限字,彻底予以回收,并删除那些不再活跃的用户的权限字。

当使用能力表时,只需要动态地对进程的权限字作修改,不需要特权状态,减少了滥用权力的风险。但是,一个进程必须不能直接改动它的能力表,如果可以,它可能会给自己增加对没有权利访问资源的访问能力。

(2) 前缀表

前缀表的访问控制形式是对每个主体赋予前缀表。前缀表包括受保护的客体名和主体对它的访问权限。当主体要访问某客体时,自主访问控制机制将检查主体的前缀是否具有它所请求的访问权。

作为一般的安全机制,除非主体被授予某种访问模式,否则任何主体对任何客体都不具有任何访问权力。相对而言,用专门的安全管理员控制主体前缀是比较安全的,但这种方法非常受限。在一个频繁更迭对客体的访问权的环境下,这种方法肯定是不适宜的。因为访问权的撤销一般也是比较困难的,除非对每种访问权,系统都能自动校验主体的前缀。而删除一个客体则需要判定在哪个主体前缀中有该客体。另外,由于客体名通常是杂乱无章的,所以很难分类。对于一个可访问许多客体的主体,它的前缀量将是非常大的,因而是很难管理的。此外,所有受保护的客体都必须具有惟一的客体名,互相不能重名,而在一个客体很多的系统中,应用这种方法就十分困难。

(3) 口令

基于口令机制的访问控制中,每个客体都相应的有一个口令。主体在对客体进行访问前,必须向操作系统提供客体的口令。如果正确,它就可以访问该客体。

如果对每个客体,每个主体都拥有它自己独有的口令,则类似于能力表系统。不同之处在于,口令不像能力那样是动态的。系统一般允许对每个客体分配一个口令或者对每个客体的每种访问模式分配一个口令。一般来说,一个客体至少需要两个口令,一个用于控制读,一个用于控制写。

口令机制对于确认用户身份,是一种比较有效的方法,但用于客体访问控制,它并不是一种合适的方法。因为如果要撤销某用户对一个客体的访问权,只有通过改变该客体的口令才行,这同时也意味着废除了所有其他可访问该客体的用户的访问权力。

2. 基于列的自主访问控制机制

基于列的自主访问控制,是指按客体附加一份可以访问它的主体的明细表。基于列的访问控制有两种方式:保护位和访问控制表。

保护位对客体的拥有者及其他的主体、主体组(用户、用户组),规定了一个对该客体访问模式的集合。保护位的方式不能完备地表达访问控制矩阵,UNIX 系统中采用的就是这种方法。

用户组是具有相似特点的用户集合。客体的拥有者(生成客体的主体)对客体的所有权仅能通过超级用户特权来改变。拥有者(超级用户除外)是惟一能够改变客体保护位的主体。一个用户可能不只属于一个用户组,但是在某个时刻,一个用户只能属于一个活动的用户组。用户组及拥有者名都体现在保护位中。

访问控制表(Access Control List,ACL)是目前采用最多的一种实现方式,ACL 可以对某个特定资源指定任意一个用户的访问权限,可以决定任何一个特定的主体是否可以对某一个客体进行访问,还可以将有相同权限的用户分组,并授权组的访问权限。

ACL 利用在客体上附加一个主体明细表的方法来表示访问控制矩阵。表中的每一项包括主体的身份以及对该客体的访问权。对文件的访问控制,可以存放在该文件的文件说明中,通常包含文件的用户身份、文件主或是用户组,以及文件主或用户组成员对此文件的访问权限。

例如,对于文件 File1,其 ACL 可能如下所示(ID1 和 ID2 是个人用户,GROUP1 是一个组):

File1:((ID1,{r,w}),(ID2,{r}),(GROUP1,{w,x}))

该 ACL 表明,对于客体 File1,ID1 对它具有读(r)和写(w)的权利,主体 ID2 只具有读的权利,而 GROUP1 中的所有成员都具有写和执行(x)的权利。

ACL 的优点在于它的表述直观、易于理解,而且比较容易查出对一特定资源拥有访问权限的所有用户,有效地实施授权管理。在一些实际应用中,还对 ACL 作了扩展,从而进一步控制用户的合法访问时间,是否需要审计等。

尽管 ACL 灵活方便,但是在实际应用中,还是存在一些问题:

①ACL 需对每个客体指定可以访问的用户或组以及相应的权限。当客体很多时,需要在 ACL 中设定大量的表项。而且当用户的职位、职责发生变化时,为反映这些变化,系统需要修改用户对所有资源的访问权限。这会使得访问控制的授权管理变得费力而烦琐,且容易出错。

②单纯使用 ACL,不易实现最小权限原则及复杂的安全策略。

在自主访问控制的系统中,访问模式的应用是很广泛的,下面介绍在文件和目录中常用的几种访问模式。

对文件设置的访问模式主要有以下几种：

（1）读拷贝（Read-copy）

读拷贝模式允许主体对客体进行读与拷贝的访问操作。在大多数系统中把 Read 模式作为 Read-copy 模式来设置。从概念上讲，作为仅允许显示客体的 Read 模式是有价值的。然而，作为一种基本的访问模式类型，要实现仅允许显示客体的 Read 访问模式是困难的，因为它只能允许显示介质上的文件，而不允许具有存储能力。而 Read-copy 可以仅仅限制主体对客体进行读和拷贝操作，如果主体拷贝了一个客体，那么它可以对该拷贝设置任何模式的访问权。

（2）写删除（Write-delete）

写删除模式允许主体用任何方法修改一个客体。在不同的系统中有不同的写模式，实现主体对客体的修改。例如写附加（Write-append）、删除（Delete）、写修改（Write-modify）等。系统可以根据客体的特性，采用不同的模式；也可以将几种模式映射为一种模式，或者映射为自主访问控制支持的最小的模式集合；还可以将所有可能的写模式都作描述，而只将一个模式子集应用到一种特殊类型的客体。前一种方式可以简化自主访问控制与用户接口，而后者可以给出一种较为细致的访问控制方式。

（3）执行（Execute）

执行模式允许主体将客体作为一种可执行文件而运行。在许多系统中，执行模式需要同时具有读权限。

（4）无效（Null）

无效模式表示主体对客体不具有任何访问权限。在访问控制中用这种模式可以排斥某个特定的主体。如果客体是一个文件，对它的访问模式的最小集是应用于许多系统中常用的访问模式的集合，这包括 Read-copy，Write-delete，Execute，Null。这些模式为文件的访问提供了一个最小但不是充分的组合。在很多情况下，只用最小的模式集合是不够的，还需要无效模式的引入。

操作系统是将自主访问控制应用于客体，而不单单只用于文件。文件是一种特殊的客体。许多时候，除文件以外的客体，也被构造成文件。因此，通常根据客体的特殊结构，对它们都有某种扩充的访问模式。一般都用类似数据抽象的方式来实现他们，也就是操作系统将"扩充的"访问模式映射为基本访问模式。

如果文件系统中的文件目录是树型结构，那么树中的目录也代表一类文件。因此，对它也可以设置访问模式。通常用以下三级方式来控制对目录及和目录相对应的文件的访问操作：

①对目录而不对文件实施访问控制；

②对文件而不对目录实施访问控制；

③对目录及文件都实施访问控制。

如果仅对目录设置控制，那么一旦授予某个主体对一个目录的访问权，它就可以访问该目录下的所有文件。当然，如果在该目录下的客体是另一个目录，那么，如果主体还想访问该子目录，它就必须获得该子目录的访问权。另外，仅对目录设置访问控制模式的方法，需要按访问类型对文件进行分组，这样要求会造成限制过多，在文件分类时还会带来新的问题。

如果仅对文件设置访问模式，这种控制可能会更细致些。仅对某个文件设置的模式与同一目录下的其他文件没有任何关系。但是这样也有一些问题。比如，如果不对目录设置限制，那么主体可以设法浏览存储结构而看到其他文件的名字。而且在这种情况下，文件的放置没有受任何控制,结果会使文件目录的树结构失去意义。

通常最好是对文件、目录都施以访问控制。但是,设计者要能够决定是否允许主体在访问文件时,对整个路径都可以访问。要考虑只允许访问文件本身是否是充分的。如果一个系统,允许主体访问客体,但又不允许有对该客体的父目录的访问权,那么实现起来会比较复杂。

在 UNIX 系统中,对某目录不具备任何访问权意味着对该目录控制下的所有子客体(文件以及子目录)都无权访问。

对目录的访问模式的最小集合包含 Read(读)与 Write-expand(写—扩展)。

(1) Read(读)

该模式允许主体看到目录的实体,包括目录名、访问控制表,以及与该目录下的文件、子目录等相应的信息。Read 访问模式意味着有权访问该目录下的子客体(子目录与文件)。至于哪个主体能对它们进行访问,还要视该主体自己的访问控制权限。

(2) Write-expand(写—扩展)

此种模式允许主体在该目录下增加一个新的客体,即允许用户在该目录下生成与删除文件或者生成与删除子目录。由于目录访问模式是对文件访问控制的扩展,因此,它取决于目录的结构,取决于系统。例如,有的系统为目录设置了三种访问模式:读状态(Status)、修改(Modify)、附加(Append)。Status 允许主体看到目录结构及其子客体的属性,Modify 允许主体修改(包括删除)这些属性,而 Append 允许主体生成新的子客体。

可以看出,操作系统在决定系统的自主访问控制中应该包括什么样的客体,以及应该为每种客体设置什么样的访问模式时,要在用户的友善性与自主访问控制机制的复杂性之间进行适当的折中。

2.2.3 强制访问控制

自主访问控制是保护系统资源不被非法访问的一种有效手段。但是由于它的控制是自主的,因此存在很多问题。为了提供高安全等级所需要的高安全性,人们提出了一种更强有力的访问控制手段,就是强制访问控制。

在自主访问控制方式中,某一合法用户可以任意运行一段程序来修改他拥有的文件访问控制信息,而操作系统无法区分这种修改是用户自己的操作,还是恶意攻击的特洛伊木马的非法操作。通过强加一些不可逾越的访问限制,系统可以防止某一些类型的特洛伊木马的攻击。强制访问控制还可以阻止某个进程共享文件,并阻止通过一个共享文件向其他进程传递信息。

在强制访问控制机制下,系统中的每个进程、每个文件、每个 IPC 客体(消息队列、信号量集合和共享存储区)都被赋予了相应的安全属性,这些安全属性是不能改变的,它由管理部门(如安全管理员)或由操作系统自动地按照严格的规则来设置,不像访问控制表那样由用户或他们的程序直接或间接地修改。当一个进程访问一个客体(如文件)时,调用强制访问控制机制,根据进程的安全属性和访问方式,比较进程的安全属性和客体的安全属性,从而确定是否允许进程对客体的访问。代表用户的进程不能改变自身的或任何客体的安全属性,包括不能改变属于用户的客体的安全属性,而且进程也不能通过授予其他用户客体访问权限简单地实现客体共享。如果系统判定拥有某一安全属性的主体不能访问某个客体,那么任何人(包括客体的拥有者)也不能访问该客体,也就是说,该访问控制是"强制"的。

强制访问控制和自主访问控制是两种不同的访问控制机制,它们常结合起来使用。仅当主体能够同时通过自主访问控制和强制访问控制检查时,它才能访问一个客体。用户使用自主访问控制防止其他用户非法入侵自己的文件,强制访问控制则作为更强有力的安全保护方式,使用户不能通过意外事件和有意识的误操作逃避安全控制。因此强制访问控制用于将系统中的信息分密级和类进行管理,适用于政府部门、军事和金融等领域。

强制访问控制对专用的或简单的系统是有效的,但对通用、大型系统并不那么有效。一般强制访问控制采用以下几种方法:

(1) 限制访问控制

由于自主访问控制方式允许用户程序来修改他拥有文件的访问控制表,因而为非法者带来可乘之机。因而,系统可以不提供这一方便,在这类系统中,用户要修改访问控制表的惟一途径是请求一个特权系统调用。该调用的功能是依据用户终端输入的信息,而不是靠另一个程序提供的信息来修改访问控制信息。

(2) 过程控制

在通常的计算机系统中,只要系统允许用户自己编程,就没办法杜绝特洛伊木马。但可以对其过程采取某些措施,这种方法称为过程控制。例如,警告用户不要运行系统目录以外的任何程序。提醒用户注意,如果偶然调用一个其他目录的文件时,不要做任何动作,等等。需要说明的一点是,这些限制取决于用户本身执行与否。因而,自愿的限制很容易变成实际上没有限制。

(3) 系统限制

显然,实施的限制最好是由系统自动完成。要对系统的功能实施一些限制。比如,限制共享文件,但共享文件是计算机系统的优点,所以是不可能加以完全限制的。再者,就是限制用户编程。事实上,有许多不需编程的系统都是这样做的。不过这种做法只适用于某些专用系统。在大型的通用系统中,编程能力是不可能去除的。在网络中也不行,在网络中一个没有编程能力的系统,可能会接收另一个具有编程能力的系统发出的程序。有编程能力的网络系统可以对进入系统的所有路径进行分析,并采取一定措施。这样就可以增加特洛伊木马攻击的难度。

2.2.4 基于角色的访问控制

基于角色的访问控制(RBAC)是20世纪90年代由美国国家标准和技术研究院NIST(National Institute of Standards and Technology)提出的一种访问控制机制。该机制可以减少授权管理的复杂性,降低管理开销。

RBAC本质上也是强制访问控制的一种,只不过访问控制是基于工作的描述(如角色或任务),而不是主体的身份。系统通过主体的角色或任务定义主体访问客体的能力,如果主体处于管理位置上,那么它将比处于临时位置上的人具有更大的资源访问能力。RBAC在人员频繁变动的环境中很有用。

RBAC的基本思想是:授权给用户的访问权限,通常由用户担当的角色来确定。例如,一个银行包含的角色可以有出纳员、会计师、贷款员等。他们的职能不同,拥有的访问权限也就各不相同。RBAC根据用户在组织内所处的角色作出访问授权与控制,但用户不能自主地将访问权限传给他人,这一点是RBAC和DAC最基本的区别。例如,在医院里,医生这个角色可以开处方,但他无权将开处方的权力传给护士。

一个用户可经授权而拥有多个角色,一个角色可由多个用户构成;每个角色可执行多种操作,每个操作也可由不同的角色执行;一个用户可拥有多个主体,即拥有处于活动状态、以用户身份运行的多个进程,但每个主体只对应一个用户;每个操作可施加于多个客体,每个客体也可以接受多个操作。用户(主体)能够对一客体执行访问操作的必要条件是,该用户被授权了一定的角色,其中有一个在当前时刻处于活跃状态,而且这个角色对客体拥有相应的访问权限。

RBAC 具有如下特征:

(1) 访问权限与角色相关联,不同的角色有不同权限

用户以什么样的角色对资源进行访问,决定了用户拥有的权限以及可执行何种操作。是对事不对人,角色与权限之间具有密切的关联,用户可担任不同的角色,从而具有不同的权限。

(2) 角色继承

角色之间可能有互相重叠的职责和权力,属于不同角色的用户可能需要执行一些相同的操作。为了提高效率,RBAC 采用了"角色继承"的概念。"角色继承"定义了这样的一些角色,它们有自己的属性,但可能还继承其他的角色的属性及拥有的权限。

(3) 最小权限原则

所谓最小权限原则是指:用户所拥有的权力不能超过他执行工作时所需的权限。实现最小权限原则,需分清用户的工作内容,确定执行该项工作的最小权限集,然后将用户限制在这些权限的范围之内。在 RBAC 中,可以根据组织内的规章制度、职员的分工等,设计拥有不同权限的角色,只有角色需要执行的操作才授权给角色。

(4) 职责分离

在实际的应用中,"职责分离"是很重要的一点。例如,在银行的业务中,"收银员"和"审计员"应该是分开的职能操作,否则可能发生欺骗行为。"职责分离"可以有两种实现方式:静态方式和动态方式。静态职责分离(Static Separation of Duty,SSD)中一个用户不能赋予多个角色;动态职责分离(Dynamic Separation of Duty,DSD)中一个用户可以赋给多个角色,但同一时刻只能有一种角色是活动的。如银行收银员可以在自己工作的银行开户,但他不能同时又是客户又是收银员。

(5) 角色容量

在一个特定的时间段内,有一些角色只能由一定人数的用户占用。例如,"经理"这一角色虽然可以授权给多个用户,但在实际的业务中,在任何时刻可能只允许一个人行使经理的职能。因此,在创建新的角色时,要指定角色的容量。

2.3 最小特权管理

在现有的多用户操作系统的版本中,超级用户一般具有所有特权,普通用户不具有任何特权。一个进程或者具有所有特权(超级用户进程),或者不具有任何特权(非超级用户进程)。这种特权管理方式便于系统维护和配置,但不利于系统的安全性。一旦超级用户的口令丢失或超级用户被冒充,将会对系统造成极大的损失。另外,超级用户的误操作也是系统极大的潜在安全隐患。因此有必要实行最小特权管理原则。

美国的《国防部可信计算机系统评估准则 (DOD-5200.28-STD)》(Department of Defense Trusted Computer System Evaluation Criteria,TCSEC,又称《橘皮书》)中将最小特权定义为以下原则:要求赋予系统中每个使用者执行授权任务所需的限制性最强的一组特权(即最低许可)。本原则的应用将限制因意外、错误或未经授权使用而造成的损害。

最小特权原则是系统安全中最基本的原则之一。该原则在完成某种操作时赋予系统中每个主体(用户或进程)必不可少的特权,由此确保由于事故、错误、网络部件的篡改等原因造成的损失最小。最小特权原则一方面给予主体"必不可少"的特权,这就保证了所有的主体都能在所赋予的特权之下完成所需要完成的任务或操作;另一方面,它只给予主体"必不可少"的特权,这就限制了每个主体所能进行的操作。

最小特权原则要求每个用户和程序在操作时应当使用尽可能少的特权,而角色允许主体以参与某特定工作所需要的最小特权去签入(Sign)系统。被授权拥有强力角色(Powerful Roles)的主体,不需要动辄运用到其所有的特权,只有在那些特权有实际需求时,主体才去运用它们。如此一来,将可减少由于不注意的错误或是侵入者假装合法主体所造成的损坏发生,限制了事故、错误或攻击带来的危害。它还减少了特权程序之间潜在的相互作用,从而使对特权无意的、没必要的或不适当的使用不太可能发生,保证了系统安全控制规则的可靠执行。

最小特权管理的思想是系统不应给用户超过执行任务所需特权以外的特权,如将超级用户的特权划分为一组细粒度的特权,从而减少由于特权用户口令丢失或错误软件、恶意软件、误操作所引起的损失。

例如可以在系统中定义如下五个特权管理职责,任何一个用户都不能获取足够的权力破坏系统的安全策略。为了保证系统的安全性,不应对某个人赋予一个以上的职责。如果需要对他们进行改变和增加,必须考虑这些改变和增加对系统安全的影响。

(1)系统安全管理员(SSO)

系统安全管理员的职责是:

①对系统资源和应用定义安全级;

②限制隐蔽通道活动的机制;

③定义用户和自主访问控制的组;

④为所有用户赋予安全级。

系统安全管理员并不控制安全审计功能,这些功能属于审计员的职责。但是应该熟悉应用环境的安全策略和安全习惯,以便能够作出与系统安全性相关的决定。

(2)审计员(AUD)

审计员负责安全审计系统的控制,其职责是:

①设置审计参数;

②修改和删除审计系统产生的原始审计信息;

③控制审计归档。

审计员和系统安全管理员形成了一个"检查平衡"系统。因为系统安全管理员设置和实施安全策略,审计员控制审计信息表明安全策略已被实施且没有被歪曲。

(3)操作员(OP)

操作员完成常规的、非关键性操作,其职责是:

①启动和停止系统,以及完成磁盘一致性检查等;

②格式化新的介质;

③设置终端参数;

④允许或不允许登录,但不能改变口令、用户的安全级和其他有关安全的登录参数;

⑤产生原始的系统记账数据。

尽管这些功能在广义上也影响系统安全性,但它们不影响可信计算基(TCB),因为操作员不能进行影响安全级的操作。

（4）安全操作员（SOP）

安全操作员完成那些类似于操作员职责的日常的例行活动，但是其中的一些活动是与安全性有关的，如安全级定义。可以认为安全操作员是具有特权能力的操作员。安全操作员的职责是：

① 完成操作员的所有责任；

② 例行的备份和恢复；

③ 安装和拆卸可安装介质。

（5）网络管理员（NET）

网络管理员负责所有网络通信的管理，其职责是：

① 管理网络软件，如 TCP/IP；

② 设置 BUN 文件，允许使用 Uucp、Uuto 等进行网络通信；

③ 设置与连接服务器、CRI 认证机构、ID 映射机构、地址映射机构和网络选择有关的管理文件；

④ 启动和停止 RFS，通过 RFS 共享和安装资源；

⑤ 启动和停止 NFS，通过 NFS 共享和安装资源。

为用户分配细粒度的特权，是在特权细分的基础之上才能实现的。例如可以将系统能够进行敏感操作的能力（如超级用户的权力）分成 26 个特权，由一些特权用户分别掌握这些特权，这些特权用户哪一个都不能独立完成所有的敏感操作。由于特权与进程相关而与用户的 ID 无关，所以不可能授予用户特权完成这些敏感任务。系统的特权管理机制维护一个管理员数据库，提供执行特权命令的方法。所有用户进程一开始都不具有特权，通过特权管理机制，非特权的父进程可以创建具有特权的子进程，非特权用户可以执行特权命令。系统定义了许多职责，一个用户与一个职责相关联。职责中又定义了与之相关的特权命令，即完成这个职责需要执行哪些特权命令。下面是对 26 个特权的简要说明：

（1）CAP_OWNER

① 该特权可以超越文件主 ID 必须等于用户 ID 的场合，如改变该有效用户标识符所属的文件属性；

② 拥有该特权可以改变文件的属主或属组（如 chown( )、chgrp( )）；

③ 可以超越 IPC 的属主关系检查；

④ 当两进程通信时，两进程之间的真实 UID 或有效 UID 必须相等，但拥有该特权可以超越此规则。

（2）CAP_AUDIT

① 拥有该特权可以操作安全审计机制；

② 写各种审计记录。

（3）CAP_COMPAT

拥有该特权可以超越限制隐蔽通道所作的特别约束。

（4）CAP_DACREAD

拥有该特权可以超越自主访问控制（DAC）读检查。

（5）CAP_DACWRITE

拥有该特权可以超越自主访问控制（DAC）写检查。

(6) CAP_DEV

当设备处于私有状态时,设置或获取安全属性以改变设备级别并访问设备。

(7) CAP_FILESYS

对文件系统进行特权操作,包括创建与目录的连接、设置有效根目录、制作特别文件。

(8) CAP_MACREAD

拥有该特权可以超越强制访问控制(MAC)读检查。

(9) CAP_MACWRITE

拥有该特权可以超越强制访问控制(MAC)写检查。

(10) CAP_MOUNT

拥有该特权可以安装或卸下一个文件系统。

(11) CAP_MULTIDIR

拥有该特权可以创建多级目录。

(12) CAP_SETPLEVEL

拥有该特权可以改变进程安全级(包括当前进程本身的安全级)。

(13) CAP_SETSPRIV

①管理特权,用于给文件设置可继承和固定特权;

②拥有该特权,可以超越访问和所有权限制。

(14) CAP_SETUID

拥有该特权可以设置进程的真实、有效用户/组标识符(如 setuid()、setgid())。

(15) CAP_SYSOPS

拥有该特权可以完成几个非关键安全性的系统操作,包括配置进程记账、维护系统时钟、提高或设置其他进程的优先级、设置进程调度算法、系统修复、修改 S_IMMUTABLE 和 S_APPEND 文件属性等。

(16) CAP_SETUPRIV

用于非特权进程设置文件的可继承和固定特权、该特权不能超越访问和所有权的限制。

(17) CAP_MACUPGRADE

允许进程升级文件安全级(升级后的安全级被进程安全级支配)。

(18) CAP_FSYSRANGE

拥有该特权可以超越文件系统范围限制。

(19) CAP_SETFLEVEL

拥有该特权可以改变客体安全级(块/字特别文件应处于 Public 态)。

(20) CAP_PLOCK

上锁一个内存中的进程,上锁共享内存段。

(21) CAP_CORE

用于转储特权进程、Setuid 进程、Setgid 进程的核心映像。

(22) CAP_LOADMOD

用于完成与可安装模块相关的可选择操作,如安装或删除核心可加载模块。

(23) CAP_SEC_OP

拥有该特权可以完成与安全性有关的系统操作,包括配置可信通路的安全注意键,设置加密密钥等。

（24）CAP_DEV

拥有该特权可以对计算机设备进行管理,包括配置终端参数、串口参数、配置磁盘参数等。

（25）CAP_OP

拥有该特权可以进行开机、关机操作。

（26）CAP_NET_ADMIN

拥有该特权可以对计算机进行与网络有关的操作,包括可以使用 RAW_PACKET 端口号,可以绑定端口号低于 1024 的端口,可以进行网卡接口配置、路由表配置,等等。

常见的最小特权管理机制有基于文件的特权机制、基于进程的特权机制等。下面介绍目前几种安全操作系统的最小特权管理机制。

（1）惠普的 Presidium/Virtual Vault

它通过以最小特权机制将根功能分成 42 种独立的特权,仅赋予每一应用程序正常运行所需的最小特权。因而,即便一名黑客将 Trojan Horse（特洛伊木马）程序安装在金融机构的 Web 服务器上,入侵者也无法改变网络配置或安装文件系统。最小特权是惠普可信赖操作系统 Virtual Vault 的基本特性。

（2）红旗安全操作系统（RFSOS）

RFSOS 在系统管理员的权限、访问控制、病毒防护方面具有突出的特点,例如在系统特权分化方面,红旗安全操作系统根据"最小特权"原则,对系统管理员的特权进行了分化,根据系统管理任务设立角色,依据角色划分特权。典型的系统管理角色有系统管理员、安全管理员、审计管理员等。系统管理员负责系统的安装、管理和日常维护,如安装软件、增添用户账号、数据备份等。安全管理员负责安全属性的设定与管理。审计管理员负责配置系统的审计行为和管理系统的审计信息。一个管理角色不拥有另一个管理角色的特权,攻击者破获某个管理角色的口令时,不会得到对系统的完全控制。

（3）SELinux 安全操作系统

最小特权管理是 SELinux 的一个特色,它使得系统中不再有超级用户,而是将其所有特权分解成一组细粒度的特权子集,定义成不同的"角色",分别赋予不同的用户,每个用户仅拥有完成其工作所必需的最小特权,避免了超级用户的误操作或其身份被假冒而带来的安全隐患。

2.4 可信通路

可信通路是用户能够借以直接同可信计算基通信的一种机制。用户进行与安全有关的操作时,例如登录、定义用户的安全属性、改变文件的安全等级等操作,必须保证是与计算机系统的安全核心通信。特权用户在进行特权操作时,也要确保从终端上输出的信息是正确的,而不是来自于特洛伊木马。这些都需要一个机制保障用户和内核的通信,这种机制就是由可信通路提供的。可信通路能够保证用户确定是和安全核心通信,防止不可信进程如特洛伊木马等模拟系统的登录过程而窃取用户的口令。

提供可信通路的最简单的办法是给每个用户两台终端,一台用于处理日常工作,另一台专门用于和内核的硬连接。这种办法虽然简单,但是十分昂贵。实际应用中对用户建立可信通路的一种方法是使用通用终端,通过发信号给核心。这个信号是不可信软件不能拦截、覆盖或伪造的。一般称这个信号为"安全注意键"。安全注意键是由终端驱动程序检测到的按键的一个特殊组合。系统一旦识别到用户在一个终端上键入了安全注意键,就会终止对应到该终端的所有用户进程，启动可信的会话过程，以保证用户名和口令不被窃走。

Linux 系统中提供的安全注意键在 x86 平台上是〈Alt〉+〈Ctrl〉+〈Sys Rq〉，如图 2.1 所示，安全注意键实现的可信通路工作过程如下：

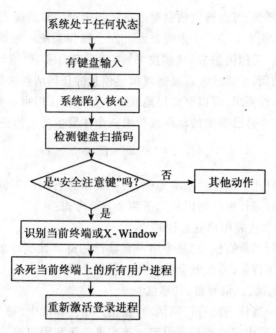

图 2.1　安全注意键实现的可信通路工作过程

① 截取键盘硬输入：只要有键盘事件发生，就进入内核进行解释，判断其扫描码是否等于安全注意键。

② 识别当前活跃的终端：只要有键盘事件发生，确定是安全注意键，就从终端表中找到当前活跃的终端或 X-Window。

③ 杀死用户进程：杀死该终端上的所有用户进程。

严格地说，Linux 中的安全注意键并没有构成一个可信路径，因为尽管它会杀死正在监听终端设备的登录模拟器，但它不能阻止登录模拟器在按下安全注意键后立即开始监听终端设备，事实上实现这样的登录模拟器并不难。当然由于 Linux 限制用户使用原始设备的特权，普通用户无法执行这种高级模拟器，而只能以 root 身份运行，这就减少了它所带来的威胁。

2.5　安全审计机制

审计机制一般是通过对日志的分析来完成的。日志就是记录的事件或统计数据，这些事件或统计数据能提供关于系统使用及性能方面的信息。审计就是对日志记录的分析并以清晰的、能理解的方式表述系统信息。系统的安全审计就是对系统中有关安全的活动进行记录、检查及审核。

审计通过事后分析的方法认定违反安全规则的行为，从而保证系统的安全。审计机制的主要作用如下：

①能够详细记录与系统安全有关的行为,并对这些行为进行分析,发现系统中的不安全因素,保障系统安全;

②能够对违反安全规则的行为或企图提供证据,帮助追查违规行为发生的地点、过程以及对应的主体;

③对于已受攻击的系统,可以提供信息帮助进行损失评估和系统恢复。

可见,审计是操作系统安全的一个重要方面。安全操作系统一般都要求采用审计机制来监视与安全相关的活动。美国国防部的《橘皮书》中就明确要求"可信计算机必须向授权人员提供一种能力,以便对访问、生成或泄露秘密或敏感信息的任何活动进行审计。根据一个特定机制和/或特定应用的审计要求,可以有选择地获取审计数据。但审计数据中必须有足够细的粒度,以支持对一个特定个体已发生的动作或代表该个体发生的动作进行追踪"。

2.5.1 审计事件

审计事件是系统审计用户动作的基本单位,根据要审计行为的不同性质可以分为不同的审计事件。审计机制需要审计事件可以从如下两个方面考虑:

(1)主体(包括用户和代表用户的进程)

系统要记录用户进行的所有活动,每个用户有自己的待审计事件集,称为用户事件标准,一旦用户行为落入用户事件集,系统就会将事件信息记录下来。

(2)客体(包括文件、消息、信号量、共享区)

系统要记录关于某一客体的所有访问活动,在用户事件标准中,每个用户都需要审计的公共部分称为基本事件集,它由审计管理员设定。基本事件集和用户的事件集作并集运算,结果才是真实的用户事件标准。

审计事件的范围在许多安全标准中都有规定。TCSEC 从 C2 级开始要求具有审计功能,直到 A1 级别,定义了各个级别对审计事件的要求。我国的信息安全国家标准《计算机信息系统安全保护等级划分准则(GB17859-1999)》中定义了五个安全等级,从第二级"系统审计保护级"开始就对审计有了明确的要求。其中最高级"访问验证保护级"中对审计事件的规定如下:

①计算机信息系统可信计算基能创建和维护受保护客体的访问审计跟踪记录,并能阻止非授权的用户对它访问或破坏。

②计算机信息系统可信计算基能记录下述事件:使用身份鉴别机制;将客体引入用户地址空间(例如打开文件、程序初始化);删除客体;由操作员、系统管理员或(和)系统安全管理员实施的动作,以及其他与系统安全有关的事件。对于每一事件,其审计记录包括:事件的日期和时间、用户、事件类型、事件是否成功。对于身份鉴别事件,审计记录包含请求的来源(例如:终端标识符);对于客体引入用户地址空间的事件及客体删除事件,审计记录包含客体名及客体的安全级别。此外,计算机信息系统可信计算基具有审计更改可读输出记号的能力。

③对不能由计算机信息系统可信计算基独立分辨的审计事件,审计机制提供审计记录接口,可由授权主体调用。这些审计记录区别于计算机信息系统可信计算基独立分辨的审计记录。计算机信息系统可信计算基能够审计利用隐蔽存储信道时可能被使用的事件。

④计算机信息系统可信计算基包含能够监控可审计安全事件发生与积累的机制,当超过阈值时,能够立即向安全管理员发出报警。而且如果这些与安全相关的事件继续发生或积累,系统应以最小的代价中止它们。

2.5.2 审计系统的实现

审计系统一般包含三个部分：日志记录器、分析器和通告器，分别用于收集数据、分析数据及通报结果。

日志记录器根据需要审计的审计事件范围记录信息，可以把信息记录成二进制形式或可以直接读取的形式，或者直接把收集的信息传送给数据分析机制。

例如，Windows NT 的日志文件几乎对系统中的每一项事务都要进行一定程度上的审计。Windows NT 的日志文件一般分为三类：

①系统日志：跟踪各种各样的系统事件，记录由 Windows NT 的系统组件产生的事件。例如，在启动过程中加载驱动程序错误或系统崩溃等事件记录在系统日志中。

②应用程序日志：记录由应用程序或系统程序产生的事件，比如应用程序产生的装载 dll（动态链接库）失败或应用程序的添加等信息会出现在应用程序日志中。

③安全日志：记录相应的关键安全事件，例如登录上网、下网、改变访问权限、系统启动和关闭等事件，以及与创建、打开或删除文件等资源使用相关联的事件。

如图 2.2 所示就是 Windows NT 的安全日志中的一个特权使用的事件。

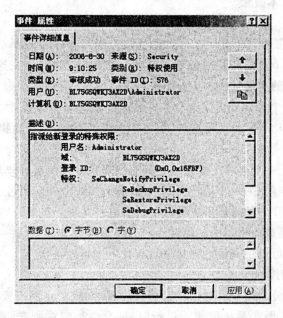

图 2.2　Windows NT 安全日志中的一个事件

分析器以日志作为输入，然后分析日志数据，使用不同的分析方法来检测日志数据中的异常行为。

通告器接受分析器的分析结果，并把该结果通知系统管理员或者其他主体，为这些主体提供系统的安全信息，辅助他们对系统可能出现的问题进行决策。

2.6 存储保护、运行保护和 I/O 保护

存储保护和运行保护是操作系统得以正常运行的基础。因此,即使在通常的操作系统中,这也是基本的安全机制。

2.6.1 存储保护

对于一个安全操作系统,存储保护是一个最基本的要求,这主要是指保护用户在存储器中的数据。保护单元为存储器中的最小数据范围,可以是字、字块、页面或段。保护单元越小,则存储保护精度越高。对于代表单个用户,在内存中一次运行一个进程的系统,存储保护机制应该防止用户程序对操作系统的影响。在允许多道程序并发运行的多任务操作系统中,还进一步要求存储保护机制对进程的存储区域实行互相隔离。

存储保护与存储器管理是紧密相关的,存储保护负责保证系统各个任务之间互不干扰,存储器管理则是为了更有效地利用存储空间。下面首先介绍一些存储器管理的基本概念,然后介绍怎样利用这些概念实现存储保护。

1. 存储器管理的基本概念

(1) 虚地址空间

一个进程的运行需要一个"私有的"存储空间,进程的程序与数据都存于该空间中,这个空间不包括该进程通过 I/O 指令访问的辅存空间(磁带、磁盘等)。在这个进程地址空间中,每一个字都有一个固定的虚地址(并不是目标的物理地址,但每一个虚地址均可映射成一个物理地址),进程通过这个虚地址访问这个字。大多数系统都支持某种类型的虚存方式,这种虚存方式使得一个字的物理定位是可变的,在每次调度该进程时,它的物理地址可能不同。

(2) 段

在绝大部分系统中,一个进程的虚地址空间至少要被分成两部分或两个段:一个用于用户程序与数据,称为用户空间;另一个用于操作系统,称为系统空间。两者的隔离是静态的,也是比较简单的。驻留在内存中的操作系统可以由所有进程共享。虽然有些系统允许各进程共享一些物理页,但用户间是彼此隔离的。最灵活的分段虚存方式是:允许一个进程拥有许多段,这些段中的任何一个都可以由其他进程共享。

2. 内存管理的访问控制

当系统的地址空间分为两个段时(系统段与用户段),应禁止用户模式下运行的非特权进程向系统段进行写操作,而在系统模式下运行时,则允许进程对所有的虚存空间进行读写操作。用户模式到系统模式的转换应由一个特殊的指令完成,该指令将限制进程只能对部分系统空间进程进行访问。这些访问限制一般是由硬件根据该进程的特权模式实施的,但从系统灵活性的角度看,还是希望由系统软件精确地说明对该进程而言:系统空间的哪一页是可读的,哪一页是可写的。

在计算机系统提供透明的内存管理之前,访问判决是基于物理页号的识别。每个物理页号都被加上一个称为密钥的秘密信息;系统只允许拥有该密钥的进程访问该物理页,同时利用一些访问控制信息指明该页是可读的还是可写的。每个进程相应地分配一个密钥,该密钥由操作系统装入进程的状态字中。每次执行进程访问内存的操作时,由硬件对该密钥进行校验,只有当进程的密钥与内存物理页的密钥相匹配,并且相应的访问控制信息与该物理页的读写

模式相匹配时,才允许该进程访问该页内存,否则禁止访问。

这种对物理页附加密钥的方法是比较烦琐的。因为在一个进程生存期间,它可能多次受到阻塞而被挂起,当重新启动被挂起的进程时,它占有的全部物理页与挂起前所占有的物理页不一定相同。每当物理页的所有权改变一次,那么相应的访问控制信息就得修改一次。并且,如果两个进程共享一个物理页,但一个用于读而另一个用于写,那么相应的访问控制信息在进程转换时就必须修改,这样就会增加系统开销,影响系统性能。

采用基于描述符的地址解释机制可以避免上述管理上的困难。在这种方式下,每个进程都有一个"私有的"地址描述符,进程对系统内存某页或某段的访问模式都在该描述符中说明。可以有两类访问模式集,一类用于在用户状态下运行的进程,另一类用于在系统模式下运行的进程。

在地址描述符中,w、r、x 各占一位,它们用来指明是否允许进程对内存的某页或某段进行写、读和运行的访问操作。由于在地址解释期间,地址描述符同时也被系统调用检验,所以这种基于描述符的内存访问控制方法,在进程转换、运行模式(系统模式与用户模式)转换以及进程调出/调入内存等过程中,不需要或仅需要很少的额外开销。

2.6.2 运行保护

安全操作系统的运行保护是基于一种保护环的等级结构实现的,这种保护环称为运行域。运行域是进程运行的区域,如图 2.3 所示,在最内层具有最小环号的环具有最高特权,而在最外层具有最大环号的环是最小的特权环。最内层是操作系统,它控制整个计算机系统的运行;靠近操作系统环之外的是受限使用的系统应用环;最外一层则是控制各种不同用户的应用环。

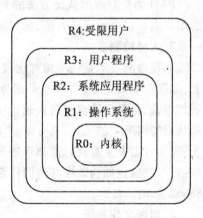

图 2.3 环结构示意图

在这里最重要的安全概念是:等级域机制应该保护某一环不被其外层环侵入,并且允许在某一环内的进程能够有效地控制和利用该环以及该环以外的环。进程隔离机制与等级域机制是不同的。给定一个进程,它可以在任意时刻在任何一个环内运行,在运行期间还可以从一个环转移到另一个环。当一个进程在某个环内运行时,进程隔离机制将保护该进程免遭在同一环内同时运行的其他进程破坏,也就是说,系统将隔离在同一环内同时运行的各个进程。

2.6.3 I/O 保护

I/O 操作一般是由操作系统完成的一个特权操作。操作系统对 I/O 操作使用对应的系统调用,用户不需要控制 I/O 操作的细节。对 I/O 操作进行安全控制的最简单的方式是将设备看成是一个客体,对其应用相应的访问控制规则。由于所有的 I/O 不是向设备写数据就是从设备接收数据,所以一个进行 I/O 操作的进程必须受到对设备的读写两种访问控制。这就意味着设备到介质间的路径可以不受什么约束,而处理器到设备间的路径则需要施以一定的读写访问控制。

操作系统安全

2.7 主流操作系统的安全机制

这里我们简单介绍一下 Linux 操作系统和 Windows 操作系统的主要安全机制,详细内容请参见第 5 章。

2.7.1 Linux 操作系统的安全机制

经过十多年的发展,Linux 的功能在不断增强,其安全机制亦在逐步完善。按照 TCSEC 评估准则,目前 Linux 的安全级基本达到了 C2 级,更高安全级别的 Linux 系统正在开发之中。下面我们来简单介绍一下 Linux 的主要安全机制,这些机制有些已被标准的 Linux 所接纳,有些只是提供了"补丁"程序。

1. PAM 机制

PAM(Pluggable Authentication Modules)是一套共享库,其目的是提供一个框架和一套编程接口,将认证工作由程序员交给管理员,PAM 允许管理员在多种认证方法之间作出选择,它能够改变本地认证方法而不需要重新编译与认证相关的应用程序。

PAM 的功能包括:加密口令(包括 DES 和其他加密算法);对用户进行资源限制,防止 DOS 攻击;允许随意 Shadow 口令;限制特定用户在指定时间从指定地点登录;引入概念"Client Plug-in Agents",使 PAM 支持 C/S 应用中的机器——机器认证成为可能。

PAM 为更有效的认证方法的开发提供了便利,在此基础上可以很容易地开发出替代常规的用户名加口令的认证方法,如智能卡、指纹识别等认证方法。

2. 入侵检测系统

入侵检测技术是一项相对比较新的技术,目前很少有操作系统安装了入侵检测工具,事实上,标准的 Linux 发布版本也是最近才配备了这种工具。尽管入侵检测系统的历史很短,但发展却很快,目前比较流行的入侵检测系统有 Snort、Portsentry、LIDS 等。利用 Linux 配备的工具和从因特网下载的工具,就可以使 Linux 具备高级的入侵检测能力,这些能力包括:记录入侵企图,当攻击发生时及时通知管理员;在规定情况的攻击发生时,采取事先规定的措施;发送一些错误信息,比如伪装成其他操作系统,这样攻击者会认为他们正在攻击一个 Windows NT 或 Solaris 系统。

3. 加密文件系统

加密技术在现代计算机系统安全中扮演着越来越重要的角色。加密文件系统就是将加密服务引入文件系统,从而提高计算机系统的安全性。有太多的理由需要加密文件系统,比如防止硬盘被偷窃、防止未经授权的访问等。

目前 Linux 已有多种加密文件系统,如 CFS、TCFS、CRYPTFS 等,较有代表性的是 TCFS (Transparent Cryptographic File System),它通过将加密服务和文件系统紧密集成,使用户感觉不到文件的加密过程。TCFS 不修改文件系统的数据结构,备份与修复以及用户访问保密文件的语义也不变。TCFS 能够做到让加密文件对以下用户不可读:合法拥有者以外的用户、用户和远程文件系统通信线路上的偷听者、文件系统服务器的超级用户。而对于合法用户,访问加密文件与访问普通文件几乎没有区别。

4. 安全审计

即使系统管理员十分精明地采取了各种安全措施,但系统还可能存在一些新漏洞。攻击者在漏洞被修补之前会迅速抓住机会攻破尽可能多的机器。虽然 Linux 不能预测何时主机会受到攻击,但是它可以记录攻击者的行踪。

Linux 还可以进行检测、记录时间信息和网络连接情况。这些信息将被重定向到日志中备查。日志是 Linux 安全结构中的一个重要内容,它提供攻击发生的惟一真实证据。现在的攻击方法多种多样,为此,Linux 提供网络、主机和用户级的日志信息。例如,Linux 审计系统可以记录以下内容:所有系统和内核信息、每一次网络连接和它们的源 IP 地址及发生时间、攻击者的用户名甚至操作系统类型、远程用户申请访问的文件、用户控制的进程、用户使用的每条命令,等等。

在调查网络入侵者的时候,日志信息是不可缺少的,即使这种调查是在实际攻击发生之后进行。

5. 强制访问控制

强制访问控制(Mandatory Access Control,MAC)是一种由系统管理员从全系统的角度定义和实施的访问控制,它通过标记系统中的主客体,强制性地限制信息的共享和流动,使不同的用户只能访问到与其有关的、指定范围的信息,从根本上防止信息的失泄密和访问混乱的现象。

传统的 MAC 实现都是基于 TCSEC 中定义的 MLS 策略,但因 MLS 本身存在着这样或那样的缺点(不灵活、兼容性差、难于管理等),研究人员已经提出了多种 MAC 策略,如 DTE、RBAC 等。由于 Linux 是一种自由操作系统,目前在其上实现强制访问控制的就有好几种,其中比较典型的包括 SElinux,RSBAC,MAC Linux 等,采用的策略也各不相同。

NSA 推出的 SELinux 安全体系结构称为 Flask,在这一结构中,安全性策略的逻辑和通用接口一起封装在与操作系统独立的组件中,这个单独的组件称为安全服务器。SELinux 的安全服务器定义了一种混合的安全性策略,由类型实施(TE)、基于角色的访问控制(RBAC)和多级安全(MLS)组成。通过替换安全服务器,可以支持不同的安全策略。SELinux 使用策略配置语言定义安全策略,然后通过 Check Policy 编译成二进制形式,存储在文件 ss_policy 中,在内核引导时读到内核空间。这意味着安全性策略在每次系统引导时都会有所不同。策略甚至可以通过使用 security_load_policy 接口在系统操作期间更改(只要将策略配置成允许这样的更改)。

RSBAC 的全称是 Rule Set Based Access Control(基于规则集的访问控制),它是根据 Abrams 和 LaPadula 提出的 GFAC(Generalized Framework for Access Control)模型开发的,可以基于多个模块提供灵活的访问控制。所有与安全相关的系统调用都扩展了安全实施代码,这些代码调用中央决策部件,该部件随后调用所有激活的决策模块,形成一个综合的决定,然后由系统调用扩展来实施这个决定。RSBAC 目前包含的模块主要有 MAC、RBAC、ACL 等。

MAC Linux 是英国的 Malcolm Beattie 针对 Linux 2.2 内核编写的一个非常初级的 MAC 访问控制,它将一个运行的 Linux 系统分隔成多个互不可见的(或者互相限制的)子系统,这些子系统可以作为单一的系统来管理。MAC Linux 是基于传统的 Biba 完整性模型和 BLP 模型实现的,但编写者目前似乎没有延续他的工作。

6. 防火墙

防火墙是在被保护网络和 Internet 之间,或者在其他网络之间限制访问的一种部件或一系列部件。

Linux 防火墙系统提供了如下功能:

(1)访问控制

访问控制可以执行基于地址(源和目标)、用户和时间的访问控制策略,从而可以杜绝非授权的访问,同时保护内部用户的合法访问不受影响。

(2) 审计

审计对通过它的网络访问进行记录,建立完备的日志,审计和追踪网络访问记录,并可以根据需要产生报表。

(3) 抗攻击

防火墙系统直接暴露在非信任网络中,对外界来说,受到防火墙保护的内部网络如同一个点,所有的攻击都是直接针对它的,该点称为堡垒机,因此要求堡垒机具有高度的安全性和抵御各种攻击的能力。

(4) 其他附属功能

如与审计相关的报警和入侵检测,与访问控制相关的身份验证、加密和认证,甚至 VPN 等。

2.7.2 Windows 2000 操作系统的安全机制

作为新一代的企业级网络操作系统,Windows 2000 在安全特性方面的设计注重了以下三个方面:

①对于基于 Internet 的新型企业的支持在于帮助它们突破原有的企业网络和 Internet 的界限,满足移动办公、远程工作和随时随地接入 Internet 进行通信和电子商务的需要。新一代的 Extranet 应用由此应运而生。

②微软在 Windows 2000 中提供的是一个安全性框架,并不偏重于任何一种特定的安全特性。新的安全协议、加密服务提供者或者第三方的验证技术,可以方便地结合到 Windows 2000 的安全服务提供者接口(Security Service Provider Interface,SSPI)中,供用户选用。

③Windows 2000 意识到用户对于向下兼容的需要,完全无缝地对 Windows NT 网络提供支持,提供对 Windows NT 中采用的 NTLM(NT LAN Manager)安全验证机制的支持。用户可以选择迁移到 Windows 2000 中替代 NTLM 的 Kerberos 安全验证机制。

Windows 2000 的安全模块结构如图 2.4 所示。

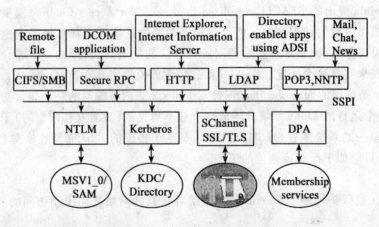

图 2.4 Windows 2000 安全模块结构

从图 2.4 中可以看到,通过安全服务提供者接口(Security Service Provider Interface,SS-

PI),Windows 2000 实现了应用协议和底层安全验证协议的分离。不管是 NTLM、Kerberos、Secure Channel（一种 Web 访问的常用验证方法），还是 DPA（Distributed Password Authentication,社团/内容网站常用的验证方法），它们对于应用层来说都是一致的。应用厂商还可以通过微软提供的 Platform SDK 产品包中的 Security API 来开发自己的验证机制。

Kerberos 是在 Internet 上长期被采用的一种安全验证机制，它基于共享密钥的方式。Kerberos 协议定义了一系列客户机/密钥发布中心（Key Distribution Center,KDC）/服务器之间进行的获得和使用 Kerberos 票证的通信过程。

当已被验证的客户机试图访问一个网络服务时，Kerberos 服务（即 KDC）就会向客户机发放一个有效期一般为 8 个小时的"会话票证"（Session Ticket）。网络服务不需要访问目录中的验证服务，就可以通过会话票证来确认客户端的身份，这种会话的建立过程比 Windows NT 中的速度要快许多。

Kerberos 加强了 Windows 2000 的安全特性，它体现在更快的网络应用服务验证速度、允许多层次的客户/服务器代理验证、同跨域验证建立可传递的信任关系等。可传递的信任关系的实现，是因为每个域中的验证服务（KDC）信任都是由同一棵树中其他 KDC 所发放的票证，这就大大简化了大型网络中多域模型的域管理工作。

Kerberos 还具有强化互操作性的优点。在一个多种操作系统的混合环境中，Kerberos 协议提供了通过一个统一的用户数据库为各种计算任务进行用户验证的能力。即使在非 Windows 2000 平台上通过 KDC 验证的用户，比如从 Internet 进入的用户，也可以通过 KDC 域之间的信任关系，获得无缝的 Windows 2000 网络访问。

正因为采用上述的安全机制，Windows 2000 实现了如下的特性：数据安全性、企业间通信的安全性、企业网和 Internet 的单点安全登录，以及易管理性和高扩展性的安全管理。

1. 数据安全性

Windows 2000 所提供的保证数据保密性和完整性的特性，主要表现在以下三个方面：

（1）用户登录时的安全性

从用户登录网络开始，对数据的保密性和完整性的保护就已经开始了。Windows 2000 借助 Kerberos 和 PKI 等验证协议提供了强有力的口令保护和单点登录。

（2）网络数据的保护

包括在本地网络上的数据和穿越网络的数据。在本地网络上的数据是由验证协议来保证其安全性的。如果需要更高的安全性，还可以在一个站点（Site,通常指一个局域网或子网）中，通过 IP 加密（IP security,简称 IPsec）的方法，提供点到点的数据加密安全性。在站点之间穿越的数据，可以采用如下几个机制来加强安全性：

①IP Security：为一个或多个 IP 节点（服务器或者工作站）加密所有的 TCP/IP 通信；

②Windows 2000 路由和远程访问服务：配置远程访问的协议和路由以保证安全性；

③Proxy Server：为一个站点与外界的交流提供防火墙或代理服务。

另外，Exchange、Outlook 和 IE 等应用程序还可以提供站点间基于公钥的消息加密和交易。

（3）存储数据的保护

可以采用数字签名来签署软件产品（防范运行恶意的软件），或者加密文件系统。加密文件系统基于 Windows 2000 中的 CryptoAPI 架构，实施 DES 加密算法，对每个文件都采用一个随机产生的密钥来加密。加密文件系统不但可以加密本地的 NTFS 文件/文件夹，还可以加密远程的文件，不影响文件的输入输出。其恢复策略由 Windows 2000 的整体安全性策略决定，具

操作系统安全

有恢复权限的管理员才可以恢复数据,但是不能恢复用来加密的密钥。

2. 企业间通信的安全性

Windows 2000 为不同企业之间的通信提供了多种安全协议和用户模式的内置集成支持,它的实现可以从以下三种方式中选择:

①在目录服务中创建专门为外部企业开设的用户账号:通过 Windows 2000 的活动目录,可以设定组织单元、授权或虚拟专用网等方式,并对它们进行管理。

②建立域之间的信任关系:用户可以在 Kerberos 或公钥体制得到验证之后,远程访问已经建立信任关系的域。

③公钥体制:电子证书可以用于提供用户身份确认和授权,企业可以把通过电子证书验证的外部用户映射为目录服务中的一个用户账号。

3. 企业网和 Internet 的单点安全登录

当用户成功地登录到网络之后,Windows 2000 透明地管理一个用户的安全属性(Security Credentials),而不管这种安全属性是通过用户账号和用户组的权限规定(这是企业网的通常做法)来体现的,还是通过数字签名和电子证书(这是 Internet 的通常做法)来体现的。先进的应用服务器都应该能从用户登录时所使用的安全服务提供者接口(SSPI)获得用户的安全属性,从而使用户做到单点登录,访问所有的服务。

4. 易管理性和高扩展性

通过在活动目录中使用组策略,管理员可以集中地把所需要的安全保护加强到某个容器(SDOU)的所有用户/计算机对象上。Windows 2000 包括了一些安全性模板,既可以针对计算机所担当的角色来实施,也可以作为创建定制的安全性模板的基础。

Windows 2000 提供了两个 Microsoft 管理控制台(MMC)插件作为安全性配置工具,即安全性模板和安全性配置/分析。安全性模板 MMC 提供了针对十多种角色的计算机管理模板,这些角色包括从基本工作站、基本服务器一直到高度安全的域控制器。它们的安全性要求是不同的。通过安全性配置/分析 MMC,管理员可以创建针对当前计算机的安全性策略。当然通过对加载模板的设置,该插件就会智能地运行配置或分析功能,并产生报告。

安全性管理的扩展性表现为,在活动目录中可以创建非常巨大的用户结构,用户可以根据需要访问目录中存储的所有信息。

习题二

1. 举例说明什么是普遍的安全机制。
2. 标识与鉴别机制和访问控制机制之间有什么关系?
3. 使用 ACL 有哪些优点和缺点?
4. 比较自主访问控制和强制访问控制之间的异同点。
5. 基于角色的访问控制机制都适用于什么样的用户环境?
6. 作为事后分析的安全机制,安全审计机制的存在有什么意义?
7. 最小特权管理和访问控制之间有什么关系?
8. 简述 Linux 和 Windows 系统的运行保护机制。
9. 操作系统的哪些安全机制是依赖于硬件实现的?
10. 目前的 Linux 操作系统一般都具有哪些安全机制?
11. 简述 Kerberos 验证机制。

第3章 操作系统安全模型

在设计和开发安全操作系统时,一般根据系统的安全需求来进行。系统的安全需求用形式化或非形式化的方法表达出来,就是安全模型。本章主要介绍安全模型的基本知识,并讨论 BLP 模型、Biba 模型、Clark-Wilson 模型、中国墙模型等几个应用得比较广泛的安全模型。

3.1 安全模型的概念及特点

安全策略是指有关管理、保护和发布敏感信息的法律、规定和实施细则。它将系统的状态分成两个集合:已授权的,即安全的状态集合;未授权的,即不安全的状态集合。如图 3.1 所示的有限状态自动机中,安全策略将系统的状态分成两个集合,一个是安全的状态集合 $S = \{S_1, S_2, S_3\}$,另一个是不安全的状态集合 $US = \{S_4\}$。可以看出这个系统是不安全的,因为无论系统的初始状态为哪一个,都有可能进入不安全的状态 S_4。如果限制系统不能发生 S_2 状态到 S_4 状态的转移,那么系统就是安全的了,因为如果系统的起始状态是安全的,那么无论怎么转移也不会进入不安全的状态。

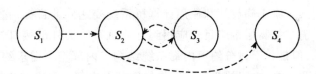

图 3.1 简单的有限状态自动机

安全模型就是对安全策略所表达的安全需求的简单、抽象和无歧义的描述。要构建一个安全的操作系统,在系统的设计之前,必须对操作系统的安全需求进行分析,然后根据安全需求建立一个安全模型,以便围绕安全模型研究如何实现安全性的要求。只有建立安全模型,并确定实现模型的方法,才能够进入代码编写阶段。安全模型给出安全系统的形式化定义、正确的综合系统的各类因素。这些因素包括:系统的使用方式、使用环境的类型、授权的定义、共享的客体(系统资源)、共享的类型和受控共享思想等。这些因素应构成安全系统的形式化抽象描述,使得系统可以被证明是完整的、反映真实环境的、逻辑上能够实现程序的受控执行的。

安全模型具有以下特点:
① 简单的、清晰的,只描述安全策略,对具体实现的细节不作要求;
② 抽象的、本质的;
③ 精确的、没有歧义的。

现有的安全模型大多是以状态机模拟系统状态。模型用状态机语言将安全系统描述成抽象的状态机,用状态变量表示系统的状态,用转换函数或者操作规则来描述状态变量的变化过程。在现有的软硬件条件下,描述通用操作系统中的所有状态变量几乎是不可能的。状态机安全模型只能描述数量有限的与操作系统安全相关的一些主要状态变量。

状态机模型首先要定义与系统安全相关的状态变量,确定系统的主体、客体、安全属性和访问属性等。然后定义系统安全状态的条件,即在系统运行过程中状态变量要满足什么样的条件才被认为是安全的。在这些定义的基础上,还要描述状态变量的转换函数,即系统的操作规则,一个安全的状态变量经过安全的操作规则进行操作后,输出的状态仍然应该是安全的。安全规则限制系统只能在规则允许的范围内进行操作。最后,还要定义系统的初始状态并证明初始状态的安全性。只要系统的初始状态是安全的,并且所有的转换函数或操作规则也都是安全的,就可以推导出系统只要从安全状态启动,无论怎样调用系统的操作规则,系统都会保持在安全状态。

3.2 安全模型的开发和验证

安全模型的开发是很复杂的,不但要建立较好的模型设计理论,还要设计出具有理论支持的实现方法。美国国防部1992年在彩虹系列中的浅绿皮书《理解受信系统中安全模型的指南》中提出了将安全需求映射到系统行为的五个阶段:

①高层策略目标;
②外部接口需求;
③内部安全需求;
④操作规则;
⑤高层设计规范。

高层策略目标用来表明正确设计和使用计算机系统要达到的目标,它约束系统和环境之间的关系。外部接口需求把高层策略目标应用到计算机系统的外部接口,它用来解释系统能够支持什么样的目标,但是并不过分约束内部系统结构。内部安全需求约束系统组件或控制实体(在面向TCB的设计中)之间的关系。操作规则解释内部安全需求是如何实施的,内部安全需求是通过指定访问检查和相关的行为措施来保证被满足的。高层设计规范是对TCB接口的完整的功能描述,它也标明系统组件或控制实体的行为。

该文档还同时给出了开发安全模型的一般性步骤:

(1) 确定外部接口需求

确定系统的主要安全需求并将其同其他需求区分开。这些标明的安全需求应该充分支持已知的高层策略目标。确定外部需求可以防止将系统的安全需求和设计问题混杂,这种混杂会影响对安全模型的理解并可能会对系统设计强加一些不必要的限制。

(2) 确定内部需求

为了支持确定的外部需求,系统必须对控制实体加以限制。这些内部限制一般就形成了模型的安全定义。模型定义了外部接口需求后,内部限制起到了安全定义和操作规则之间的桥梁作用。

(3) 设计策略执行的操作规则

操作规则解决了模型的安全需求在系统实体上如何实行的问题。它抽象地描述系统实体间的交互,重点是访问控制和其他的执行策略机制。在操作系统的内核中,操作规则一般描述安全需求范围内的状态转移规则和相关的访问检查。在形式化的安全模型中,这一步骤就等于构建了一个微型的高层设计规范。操作规则和受控实体的安全需求一起构成了安全策略模型。

（4）确定已知元素

确定开发的模型通常是在前人工作的基础之上做出的，至少有些术语是一样的。使用已有的术语会使要开发的模型容易理解。并且使用已经被证明的结论可以使模型的形式化验证变得容易一些。

（5）论述的一致性和正确性

因为系统的安全性很大程度上取决于所采用的安全模型，所以模型是否满足安全需求并且实施的操作规则是否正确十分重要。论述的一致性和正确性应该包括：安全需求的表述是否准确合理；操作规则是否与安全需求协调一致；安全需求是否在模型中得到准确反映；模型的形式化与模型之间的对应性论证等。

（6）论述的关联性

操作规则应该是系统实现的正确抽象，对模型的解释应该包括操作规则的执行机制如何在系统中实现。这一步骤是模型的实施阶段，它解释了模型中的实体在系统实现中如何表示。例如，"创建文件"这一系统操作在模型中可能被解释为"创建目标"、"写目标"和（或）"设置权限"。

安全模型一般分为形式化安全模型和非形式化安全模型。非形式化安全模型直观地描述系统的安全功能，一般没有严格的数学验证，模型的安全性一般依赖于安全保障设计中的文档和书面需求描述，还依赖于安全保障实现的测试；形式化安全模型则使用数学模型，精确地描述系统的安全功能。形式化模型需要具有严格的形式化验证。模型的形式化验证依赖于相关属性或者需求的描述，依赖于待分析系统的描述，以及依赖于用于确定系统是否满足相应需求的验证技术。

安全模型的形式化验证技术可以分为两大类：归纳验证技术和模型检验技术。归纳验证技术建立在构建公式的基础上，通常需要若干独立步骤来创建公式，以声明系统规范可以满足属性需求。公式创建完成之后，将被提交给某个定理证明器，定理证明器中使用了诸如谓词演算的高阶逻辑。定理证明器试图通过一系列的证明步骤，从定理的前提开始，最终演化得到定理的结论，从而证明前提和结论是等价的。使用归纳验证技术时，通常要提供某些可证明更复杂定理的引理以及一些已经证明的结论，从而指导定理证明器找到一种证明。模型检验技术需要确定系统规范和属性集之间的满足关系。模型描述的系统是状态转换系统，同一个公式在某些状态可能是正确的，而在另外一些状态下有可能是错误的。在系统从一个状态转化到另一个状态的时候，公式的真值也可能随之变化。模型检验器验证的属性通常表示为时态逻辑公式。模型检验器试图证明系统模型与期望属性的语义等价性，为描述这种等价性，可以用证明模型与属性分别显示相同的真值表的方法。

3.3　安全模型的分类

人们对安全模型的研究从 20 世纪 60 年代就开始了，随着对计算机安全的重视，出现了各种各样的安全模型。安全模型的分类方法很多，按实现的策略分类，可以分为保密性模型、完整性模型和混合策略模型。按实现的方法分类，安全模型可以分为访问控制模型和信息流模型。

保密性模型注重防止信息的非授权泄漏，而对于信息的非授权更改则是次要的。保密性模型主要应用于军事方面。例如，一次军事行动的日期是对敌对方保密的，如果敌人知道了行动的准确日期,行动就很有可能会失败。但是如果该信息被人恶意修改则不是大问题,因为军事通信信道中存在大量冗余,从系统的冗余信息中应该可以判断出正确的信息。Bell-LaPadula 模型是典型的保密性模型。

完整性模型则注重信息的完整性。在很多商业应用中,更关心的是信息的准确性而不是保密性。例如银行的存取款业务数据,如果信息一旦被非授权更改,银行或储户很可能会有一方的利益会受到侵害,而这些信息被泄露出去造成的危害却并不是很大。Biba 模型和 Clark-Wilson 模型是比较有代表性的完整性安全模型。

混合策略模型则兼顾信息的保密性和完整性。随着人们对安全需求的提高,现在很多机构都不把它们的安全需求仅仅限定在单一的保密性或者完整性方面,因此需要应用混合策略模型。中国墙模型和医疗信息系统安全模型是混合策略模型的代表。

3.3.1 访问控制模型

基于访问控制矩阵的安全模型是由 Lampson 和 Denning 在 1971 年提出来的,是对操作系统保护机制的通用化描述。访问控制模型的结构是基于状态和状态转换的概念定义的,也是状态机模型的一种。

访问控制是指主体根据某些控制策略或权限对客体进行的不同授权访问。通过对计算机系统访问控制的抽象,在对应的访问矩阵模型中定义了三个要素:主体、客体和访问权限。

(1) 主体

主体是可以对其他实体施加动作的主动实体,简记为 S。主体是系统中访问操作的发起者,主体可以是用户所在的组、用户本身,也可是用户使用的计算机终端、进程或执行域,等等。

(2) 客体

客体是主体行为的对象,简记为 O。客体是接受其他实体访问的被动实体,凡是可以被操作的信息、资源、对象都可以认为是客体。客体可以是信息、文件、存储区域等,也可以是系统中的硬件设施、通信中的终端等,甚至一个客体还可以包含另外一个客体。并且由于主体和主体之间也存在控制与被控制的关系,主体也可以看做是一种特殊类型的客体。

(3) 访问权限

主体对客体的访问权限集合记为 R。主体对客体所拥有的访问权限取自于一个访问权限的有限集 A,如 $A=\{读,写,执行,追加\}$。

模型还定义了控制策略,即主体对客体的操作行为集和约束条件集,这个集合直接定义了主体对客体的作用行为和客体对主体的条件约束。

模型的主要思想就是将系统的安全状态表示成一个访问矩阵:主体用行来表示,每个主体拥有一行;客体用列表示,每个客体拥有一列;主体和客体的交叉项表示该主体对该客体所拥

客体 主体	文件1	文件2	文件3
甲	读	读	读/写/执行
乙	读/写	写	读
丙	读/写	执行	读/执行

图 3.2 一个访问矩阵

有的访问权限,如图3.2所示就是一个访问矩阵。访问矩阵定义了系统的安全状态,这些状态又在控制策略的约束下进行状态转移,由一个安全状态转移到另一个安全状态。访问矩阵和控制策略就构成了访问控制模型安全机制的核心。

3.3.2 信息流模型

信息流模型主要着眼于控制客体之间的信息传输过程,根据两个客体的安全属性来决定请求的操作是否被允许。模型通过分析信息的流向可以发现系统中存在的隐蔽通道,并设法予以堵塞,保证对敏感信息的访问时不会造成信息的泄露。信息流是信息根据某种控制策略的流动,信息流总是从旧的状态流向新的状态。

信息流模型需要遵守的安全规则是:在系统状态转换时,信息流只能从访问级别低的状态流向访问级别高的状态。信息流模型实现的关键在于对系统的描述,即对模型进行彻底的信息流分析,找出所有的信息流,并根据信息流安全规则判断其是否为异常流。若是就反复修改系统的描述或模型,直到所有的信息流都不是异常流为止。

信息流模型是一种基于事件或踪迹的模型,注重系统用户可见的行为。现有可用的信息流模型定义了什么是所期望的外部可见行为,但并没有直接指出哪种内部信息流是被允许的,哪种是不被允许的。尽管信息流模型对安全系统有一个简单而且漂亮的定义,但是,安全性的输入输出规范对于在实际系统中的实现和验证没有太多的帮助和指导。John Mclean曾经指出,这些把焦点放在系统用户的可见行为上的安全模型不能对内部具有因果限制关系的保密性要求进行很好的建模。尽管对于这种内部的保密性要求,已经有人提出了另一种基于计算状态的形式化模型,它们对信息流中的内部限制提供了更好的方法,但是迄今为止,信息流模型对具体的实现只能提供较少的帮助和指导,仍然没有得到广泛的应用。

3.4 主要安全模型

3.4.1 Bell-LaPadula 模型

Bell-LaPadula模型(简称BLP模型)是Bell和LaPadula于1973年提出的对应于军事类型安全密级分类的计算机操作系统模型。BLP模型是最早也是最常使用的计算机安全模型,它影响了许多其他模型的发展,甚至对于整个计算机安全技术的发展都有着很大程度的影响。TCSEC(可信计算机系统评估准则)中的很多内容就是围绕着BLP模型设计的。

BLP模型采用线性排列安全许可的分类形式来保证信息的保密性。每个主体都有一个安全许可,安全许可的等级越高,可以访问的信息就越敏感,越需要保密。相应地,每个客体都有一个安全密级,安全密级越高,客体信息越敏感,保密性越高。BLP模型的目的就是控制主体对客体只能进行安全规则以内的访问。

如图3.3所示是一个基本的安全等级分类系统。图中左边的是基本的保密性分类系统,安全等级的排列为越向上越敏感;中间的是根据安全许可分组的访问主体;右边是按照密级分组的客体,如O_2的密级为机密,括号内表示O_2的两个分类。要保证系统的安全,就要防止主体读取安全密级比它的安全许可更高的客体。如S_2的安全许可为机密,那么它只能读取O_2, O_3和O_4,不能读取密级比它高的O_1。下面的简单安全条件保证了这一点。

绝密	S_1	$O_1(O_{1A}, O_{1B}, O_{1C})$
机密	S_2	$O_2(O_{2A}, O_{2B})$
秘密	S_3	$O_3(O_{3A}, O_{3B}, O_{3C})$
内部	S_4	$O_4(O_{4A}, O_{4B}, O_{4C})$

图3.3 一个安全等级分类系统

设 $L(S) = l_s$ 是主体 S 的安全许可,设 $L(O) = l_o$ 是客体 O 的安全密级。

对于所有安全密级 $l_i, i = 0, \cdots, k-1$,有 $l_i < l_{i+1}$。

简单安全条件(简化版) S 可以读 O,当且仅当 $l_o \leq l_s$ 且 S 对 O 具有自主型读权限。

简单安全条件只限制了安全读取的条件。在图3.3中,如果 S_2 将 O_2 的内容复制到 O_3 里,那么 S_3 就可以看到比 S_3 安全许可等级更高的 O_2 的内容了。必须防止这类事情的发生,即对主体的写权限加以限定。

*-属性(简化版) S 可以写 O,当且仅当 $l_s \leq l_o$ 且 S 对 O 具有自主型写权限。

因为 S_2 的安全许可为机密,而 O_3 的安全密级为秘密,因此 S_2 对 O_3 没有写权限。

简单安全条件(简化版)定义了安全读取的条件,*-属性(简化版)定义了安全写的条件。可以概括为:不可上读,不可下写。如果某个安全系统同时满足这两个条件,可以直接归纳出如下定理:

基本安全定理(简化版) 设系统的初始安全状态为 σ_0,T 是状态转换的集合。如果 T 中的每个元素都遵守简单安全条件(简化版)和 *-属性(简化版),那么对于每个 $i \geq 0$,状态 σ_i 都是安全的。

基本安全定理(简化版)虽然原理简单,实现容易,但是它的分类是很粗糙的。如果 S_2 只需要访问机密文件中的 O_{2A},而并不需要知道 O_{2B} 的内容,那么为了提高系统的安全性,O_{2B} 对 S_2 应该是保密的。这在基本安全定理(简化版)中是不容易做到的,要实现该功能必须增加密级,当主体和客体的访问关系更复杂时显然这样做是不现实的。

BLP提出了模型扩展的方法来解决分类粗糙的问题。即给每个安全密级都增加一套类别,每种类别都描述一种信息。客体拥有所有属于自己所在类别内的信息。主体可以访问的类别集合就是类别集合的幂集。例如,如果类别分为A,B,C三类,那么一个主体可以访问的类别集合就是以下集合之一:Ø(空集),{A},{B},{C},{A,B},{A,C},{B,C},{A,B,C}。这些类别的集合在子集关系下形成一个格,如图3.4所示。

每个安全级别和类别的组合形成一个安全象限,我们称之为安全等级。这样,以后谈到的主体在某个安全等级上有安全许可,客体属于某个安全等级中,安全等级指的就是安全级别和类别的组合了。

主体的安全许可的划分遵循"需知(Need to know)"原则,即主体为了完成自身的任务而需要访问某种客体,才能对该客体具有访问权限,否则就不允许其访问该客体。例如,如果 S_2 只需要访问A类客体,他的安全等级为(机密,{A}),客体 O_{2B} 归于B类,它属于(机密,{B})安全等级。那么即使 S_2 和 O_{2B} 都是机密级别的,S_2 也不能访问 O_{2B}。

类别的引入改变了简化版中主体对客体的访问方式。因此需要定义一种关系来表现安全级别和类别集合之间的结合。设 L 为安全级别,C 为类别。定义支配关系如下:

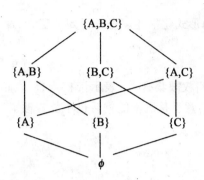

图 3.4 由类别 A、B、C 所形成的格(连线表示子集关系)

安全等级(L, C)支配安全等级(L', C'),当且仅当$L' \leq L$且$C' \subseteq C$。

例如,如果S_2许可的安全等级为(机密,$\{A,B\}$),客体O_{2B}的安全等级为(机密,$\{B\}$),客体O_{3C}的安全等级为(秘密,$\{C\}$),客体O_{4A}的安全等级为(内部,$\{A\}$)。则有:

S_2支配O_{2B},因为机密≤机密 且$\{B\} \subseteq \{A,B\}$;

S_2支配O_{4A},因为内部≤机密 且$\{A\} \subseteq \{A,B\}$;

S_2不能支配O_{3C},因为$\{C\} \not\subseteq \{A,B\}$;

引入了支配关系后,简化版的简单安全条件可以直接修改为:

简单安全条件 S可以读O,当且仅当S支配O且S对O具有自主型读访问权限。

*-属性可以修改为:

*-属性 S可以写O,当且仅当O支配S且S对O具有自主写权限。

与简化版类似,如果一个系统同时满足简单安全条件和*-属性,可以归纳出基本安全定理:

基本安全定理 设系统的安全初始状态为σ_0,T是状态转换的集合。如果T的每个元素都遵守简单安全条件和*-属性,那么对于每个$i \geq 0$,状态σ_i都是安全的。

基本安全定理表明,只要该模型的初始状态是安全的,并且所有的转移函数也是安全的,那么可以证明的必然结果是:系统只要从某个安全状态启动,无论按何种顺序调用系统功能,系统将总保持在安全状态。

在安全的系统中,一个主体要和另一个安全等级比自己低的主体通信也是应该被允许的。例如,如果S_2许可的安全等级为(机密,$\{A,B\}$),S_3许可的安全等级为(秘密,$\{A\}$)。那么应该允许S_2和S_3进行通信。但是由于*-属性的限制,S_2没有写(秘密,$\{A\}$)等级文档的权限,而由于简单安全条件的存在,S_3又没有读(机密,$\{A,B\}$)等级文件的权限。BLP模型提供了一种安全等级转换的机制来实现这种类型的通信。规定主体有一个最高安全等级和一个当前安全等级。主体可以从最高安全等级降低到当前安全等级,但是必须满足最高安全等级支配当前安全等级的原则。这样主体就可以与低于自己安全等级的其他主体通信了。在上面的例子中,S_2可以从最高安全等级(机密,$\{A,B\}$)降低到当前安全等级(秘密,$\{A\}$),因为(机密,$\{A,B\}$)支配(秘密,$\{A\}$),所以该操作是有效的。这样S_2就可以写一个(秘密,$\{A\}$)级别的文档,并且S_3也可以读取该文档了。

需要指出的是,BLP安全模型中结合了强制型访问控制和自主型访问控制。为了讨论方便,前面所讲自主读(写)访问权限,都指的是假如没有强制型访问控制时,主体可以自由地读

（写）客体。

下面我们给出 BLP 模型的形式化描述。先进行如下定义：

S：主体集合。

O：客体集合。

$A=\{r,w,a,e\}=\{a\}$：访问权限集合。r 表示读权限，w 表示读/写权限，a 表示写权限，e 表示执行权限，这里执行权限的意思是既不能查看也不能修改。

M：访问控制矩阵集合。

C：安全许可的集合。

K：类别的集合。

$F=\{(f_s,f_o,f_c)\}$：安全等级三元组的集合。其中 f_s 表示主体的最高安全等级，f_c 表示主体的当前安全等级，f_o 表示客体的安全等级。

H：当前客体的树形结构。客体可以根据安全等级组织成树和独立节点的集合，因此可以用 H 表示树形结构函数 $h:\ O\rightarrow P(O)$ 的集合（这里 $P(O)$ 表示 O 集合的幂集，即 O 所有可能子集的集合）。设 $O_i,O_j,O_k\in O$，则有

① 如果 $O_i\neq O_j$，则 $h(O_i)\cap h(O_j)=\emptyset$；

② 不存在集合 $(O_1,O_2,\cdots,O_k)\subset O$，使得对于每一个 $i=1,2,\cdots,k$，有 $O_{i+1}\in h(O_i)$ 且 $O_{k+1}=O_1$。

V：系统状态集合。$v\in V$，为系统状态，可以表示为如下的四元组：

$v=(b,m,f,h)$：其中 $b\in\{S\times O\times A\}$，表示哪些主体以那种权限访问哪些客体；$m\in M$，表示当前状态的访问控制矩阵，$m$ 的元素 $m_{ij}\in A$，表示主体 S_i 对客体 O_j 具有的访问权限；$f\in F$，表示当前主体的最高安全等级和当前安全等级以及客体的安全等级。$h\in H$，表示当前状态下客体的密级。

R：访问请求的集合。

$D=\{y,n,i,o\}$：请求结果的集合。y 表示请求被允许，n 表示请求被拒绝，i 表示请求非法，即系统不能处理此请求，o 表示出错，即可能有多个规则适用这一请求。

ρ：状态转换规则。规则 ρ 为函数 $\rho:\ R\times V\rightarrow D\times V$，即给定一个 R 里的请求和一个状态 V，根据转换规则 ρ 会产生一个 D 里的响应和下一个状态。

$W\subseteq R\times V\times D\times V$：系统的行为集合。这里的两个状态可能相同也可能不同，由规则 ρ 决定。

由以上定义可知，系统行为可以用一个请求序列、一个决策序列和一个状态序列来表示，再加上一个初始状态，就构成了系统。

为了表现整个系统，进行如下定义：

N：正整数集合。

$X=R^N=\{x\}$：请求序列的集合。

$Y=D^N=\{y\}$：决策序列的集合。

$Z=V^N=\{z\}$：状态序列的集合。

$\sum(R,D,W,z_0)\subseteq X\times Y\times Z$：表示系统，其中 z_0 表示初始状态。对于所有 $t\in T$，当且仅当 $(x_t,y_t,z_t,z_{t-1})\in W$ 时，$(x,y,z)\in\sum(R,D,W,z_0)$ 是系统 $\sum(R,D,W,z_0)$ 的表现。当且仅当系统的每一个状态 $(z_0,z_1,\cdots,z_n)$ 均为安全状态时，系统 $\sum(R,D,W,z_0)$ 是一个安全的

系统。

BLP模型定义了一组安全公理来解释安全状态和安全系统。

(1) 简单安全性公理

$(s,o,a) \in S \times O \times A$ 满足与 f 相关的简单安全性,当且仅当下面的一条成立:

① $a = \underline{e}$ 或 $a = \underline{a}$;

② $a = \underline{r}$ 或 $a = \underline{w}$ 且 $f_s(S)$ 支配 $f_o(O)$。

(2) *-属性公理

状态(b,m,f,h)满足*-属性,当且仅当对于每个 $s \in S$ 有:

① $b(s: \underline{a}) \neq \emptyset \Rightarrow [\forall O \in b(s: \underline{a})[f_o(O) \text{支配} f_c(S)]]$;

② $b(s: \underline{w}) \neq \emptyset \Rightarrow [\forall O \in b(s: \underline{w})[f_o(O) = f_c(S)]]$;

③ $b(s: \underline{r}) \neq \emptyset \Rightarrow [\forall O \in b(s: \underline{r})[f_c(S) \text{支配} f_o(O)]]$。

其中,$b(s: \underline{a})$表示主体s以$\underline{a}$权限访问客体,$b(s: \underline{w})$,$b(s: \underline{r})$意义类似。

(3) 自主安全性公理

状态(b,m,f,h)满足自主安全性,当且仅当对于所有的$(S_i, O_j, a) \in b$都有$a \in m_{ij}$。

(4) 兼容性公理

状态(b,m,f,h)满足兼容性,当且仅当对于每个$o \in O$,有$o_1 \in h(o)$且$f_o(o_1)$支配$f_o(o)$。

要保证系统的每一个状态都是安全状态,除了保证初始状态是安全的,还要保证系统的每一次转换都从一个安全状态转移到另一个安全状态,即转换规则ρ必须满足安全要求。规则ρ保持系统安全状态,当且仅当对于所有的$\rho(r,v) = (d,v')$,都有v是安全状态$\Rightarrow v'$也是安全状态。即:

① 规则ρ保持简单安全性,当且仅当对所有的$\rho(r,v) = (d,v')$,都有v保持简单安全性$\Rightarrow v'$也保持简单安全性;

② 规则ρ保持*-属性,当且仅当对所有的$\rho(r,v) = (d,v')$,都有v保持*-属性$\Rightarrow v'$也保持*-属性;

③ 规则ρ保持自主安全性,当且仅当对所有的$\rho(r,v) = (d,v')$,都有v保持自主安全性$\Rightarrow v'$也保持自主安全性。

模型一共定义了以下11条安全状态的转换规则:

规则3.1 get-read规则,表示主体对客体请求只读访问。

规则内容:

如果主体S_i可以对客体O_j进行只读访问,必须满足以下条件:

① 主体S_i的访问属性中有对客体O_j的只读权限;

② 主体S_i的安全等级支配客体O_j的安全等级;

③ 主体S_i是可信主体或主体的当前安全等级支配客体O_j的安全等级。

规则3.2 get-append规则,表示主体对客体请求只写访问。

规则内容:

如果主体S_i可以对客体O_j进行只写访问,必须满足以下条件:

① 主体S_i的访问属性中有对客体O_j的只写权限;

② 主体S_i是可信主体或客体O_j的安全等级支配主体当前的安全等级。

规则3.3 get-execute规则,表示主体对客体请求执行访问。

规则内容:

如果主体 S_i 可以对客体 O_j 进行执行访问,必须满足以下条件:
主体 S_i 的访问属性中有对客体 O_j 的执行权限,要完成执行操作还必须有读权限。

规则 3.4 get-write 规则,表示主体对客体请求读写访问。

规则内容:

如果主体 S_i 可以对客体 O_j 进行读写访问,必须满足以下条件:
① 主体 S_i 的访问属性中有对客体 O_j 的读写权限;
② 主体 S_i 的安全等级支配客体 O_j 的安全等级;
③ 主体 S_i 是可信主体或主体的当前安全等级等于客体 O_j 的安全等级。

规则 3.5 release-read/execute/write/append 规则,表示主体请求释放对客体的访问属性。

规则内容:

如果主体 S_i 请求对客体 O_j 释放某种访问属性,按以下规则操作:
如果请求不在定义域范围内,不会发生状态的变化。否则将从主体 S_i 的访问属性中去掉对客体 O_j 的该访问属性。

规则 3.6 give-read/execute/write/append 规则,表示主体请求授予另一主体对客体的访问属性。

规则内容:

如果主体 S_i 可以授予另一主体 S_k 对客体 O_j 的访问权限,必须满足以下条件:
① 客体 O_j 不是层次树的根节点,主体 S_i 的访问属性中有对 O_j 的父节点 $O_{S(k)}$ 的读写权限;
② 客体 O_j 是层次树的根节点,并且主体 S_i 有权在当前状态下授予对 O_j 的访问权。

规则 3.7 rescind-read/execute/write/append 规则,表示主体请求撤销另一主体对客体的访问属性。

规则内容:

如果主体 S_i 可以撤销另一主体 S_k 对客体 O_j 的访问权限,必须满足以下条件:
① 客体 O_j 不是层次树的根节点,主体 S_i 的访问属性中有对 O_j 的父节点 $O_{S(k)}$ 的读写权限;
② 客体 O_j 是层次树的根节点,并且主体 S_i 有权在当前状态下撤销对 O_j 的访问权。

规则 3.8 create-object 规则,表示主体请求创建某一客体(保持兼容性)。

规则内容:

如果主体 S_i 可以创建安全等级为 f_o,父节点为 O_j 的客体 O_k(即 $O_k \in h(O_j)$),必须满足以下条件:
① 主体 S_i 的当前安全等级对客体 O_j 具有读写权限或只写权限;
② 客体 O_k 的安全等级支配客体 O_j 的安全等级。

规则 3.9 delete-object-group 规则,表示主体请求删除一组客体。

规则内容:

如果主体 S_i 可以删除客体 O_j 以及其下面的所有客体,必须满足以下条件:
主体 S_i 的当前安全等级对客体 O_j 的父节点 $O_{S(j)}$ 具有读写权限并且客体 O_j 不是根节点。

规则 3.10 change-subject-current-security-level 规则,表示主体请求改变当前的安全等级。

规则内容:

如果主体 S_i 可以改变其当前的安全等级至 f_o,必须满足以下条件:

①主体 S_i 是可信主体或它的安全等级被改变为 f_o,且导致的状态满足 * -属性;

②主体 S_i 的安全等级支配 f_o。

规则 3.11 change-object-security-level 规则,表示主体请求改变客体的安全等级。

规则内容:

如果主体 S_i 可以改变客体 O_j 的安全等级至 f_o,必须满足以下条件:

①主体 S_i 是可信主体并且其当前安全等级支配客体 O_j 的安全等级或主体 S_i 的安全等级支配 f_o,而 f_o 又支配客体 O_j 的安全等级;

②如果有主体 S 当前正以只读或读写模式访问客体 O_j,则主体 S 的当前安全等级必须支配 f_o;

③客体 O_j 的安全级别被改变为 f_o 且导致的状态满足 * -属性;

④客体 O_j 的安全级别被改变为 f_o 且导致的状态满足兼容性;

⑤主体 S_i 有权改变客体 O_j 的安全等级。

模型为了证明转换规则以及系统的安全性,提出并证明了以下 11 个重要的定理:

定理 3.1 对每一个初始状态 z_0,系统 $\sum(R,D,W,z_0)$ 满足简单安全特性,当且仅当对每一个行为 $(r,d(b,m,f,h),(b',m',f',h'))$,系统行为 W 满足:

①对任意 $(S,O,a) \in b'-b$ 满足相对于 f' 的简单安全性;

②对任意 $(S,O,a) \in b$ 不满足相对于 f' 的简单安全性的不在 b' 内。

定理 3.2 对每一个满足相对于 S' 的 * -属性的初始状态 z_0,系统 $\sum(R,D,W,z_0)$ 满足相对于 S' 的 * -属性,当且仅当对每一个行为 $(r,d,(b,m,f,h),(b',m',f',h'))$,系统行为 W 满足:

①对任意的 $S \in S'$,有

$$O \in (b'-b)(S: \underline{a}) \Rightarrow f'_o(O) \text{ 支配 } f'_o(S)$$

$$O \in (b'-b)(S: \underline{w}) \Rightarrow f'_o(O) = f'_c(S)$$

$$O \in (b'-b)(S: \underline{r}) \Rightarrow f'_c(S) \text{ 支配 } f'_o(O)$$

②对任意的 $S \in S'$,有

$$O \in (b'-b)(S: \underline{a}) \text{ 且 } f'_o(O) \text{ 不支配 } f'_c(S) \Rightarrow O \notin b'(S,a)$$

$$O \in (b'-b)(S: \underline{w}) \text{ 且 } f'_o(O) \neq f'_c(S) \Rightarrow O \notin b'(S,w)$$

$$O \in (b'-b)(S: \underline{r}) \text{ 且 } f'_o(O) \text{ 不支配 } f'_c(S) \Rightarrow O \notin b'(S,r)$$

定理 3.3 系统 $\sum(R,D,W,z_0)$ 满足自主安全特性,当且仅当 z_0 满足自主安全特性并且对于每一个行为 $(r,d,(b,m,f,h),(b',m',f',h'))$,系统行为 W 满足:

①对任意 $(S,O,a) \in b'-b$ 有 $a \in m'_{ij}$;

②对任意 $(S,O,a) \in b$ 并且 $a \notin m'_{ij}$ 有 $(S,O,a) \notin b'$。

定理 3.4(基本安全定理) 如果 z_0 是安全状态,且 W 满足定理 3.1、定理 3.2 和定理 3.3 的条件,则系统 $\sum(R,D,W,z_0)$ 是安全系统。

定理 3.5 如果 W 保持简单安全性的规则并且 z_0 满足简单安全性,则系统 $\sum(R,D,W,z_0)$ 满足简单安全特性。

定理 3.6 如果 W 保持 * -属性的规则并且 z_0 满足 * -属性,则系统 $\sum(R,D,W,z_0)$ 满足

*-属性。

定理 3.7 如果 W 保持自主安全性的规则并且 z_0 满足自主安全性,则系统 $\sum(R,D,W,z_0)$ 满足自主安全性。

定理 3.8 如果 $v=(b,m,f,h)$ 满足简单安全特性,并且 $(S,O,a) \notin b, b'=b \cup \{(S,O,a)\}$,则 $v'=(b',m,f,h)$ 满足简单安全性,当且仅当下面的一条成立:

① $a=\underline{e}$ 或 $a=\underline{a}$;
② $a=\underline{r}$ 或 $a=\underline{w}$ 并且 $f_s(S)$ 支配 $f_o(O)$。

定理 3.9 如果 $v=(b,m,f,h)$ 满足相对于 $S' \subset S$ 的 *-属性,并且对任意 $S \subset S', (S,O,a) \notin b, b'=b \cup \{S,O,a\}$,则 $v'=(b',m,f,h)$ 满足相对于 S' 的 *-属性,当且仅当下面的条件成立:

① 如果 $a=\underline{a}$,则有 $f_o(O)$ 支配 $f_c(S)$;
② 如果 $a=\underline{w}$,则有 $f_o(O)=f_c(S)$;
③ 如果 $a=\underline{r}$,则有 $f_c(S)$ 支配 $f_o(O)$。

定理 3.10 如果 $v=(b,m,f,h)$ 满足自主安全特性,且 $(S,O,a) \notin b, b'=b \cup \{(S,O,a)\}$,则 $v'=(b',m,f,h)$ 满足自主安全特性,当且仅当 $a \in m_{ij}$。

定理 3.11 设 ρ 为一规则并且 $\rho(r,v)=(d,v'), v=(b,m,f,h), v'=(b',m',f',h')$,则有:

① 如果 $b' \subseteq b$,并且 $f'=f$,则规则 ρ 保持简单安全性;
② 如果 $b' \subseteq b$,并且 $f'=f$,则规则 ρ 保持 *-属性;
③ 如果 $b' \subseteq b$,并且对任意的 i,j 有 $m'_{ij} \supseteq m_{ij}$,则规则 ρ 保持自主安全特性;
④ 如果 $b' \subseteq b, f'=f$,并且对任意的 i,j 有 $m'_{ij} \supseteq m_{ij}$,则规则 ρ 保持安全状态。

由于 BLP 模型是适用于军事策略的安全模型,并且提出的时间比较早,加上计算机技术的迅速发展,模型在有些方面已经不足以描述现在的安全需求了,应用 BLP 模型应该注意到以下几个方面的问题:

①BLP 模型主要注重的是保密性控制,控制信息的安全读写,而并没有考虑完整性的控制,不能解决商务应用中更关心的数据完整性的问题。因此限制了该模型的应用范围;

②BLP 模型中,可信主体的访问权限太大,不受 *-属性的约束,不符合系统安全中的最小特权原则;

③模型对文件共享机制没有描述,也不能有效地解决隐蔽通道的问题。

3.4.2 Biba 模型

BLP 模型提供的是保证数据保密性的安全策略,是一个军事安全模型。但在商业应用中,人们关心的常常是数据的完整性。例如在银行的存取款业务中,交易过程的非正常中断如果得不到正确处理,将会破坏客户和银行之间的数据完整性,使一方受到损失。又如对于一个库存控制系统来说,在正常工作时,它管理的数据可以正常发布,但是如果它管理的数据可以被随意改动,就不能真实地反应库存状况。大多数的商业和产业公司更关心的是信息的准确性,而不是信息的泄露问题。完整性模型强调的就是信息的完整性问题。

Biba 模型是由 K. J. Biba 等人在 1977 年提出的第一个完整性安全模型。Biba 模型借鉴了 BLP 模型中级别的概念,定义了完整性等级,应用类似于 BLP 模型的安全规则来保护信息的完整性。

Biba 模型中,系统的主体与客体的概念和 BLP 模型相同。类似于 BLP 模型中安全等级的概念，Biba 模型为系统中的每个主体和每个客体分配一个完整性等级。主体或客体的完整性等级越高，其可靠性就越高。高等级的数据比低等级的数据具备更高的精确性和可靠性。

Biba 模型提出了三种策略，即下限标记策略、环策略和严格完整性策略。其中严格完整性策略是 BLP 模型数学上的对偶。

1. 下限标记策略

下限标记策略的主要思想是当主体访问一个客体时，将主体的完整性等级变为该主体和该客体完整性等级中较低的那个等级。该策略包括对于主体的下限标记策略、对于客体的下限标记策略和下限标记完整审计策略。具体描述如下：

对于主体的下限标记策略，此策略基于以下规则：

①主体 S 可以对给定客体 O 进行写操作，当且仅当 S 的完整性等级支配 O 的完整性等级；

②主体 S 可以对任何客体 O 进行读取操作，当完成读取操作之后，主体 S 的完整性被置为执行读取操作之前 S 和 O 的完整性等级的最小上界；

③主体 S_1 可以执行另一个主体 S_2（与 S_2 通信），当且仅当 S_1 的完整性等级支配 S_2 的完整性等级。

对于客体的下限标记策略，此策略基于以下规则：

主体 S 能够对具有任何完整性等级的客体 O 进行写操作，当 S 执行完对 O 的写操作之后，客体 O 的完整性等级被置为执行写操作之前 S 和 O 的完整性等级的最大下界。

下限标记完整审计策略基于以下规则：

主体 S 能够对具有任何完整性等级的客体 O 进行写操作，如果 S 的完整性等级低于 O 的完整性等级或两者不可比，该违反安全的操作将被记录在审计记录中。

2. 环策略

环策略中，主体和客体的完整性等级在执行操作的前后是固定不变的，此策略基于以下规则：

①主体 S 可以对给定客体 O 进行写操作，当且仅当 S 的完整性等级支配 O 的完整性等级；

②主体 S_1 可以执行另一个主体 S_2（与 S_2 通信），当且仅当 S_2 的完整性等级支配 S_1 的完整性等级；

③主体 S 可以对具有任何完整性等级的客体 O 进行读取操作。

3. 严格完整性策略

严格完整性策略是 BLP 模型的对偶，此策略基于以下规则：

①完整性 * - 属性：主体 S 可以对客体 O 进行写操作，当且仅当 S 的完整性等级支配客体 O 的完整性等级；

②援引规则：主体 S_1 可以执行另一个主体 S_2（与 S_2 通信），当且仅当 S_1 的完整性等级支配 S_2 的完整性等级；

③简单完整性条件：主体 S 可以对客体 O 进行读取操作，当且仅当 O 的完整性等级支配 S 的完整性等级。

3.4.3 Clark-Wilson 模型

商业需求与军事需求具有不同的侧重点，商业环境中更关心的是数据的完整性而不是保密性。Biba模型给出了完整性安全策略,可以有效地防止对数据的非授权修改,保证数据有效并不被完整性等级低的数据污染。但是Biba模型并没有考虑数据的一致性问题和事务处理本身的完整性问题。数据一致性就是数据满足给定的属性,例如在企业的财务数据中,设D是某账户今天到目前为止存入的金额总数,W是今天到目前为止提取金额的总数,YB是到昨天为止账户的金额总数,TB是到今天目前为止账户的金额总数,则一致性属性就是:$D + YB - W = TB$。事务处理的完整性也是很多商业应用中非常关心的,例如一个采购过程,从收到发票到确认支付,如果执行过程中缺乏一定的监督机制,就有可能会支付伪造发票。要想提高事务处理的安全性,一个可行的方法是职责分离机制,要求检验者和实现者不是一个人。这样要在事务处理过程中破坏数据,就必须最少有两个主体同时犯错误。Clark-Wilson模型就是同时考虑了数据一致性和事务处理完整性的安全模型。

Clark-Wilson模型是1987年由David Clark和David Wilson共同开发的数据完整性模型。该模型的主要思想就是利用良性事务处理机制和任务分离机制来保证数据的一致性和事务处理的完整性。良性事务处理机制指的是用户不能任意地处理数据,而必须以确保数据完整性的受限的方式来对数据进行处理,即使是授权用户要修改数据,也必须要满足数据一致性的要求。良性事务处理的一个最普通的例子是复式记账法,假设某企业存入银行1 000元现金,该业务的发生,一方面使企业的库存现金减少1 000元,另一方面使企业的银行存款增加了1 000元,因此应以相等的金额在现金和银行存款这两个账户上相互联系地进行登记,即一方面在现金账户上登记减少1 000元,另一方面在银行存款账户上登记增加1 000元。所有的存取款业务都是在两个账户间转换,由于它们在一个账户上表现为增加,在另一个账户上表现为减少,因此,两个账户的业务总额为零。两本账本分别由两个记账员保存,这样就减少了舞弊的可能性。Clark-Wilson模型中,为了保证主体只能以良性事务处理的方式对客体进行访问,规定了所有对客体的访问必须通过特定的程序集合来进行,同时这些程序必须保证自身的有效性。任务分离机制指的是将任务分成多个子集,不同的子集由不同的人来完成。如果完成任务的每个子集都由不同的人来完成,并且完成这些子集的人没有串通,任务的安全性就会得到保障。但是如果这些子集都由一个人来完成,欺骗就可以轻松完成。任务分离机制最基本的规则就是任何一个验证行为正确性的人不能同时也是被验证行为的执行人。Clark-Wilson模型为了保证任务分离机制,规定每个主体只能被允许使用特定的程序集,通过指定主体可以使用的程序集和分配主体对选定程序的执行权限来保证数据的完整性。

模型对下列数据项和程序进行了定义:

受限定的数据项(Constrained Data Item,CDI):指完整性被安全模型保护起来的任何数据项。CDI的完整性是系统行为保证完整性的关键。

不受约束的数据项(Unconstrained Data Item,UDI):指不被安全模型控制的任何数据项。输入的并且没有被验证的任何数据,或任何输出数据被认为是不受约束的数据项。UDI的完整性并不是系统行为的关键。CDI集合和UDI集合是模型系统中所有集合的划分。

完整性验证过程(Integrity Verification Procedure,IVP):指扫描数据项并证实数据完整性的过程。IVP执行时,要检验CDI是否符合完整性约束,如果符合,则称系统处于一个有效状态。

转换过程(Transformation Procedures,TP):指将系统数据从一个有效状态转换为另一个有效状态的过程。TP是被允许修改CDI的惟一一个过程,通过TP对CDI受到限制的访问形成了Clark-Wilson完整性模型的构架。

例如，在一个银行账户中，账户中的收支差额是 CDI；核查账号是否收支平衡是 IVP，存款、取款、转账等都是 TP。银行为了宣传而发放的赠品属于 UDI，因为它们的完整性并不影响银行的关键业务。为确保账户被正确管理，一个银行的监测员必须确保银行使用正确的过程来检查账户的存取、转换等。

Clark-Wilson 使用下面一组证明规则和一组实施规则来描述完整性策略。

证明规则 1（CR1）　当任意一个 IVP 在运行时，它必须保证所有的 CDI 都处于有效状态。

证明规则 2（CR2）　对于某些相关联的 CDI 集合，TP 必须将那些 CDI 从一个有效状态转换到另一个（可能不同的）有效状态。即所有的 TP 必须被验证为合法的。

CR2 表明，如果一个 TP 没有被证明可作用于某个 CDI 之上，那么这个 TP 就可能破坏该 CDI。因此，系统必须阻止 TP 操作那些没有被证明的 CDI，下面的实施规则保证了这一点。

实施规则 1（ER1）　系统必须维护所有的证明关系，且必须保证只有经过证明可以运行该 CDI 的 TP 才能操作该 CDI。

实施规则 2（ER2）　系统必须将用户与每一个 TP 及一组相关的 CDI 关联起来。TP 可以代表相关用户来访问这些 CDI。如果用户没有与特定的 TP 及 CDI 相关联，那么这个 TP 将不能代表该用户对 CDI 进行访问。

证明规则 3（CR3）　被允许的关系必须满足职责分离原则所提出的要求。

上面的三个规则提供了保证 CDI 内部一致性的基本框架，下面的两个规则则保证了外部的一致性和任务分离的机制。

实施规则 3（ER3）　系统必须对每一个试图执行 TP 的用户进行认证。

证明规则 4（CR4）　必须验证所有的 TP 可以向一个只可追加的 CDI（日志文件）写入重构一个操作所必须的全部信息。

模型将系统日志作为 CDI 对待，CR4 表明每一个 TP 都可以添加日志，但是 TP 不可以重写日志。这样才能保证日志信息的完整性，使得审计人员可以审计所有的操作。

证明规则 5（CR5）　任何以 UDI 为输入的 TP，对于该 UDI 的所有可能值，只能执行有效的转换，或者不进行转换。这种转换要么是拒绝该 UDI，要么将其转化为一个 CDI。

CR5 表明信息在输入系统时，不一定是可信的或受约束的，要被检验证明为正确之后才能由 TP 转换为 CDI。

实施规则 4（ER4）　只有 TP 的证明者可以改变与该 TP 相关的一个实体列表。TP 的证明者，或与 TP 相关的实体的证明者都不会有对该实体的执行许可。

ER4 实施了为维护规则 ER2 和 ER3 中完整性关系所需的权职分离原则。改变授权的能力必须和认证能力同时具有，并且没有执行一个 TP 的能力。

上述九条规则构成了 Clark-Wilson 完整性模型，图 3.5 给出了模型完整性规则的框架。

3.4.4　中国墙模型

BLP 模型侧重于保密性策略，Biba 模型和 Clark-Wilson 模型侧重于完整性策略，然而，大多数的机构都不会把安全需求仅仅限定在单一的保密性或者完整性之上，而是要兼顾保密性和完整性。中国墙（Chinese-Wall）安全模型就是兼顾保密性和完整性的安全模型。

中国墙模型是 1989 年由 Brewer 和 Nash 提出的安全模型，也被称为 BN 模型。该模型主要解决商业中的利益冲突问题，目标就是防止利益冲突的发生。模型可以动态地改变访问权限，常用于股票交易所或者投资公司的经济活动等环境中。中国墙模型在商业环境中的重要

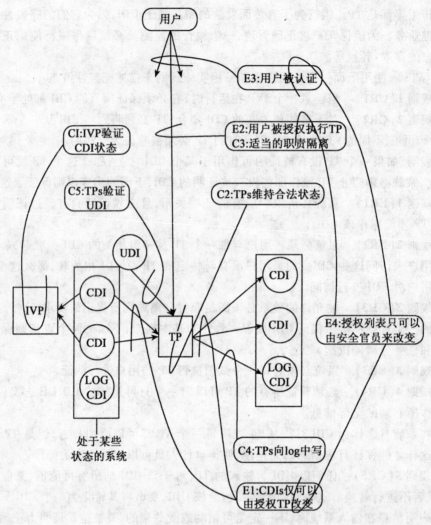

图 3.5 Clark-Wilson 模型完整性规则图示

性类似于 BLP 模型在军事中的重要性。

中国墙模型对数据的访问控制不像 BLP 模型那样是由数据的安全属性限制的,而是根据主体已经具有的访问权力来确定是否可以访问当前数据。数据集根据利益冲突类分组,所有主体只允许访问利益冲突类中的一个数据集。中国墙模型继承了 BLP 模型中主体和客体等概念,提出了中国墙的概念,设计了一个规则集使得主体不能访问"墙"另一边的客体。

下面我们给出模型的非形式化描述。

所有的公司信息都存储在如图 3.6 所示的层次排列的文件系统中。

下面是三层的意义:

①最底层表示的是单个企业的数据项,即单个的客体;
②中间层表示的是把客体按所属的企业分组,叫做企业数据集;
③最高层是利益冲突类,由具有竞争关系的企业数据集组成。

为了方便,我们把第 r 个客体记为 O_r,其所在的企业数据集记为 y_r,y 所在的利益冲突类

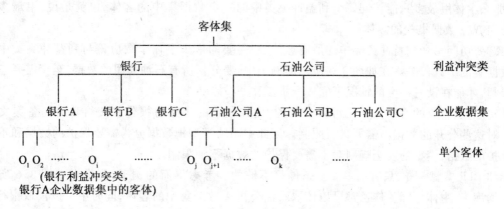

图 3.6 中国墙模型的数据库结构

记为 x_r。例如图 3.6 所示的客体集合组成的数据库中,系统维护银行 A、银行 B、银行 C、石油公司 A、石油公司 B 和石油公司 C 的信息,那么所有的客体都属于六个公司数据集中的一个,例如 y_r 一定是银行 A、银行 B、银行 C、石油公司 A、石油公司 B 或石油公司 C。会有两个利益冲突类,一个是银行,包括银行 A、银行 B 和银行 C 的数据集;一个是石油公司,包括石油公司 A、石油公司 B 和石油公司 C。则 x_r 是银行利益冲突类或者石油公司利益冲突类。

模型的基本思想就是只允许主体访问与其所拥有的信息没有利益冲突的数据集内的信息。最初,一个主体可以自由选择访问任何客体,因为主体不拥有客体的任何信息,也就不存在冲突。一旦主体访问了某个企业数据集内的客体,它的访问范围就被作了一部分限定,它将不能再访问这个利益冲突类中其他企业数据集内的客体了,只能访问这个企业数据集中的客体或其他利益冲突类中的客体。在如图 3.6 所示的数据库中,初始时一个主体可以访问任何一个数据集中的客体。如果它访问了银行 A 中的客体,那么以后它将不能访问数据集银行 B 和银行 C 中的客体,但是它可以继续访问银行 A、石油公司 A、石油公司 B 和石油公司 C 中的客体,因为石油公司和银行不是一个利益冲突类。如果它访问了石油公司 B 中的客体,那么它就不能再访问石油公司 A 和石油公司 C 中的客体了。这就是中国墙的含义,开始时主体是自由的,没有墙的存在,可以访问任何客体,一旦主体做了一个选择,中国墙就建立起来了。可以想像,"墙"的另一边指的就是和主体选择访问的数据集处于同一利益冲突类的其他数据集。这时主体仍然可以访问其他的利益冲突类中的客体。当主体访问了一个新的利益冲突类中的客体,墙的形状也随之改变,把更多的数据集隔到了"墙"的另一边。中国墙模型是自由选择和强制控制之间的精妙结合。

根据上面的描述,可以定义类似于 BLP 模型的简单安全规则:

中国墙简单安全条件 主体 S 可以读取客体 O,当且仅当满足以下任一条件:

①存在一个 S 曾经访问过的客体 O',并且 O' 和 O 处于同一企业数据集中;

②对于所有 S 访问过的 O',都有 O' 和 O 不在一个利益冲突类中。

从简单安全条件可以得出如下三个推论:

①一旦主体读取了某个利益冲突类中的一个客体,那么该主体在这个利益冲突类中所能读取的客体必须与它以前读取的客体属于同一个企业数据集。如果主体甲访问了银行 A 数据集中的客体,那么它以后在银行利益冲突类中就只能对银行 A 具有访问权限了。

②一个主体在每个利益冲突类中最多只能访问一个企业数据集。如果有 N 个利益冲突

类,那么主体甲最多只能访问每个利益冲突类中的一个数据集中的客体,也就是说,甲最多只能访问 N 个数据集中的客体。

③要访问一个利益冲突类中的所有客体,所需要的最少主体个数应该与利益冲突类中企业数据集的个数相同。在如图 3.6 所示的例子中,要分析所有石油公司的数据,至少需要三个分析师,才能在没有冲突的情况下完成分析工作。

实际上,企业的有些数据是可以公开的,比如股票的年交易报告和交给政府的备案文件等。对这些公开的数据不需要进行限制。因此中国墙模型把数据分为需要保护的数据和不需要保护的数据,模型的安全规则对不需要保护的数据不加限制。

和 BLP 模型一样,只有简单安全条件是不够的。考虑下面的例子,假设在如图 3.6 所示的数据库中,主体甲和主体乙都可以读取石油公司 A 数据集中的客体,同时甲可以读取银行 A 中的客体,乙可以读取银行 B 中的客体。那么如果甲读出银行 A 中的客体并把其中的信息写入石油公司 A 数据集中,乙就可以读到银行 A 的信息了。显然这时就会导致利益冲突了。因此必须对主体的写权限加以限定。模型的 $*$-属性就完成了该功能。

中国墙 $*$-属性 主体 S 可以对客体 O 进行写操作,当且仅当以下两个条件同时满足:

①中国墙简单安全条件允许 S 读取 O;

②S 不能读取属于不同数据集的需要保护的客体。

有了 $*$-属性的限制,甲可以同时读取银行 A 和石油公司 A 中的客体,不满足条件②,因此就没有对石油公司 A 中客体的写权限了。

以上就是中国墙安全模型的基本内容,下面对模型进行形式化描述。

首先进行如下定义:

S:主体的集合。

O:客体的集合。

$L = \{(x,y)\}$:安全级别标签 (x,y) 的集合,x 表示利益冲突类,y 表示企业数据集。引入函数 $X(o)$ 和 $Y(o)$ 分别表示给定客体 o 所在的利益冲突类和企业数据集。为了叙述方便我们用 x_j 和 y_j 分别表示 $X(o_j)$ 和 $Y(o_j)$,即对于客体 o_j,x_j 是它所在的利益冲突类,y_j 是它所在的企业数据集。

R:请求访问矩阵。其元素为 $R(v,c)$,表示主体 s_v 对客体 o_c 提出访问请求。

N:访问控制矩阵,是一个布尔矩阵。其元素为 $N(v,c)$,$N(v,c)$ 值为真时表示主体 s_v 对客体 o_c 拥有访问权限或者主体 s_v 已经访问过客体 o_c,$N(v,c)$ 值为假时表示主体 s_v 还没有访问过客体 o_c。一旦主体 s_u 对一个新的客体 o_r 的请求 $R(u,r)$ 被允许,对应的 $N(u,r)$ 一定被置为真值以表明 s_u 已经访问过 o_r。显然,任何请求 $R(v,c)$ 都会导致一个状态转移,使 N 变为 N'。

公理 1 $y_1 = y_2 \rightarrow x_1 = x_2$

即任何两个客体 o_1 和 o_2,如果属于同一个企业数据集,则它们一定属于同一个利益冲突类。

引理 1 $x_1 \neq x_2 \rightarrow y_1 \neq y_2$

即任何两个客体 o_1 和 o_2,如果不属于同一个利益冲突类,则它们一定不属于同一个企业数据集。

公理 2 主体 s_u 能够读取客体 o_r,当且仅当对于所有令 $N(u,c) = true$ 的客体 o_c,有 $x_c \neq x_r$ 或者 $y_c = y_r$。

即一个主体能够读取一个客体,当且仅当该主体并没有读过该客体所在利益冲突类中其他企业数据集中的客体,或者该主体已经读过该客体所在企业数据集中的其他客体。这是中国墙简单安全条件的形式化描述。

公理3 对于所有的 $s \in S$ 和 $o \in O$,$N(s,o)$ 是一个初始安全状态。

公理4 如果对于某个主体 s 和所有 $o \in O$,$N(s,o) = false$,那么任何请求 $R(s,o)$ 都被允许。

定理1 一旦一个主体 s 读过某一客体 o,对于 $o' \in O$ 且 $o' \neq o$,如果 s 能够读取 o',那么有 $x_c \neq x_r$,或者 $y_c = y_r$。

引理2 如果主体 $s \in S$ 能够读取客体 $o \in O$,那么 s 不能读取满足如下条件的客体 o':
$$x_c = x_r, 且 y_c \neq y_r$$

定理2 一个主体最多能访问每个利益冲突类中的一个企业数据集。

定理3 设某个利益冲突类为 c,并设存在 n 个客体 $o_i \in O$,$1 \leq i \leq n$,满足 $x_i = c$,$1 \leq i \leq n$,且 $y_i \neq y_j$,$1 \leq i, j \leq n, i \neq j$。那么对于每个这样的客体 o,存在一个 $s \in S$ 可以读取 o,当且仅当 $n \leq |S|$。

即如果某个利益冲突类 X 有 X_Y 个企业数据集,那么如果使每个客体都能被访问到,所需要的最小主体数为 X_Y。

下面考虑模型中不需要保护的数据部分,对于任一客体 o_s,进行如下定义:

$y_s = y_o$ 表示 o_s 包含的是不需要保护的数据;

$y_s \neq y_o$ 表示 o_s 包含的是需要保护的数据。

同理,对 x_o 也作同样的定义。

模型将所有不需要保护的数据都放在一个特殊的利益冲突类中的企业数据集中。根据定理2,所有的主体都可以访问这个企业数据集。

公理5 对于某一客体 $o_i \in O$,$y_s = y_o$ 当且仅当 $x_i = x_o$。

公理6 主体 s_u 可以写客体 o_b,当且仅当以下两个条件同时成立:

① $N(u,b) = true$;

② 不存在这样的客体 o_a:$N(u,b) = true$,$y_a \neq y_b$,$y_a \neq y_o$。

公理6表明只有当信息不能在两个主体之间间接地泄漏时,写操作才能被允许。这是中国墙 * -属性的形式化描述。

定理4 对于任意给定系统,所有的信息流集合为
$$\{(o_a, o_b) \mid o \in O \cap o' \in O \cap (y_a = y_b \cup y_a = y_o)\}$$

其中 (o_a, o_b) 表示信息从 o_a 流向 o_b。该定理表明,所有需要保护的信息被限制在它自己的企业数据集内,而不需要保护的信息可以在系统中自由流动。

中国墙模型和BLP模型有很多相似之处,都有简单安全条件和 * -属性,有相似的访问规则。将不同的模型进行对比有助于深刻理解模型的本质,利于设计出更加完善的安全模型。下面我们用BLP模型来仿真中国墙模型,以便理解两个模型间的异同。

BLP模型并不限制客体间的关系,更不用将客体分为企业数据集和利益冲突类,而是将每一个客体赋予一个安全等级,同时BLP模型中没有"曾经访问"的概念。而中国墙模型中的主体没有相关的安全等级。虽然BLP模型的安全等级的分类方式和中国墙模型的数据库结构差别很大,但是两个模型的转换是很容易的。可以遵循如下规则将中国墙模型中的数据集转换成BLP模型中的安全类别:

①定义两个安全级别 S 和 U，S 对应于不需要保护的数据，U 对应于需要保护的数据；

②为每个安全标签 (x,y) 指派一个安全类别，对于需要保护的数据，使安全类别和 (x,y) 关联，对于不需要保护的数据，使安全类别和 (x_0,y_0) 关联。

图 3.7 是应用上面的转换规则将图 3.6 中的数据集转换成 BLP 中的安全类别。

虽然 BLP 模型同样具有简单安全条件和 *-属性，但是并没有"曾经访问"的概念，因此要按如下规则对系统进行转换：

①赋予所有主体对于需要保护和不需要保护的客体的访问权限；

②根据定理 2 的原则定义安全种类的所有组合；

③初始时为每个主体分配一个安全种类。

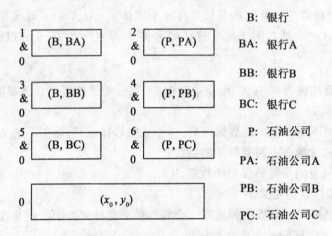

图 3.7　由企业数据集转换到 BLP 中的安全类别

图 3.8 是由安全级别和安全种类组成的转换后的 BLP 的安全等级的格结构。但是，这种转换是不精确的。BLP 模型不能表达一段时间内的状态变化，并且 BLP 模型从一开始就限制了主体所能访问的客体集合，这个集合不能随意改变。因此，中国墙模型中这些对应的功能 BLP 模型无法模拟。

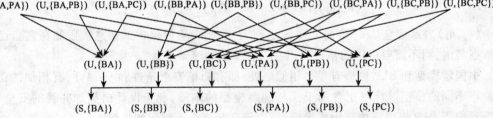

图 3.8　由中国墙模型转换的 BLP 模型的格结构

习题三

1. 安全模型在安全操作系统的开发中有什么作用？

2. 简述安全模型开发的步骤。
3. 比较访问控制模型和信息流模型在功能上的异同点。
4. 信息流模型为什么可以堵塞系统中的隐蔽通道？
5. 简单描述 BLP 安全模型。
6. Biba 模型的三种策略各有什么优缺点？
7. Biba 模型和 Clark-Wilson 模型的主要区别是什么？
8. 结合实例描述 Clark-Wilson 模型。
9. 对比 Biba 模型和 Clark-Wilson 模型，说明 Clark-Wilson 模型的实施规则是否可以模拟 Biba 模型。
10. 中国墙模型的系统可以完全模拟 BLP 模型吗？试举例说明。
11. 证明中国墙模型的定理 1 和定理 3。

第4章 操作系统安全体系结构

随着计算机的普及和广泛应用,信息系统在企业经营方面占有了越来越重要的地位,大量的企业机密和知识财富高度集中于计算机系统中,使企业对操作系统安全性的依赖日益增强,特别是在金融、政府和军事等重要部门的应用。操作系统的安全性是计算机安全问题的重要基础,要妥善解决日益广泛的计算机安全问题,必须有坚固的安全操作系统作后盾。因此,这要求我们去寻找切实有效的开发方法,开发出能够满足实际应用需要的安全操作系统来。目前,有些安全性问题可以在现有系统上通过打补丁的方式来排除,而有的则无法在原有系统上进行补救,只有重新改造系统,甚至重新设计系统才能有效解决。

造成这种情况的原因是多方面的,有两方面的原因最值得注意。一方面原因是由于旧的操作系统增加了新的应用,但最主要的原因是由于操作系统设计时对安全性考虑的不充分造成的。前者是无法预测的,因此要以谨慎的态度为系统添加新的应用,后者则是由于缺乏有效的系统安全体系结构所致。

本章的内容将介绍构建安全操作系统时的安全体系结构,先描述操作系统安全体系结构的概念和安全体系结构设计的基本原则;之后介绍 Flask 安全体系结构的概念和特点;最后将介绍这种安全体系结构在 Linux LSM 中的应用。

4.1 概述

早在20世纪60年代,安全操作系统的研究就引起了研究机构,尤其是美国军方的重视,至今人们已在这个领域付出了三十几年的努力,开展了大量的工作,取得了丰富的技术知识的积累。建立一个计算机系统往往需要满足许多要求,如安全性要求、性能要求、可扩展性要求、容量要求、使用的方便性要求和成本要求等。这些要求往往是有冲突的,为了把它们协调地纳入到一个系统中并有效实现,对所有的要求都予以最大可能满足通常是很困难的,有时也是不可能的。因此,操作系统对各种要求的满足程度必须在各种要求之间进行全局性的折中考虑,并通过恰当的实现方式表达出这些考虑,使系统在实现时对各项要求有轻重之分。这就是操作系统体系结构要完成的主要任务。

4.1.1 安全体系结构的概念

计算机操作系统,特别是安全操作系统的安全体系结构,主要包含下面几方面内容:

①详细描述系统中安全相关的所有方面。这包括系统可能提供的所有安全服务及保护系统自身安全的所有安全措施,描述方式可以用自然语言,也可以用形式语言。

②在一定的抽象层次上描述各个安全相关模块之间的关系。这可以用逻辑框图来表述,主要用于在抽象层次上按满足安全需求的方式来描述系统关键元素之间的关系。

③提出指导设计的基本原理。根据系统设计的要求及工程设计的理论和方法,明确协调

设计的各方面的基本原则。

④提出开发过程的基本框架及对应于该框架体系的层次结构。它描述确保系统忠实于安全需求的整个开发过程的所有方面。为达到此目的,安全体系总是按一定的层次结构进行描述,一般包括两个阶段:

第一,系统开发的概念化阶段。它是安全概念的最高抽象层次的处理,如系统安全策略要求的保障程度,系统安全要求对开发过程的影响,以及总体的指导原则。

第二,系统开发的功能化阶段。当系统体系已经比较确定时,安全体系必须进一步细化来反映系统的结构。

安全体系结构在整个开发过程中必须扮演指导者的角色,所以应该确立它的中心地位。要求所有开发者在开发前对安全体系结构必须达成共识,并在开发过程中自觉服从于安全体系结构,从而达到在它的指导下协同工作的目的。即使在系统的实现阶段,开发人员也必须在一些来自于体系结构、编程标准、编码审查及测试的指导原则下进行工作,这就要求安全体系结构只能是一个概要设计,而不能是系统功能的描述。另外,安全体系结构不应该限制不影响安全的设计方法,也就是说,安全体系结构应该有模块化的特征。

为了获得有效的评测认证,开发安全操作系统时必须充分参考美国国防部的"可信计算机系统评估准则"(TCSEC)以及"信息技术安全性通用评估准则"(CC)。在 TCSEC 中,虽然没有直接给出安全体系结构这个名词的定义,但对系统的体系结构和系统设计的文档资料提出了定性的要求,而且给出了顶层规范的定义。从定义可以看出,它是这里定义的安全体系结构的功能部分的细化。在 CC 中也没有对安全体系结构进行界定,而是把这个复杂的概念融入进 CC 标准庞大的体系结构中。

随着 Internet 影响的迅速扩大,分布式应用的迅速普及,单一安全策略的模型与安全策略多种多样的现实世界之间拉开了很大的差距。1992 年,美国推出联邦标准草案,欲以取代 TCSEC,消除 TCSEC 的局限性。1993 年,美国国防部在 TAFIM(Technical Architecture for Information Management)计划中推出新的安全体系结构 DGSA(Dod Goal Security Architecture),DGSA 的显著特点之一是对多种安全政策支持的要求。DGSA 把安全体系划分为四种类型:

(1) 抽象体系(Abstract Architecture)

抽象体系从描述需求开始,定义执行这些需求的功能函数,然后定义如何选用这些功能函数及如何把这些功能有机组织成为一个整体的原理及相关的基本概念。在这个层次的安全体系就是描述安全需求,定义安全功能及它们提供的安全服务,确定系统实现安全的指导原则及基本概念。

(2) 通用体系(Generic Architecture)

通用体系的开发是基于抽象体系的决策来进行的。它定义了系统的通用类型及使用标准,明确规定了系统的指导原则。通用安全体系是在已有的安全功能和相关安全服务配置上,定义系统分量类型及可得到的实现这些安全功能的有关安全机制。在把分量与机制进行组合时,因不兼容而导致的局限性,或安全强度的退化必须在系统的应用指导中明确说明。

(3) 逻辑体系(Logical Architecture)

逻辑体系就是满足某个假设的需求集合的一个设计,它显示了把一个通用体系应用于具体环境时的基本情况。逻辑体系与下面将描述的特殊体系仅有的不同是:逻辑体系是假想体系,而特殊体系是实际体系。因为逻辑体系不是以实现为目的,无需实施开销分析。在逻辑体系中,逻辑设计过程常常伴随着对特殊体系中实现的安全分析的解释。

(4)特殊体系(Specific Architecture)

特殊体系需要表达系统分量、接口、标准、性能和开销,它表明如何把所有被选择的信息安全分量和机制结合起来以满足我们正在考虑的特殊系统的安全需求。这里信息安全分量和机制包括基本原则以及支持安全管理的分量等。

权能(Capability)也是安全体系结构的一个重要概念。一般地说,权能可以看成是对象(或客体)的保护名。不同的系统使用权能的方法可能差异极大,但是权能都具有如下性质:

①权能是客体在系统范围内使用的名字,在整个系统中都是有效的,并且在系统中是惟一的。一个主体只有在拥有客体所具有的权能的前提下才能访问该客体。

②权能必须包含以该权能命名的客体的访问权,也就是说,这部分权能决定了对该客体进行访问所必需的权力。

③权能只能由系统特殊的底层部分来创建,而且除了约束访问权外,权能不允许修改。拥有某个权能的主体有权把它作为参数移动、复制或传递。

权能一般由以下几个部分组成:用于标识客体的标识符、定义客体类型的域以及访问权的域。当一个客体被创建时,该客体的权能也随之创建,客体的初始权能包含所有对该客体的访问权。客体的创建主体可以复制该客体的权能给其他主体,一个权能复制的接收主体可以使用它来访问相应客体,或者产生新的拷贝传递给其他主体。当一个权能被传递给另一个主体时,权能的访问权可以被复制,并且权能的每次复制都有可能产生对客体的不同的访问权。传递给另一个主体的权能的访问权不能大于对该权能复制所获得的访问权。

权能体系是较早用于实现安全内核的结构体系,尽管存在着一些不足,但是作为实现访问控制的一种通用的、可塑性良好的方法,目前仍然是人们实现安全比较偏爱的方法之一。权能体系的最大优点是:

①权能为访问客体和保护客体提供了一个统一的、不可绕过的方法,权能的应用对统筹设计及简化证明过程有重要的影响。

②权能与层次设计方法是非常协调的,从权能机制可以很自然地导致使用扩展型对象来提供抽象和保护的层次。尽管对权能提供的保护及权能的创建是集中式的,但是由权能实现的保护是可适当分配的,也就是说,权能具有传递能力,从而促进了机制与策略的分离。

以上内容从内涵、结构和作用方面介绍了安全体系结构,并且对权能机制也进行了简单的介绍。在安全体系结构的设计中,权能机制是非常有参考价值的,特别是在简单性和效率性这两个方面。下面将描述计算机系统的安全体系结构设计的基本原则。

4.1.2 安全体系结构设计的基本原则

面对一个复杂计算机系统的设计,必须提出一个好的安全体系结构,使系统很好地满足设计时所提出的各种要求。为此,经过大量的实践,人们在总结经验、分析原型系统开发失败原因的基础上,提出了在安全体系结构设计中应该遵守的基本规律。这些基本原则的部分内容在第七章的安全操作系统设计原则中也有简要的介绍。

(1)从系统设计之初就考虑安全性

在不少系统的设计中,开发者使用的开发思想都是:先把系统建成,再考虑安全性问题。其结果是有关安全的实现无法很好地集成到系统中。为了获得所必须的安全性,不得不付出巨大的代价。例如在 Linux 设计之初,并未考虑各种安全问题,特别是只有通过密码技术才能有效解决的安全问题。为了解决这些问题人们或是改进内核,或是建立专门的系统。前者要求人们重新开发各种应用软件,而后者更是需要人们花费大量的人力、物力建立并维护新系统。之所以会出现这样的情况,是因为设计一个系统时可以达到系统要求的方法是多种多样的,有的对安全有利,有的则对安全不利,在这种情况下如果没有一个安全体系结构来指导系统设计的早期决策,就完全有可能选择了有致命安全缺陷的设计思路,从而只能采取在系统设计完成后再添加安全功能的补救手段,但此时必须付出比选择其他方案要多很多倍的代价才能获得相应的安全特征和保证。因此,在考虑系统体系结构的同时就应该考虑相应的安全体系结构。

(2) 应尽量考虑未来可能面临的安全需求

安全体系结构除了充分考虑当前的安全需求外还应着眼于未来,考虑一些没有计划要直接使用的潜在的安全属性,由于设计时已经纳入了这些"预设的"安全问题,这样一来当未来系统要实施安全增强时,其开销显然很小,而且开发时由于预留了接口而带来很大方便。即使预留的安全特性在系统的后续开发中从未用过,但系统因预留了接口而造成的损失往往也是很小的。经验表明许多系统的安全性是无法进行改进的,在这种情况下,一旦改变系统这些属性,系统就不再按人们希望的方式工作,因此就要求超前考虑安全需求。

(3) 机制经济性(Economy)原则

为了获得高可信的安全系统,设计者应该把安全机制应设计得尽可能的简单和短小,也就是说尽量优化结构,使其复杂性尽可能极小化,同时还应该尽量保障各相对独立功能模块在程序量上的极小化。操作系统的巨大规模是人们从整体上难以把握它的根本原因。由于系统规模巨大,人们永远也无法彻底排除程序错误或一些缺陷,这就意味着系统总存在着不可预测性的行为,或可以被利用的缺陷,从而使系统产生一些难以预料的后果。因此,构造系统的安全结构时必须限制规模,避免因规模巨大而导致以上种种弊端。有些设计和实现错误可能产生意想不到的访问途径,而这些错误在常规使用中是察觉不出的,难免需要进行诸如软件逐行排查工作,简单而短小的设计是这类工作成功的关键。除此之外,在体系结构设计中考虑安全控制的隔离性和极小化还可以确保设计者在向系统添加新的、有用的安全属性时,系统的可靠性不发生变化。

(4) 失败-保险(Fail-safe)默认原则

访问判定应建立在显式授权而不是隐式授权的基础上。显式授权指定的是主体该有的权限,隐式授权指定的是主体不该有的权限。在默认情况下,没有明确授权的访问方式,应该视作不允许的访问方式,如果主体欲以该方式进行访问,结果将是失败,这对于系统来说是保险的。

(5) 特权分离原则

为一项特权划分出多个决定因素,仅当所有决定因素均具备时,才能行使该项特权。正如一个保险箱设有两把钥匙,由两个人掌管,仅当两个人都提供钥匙时,保险箱才能打开。特权的分离必须适度,不能走极端。高度的分离可以带来安全性的提高,但也导致效率的大幅下降,因此安全效率往往要折中考虑。

(6) 最小特权原则

与特权分离原则紧密相关的概念就是最小特权原则。最小特权的基本特点就是:无论在系统的什么部分,只要是执行某个操作,执行该操作的进程主体除能获得执行该操作所需的特权外,不能获得其他的特权。分配给系统中的每一个程序和每一个用户的特权应该是它们完成工作所必须享有的特权的最小集合。通过实施最小特权原则,可以限制因错误软件或恶意软件造成的危害。POXIS.1e中的分析表明,要想在获得系统安全性方面达到合理的保障程度,在系统中必须严格实施最小特权原则。

(7) 最少公共机制原则

把由两个以上用户共用和被所有用户依赖的机制的数量减少到最小。每一个共享机制都是一条潜在的用户间的信息通路,要谨慎设计,避免无意中破坏安全性。应证明为所有用户服务的机制能满足每一个用户的要求。

(8) 完全仲裁原则

对每一个客体的每一次访问都必须经过检查,以确认是否已经得到授权。只有得到授权的客体才被允许访问,而没有经过仲裁允许的访问是被完全禁止的。

(9) 开放式设计原则

不应该把安全机制的抗攻击能力建立在设计的保密性基础之上。应该在设计公开的环境中设法增强安全机制的防御能力。

(10) 心理可接受性原则

为了使用户习以为常地、自动地正确运用安全机制,建立合理的默认规则并把用户界面设计得易于使用和充分友好是根本。

4.2 Flask 体系结构

随着计算机网络的发展使得计算机安全成为了一个极为重要的环节,但是没有一个安全的定义能够适应这种状况。计算机网络的一个主要特征就是异质网络的互联,这意味着在计算机网络中普遍存在着不同的计算机环境以及运行在上面的应用,它们往往有着不同的安全需求。另一方面,任何安全概念都被一个安全策略限制,所以就存在着许多不同的安全策略甚至有许多不同类型的策略。为了获得大范围的使用,安全方案必须是可变通的,足以支持大范围的安全策略。

Flask系统的安全结构来源于以前的DTOS(Distributed Trusted Operating System)系统原型,它们有相似的目标。尽管DTOS安全机制在许多特定的安全策略中是独立的,但DTOS并没有丰富到足以支持多策略,特别是动态安全策略的程度。

Flask是一个可伸缩性的控制访问安全体系结构,它支持动态安全策略,并提供了安全策略的可变通性,确保这些子系统不管决策怎样产生,都有一致的策略决策。Flask体系结构通过加强的安全策略决策机制来创建这种可伸缩性支持,并且可以被移植到多种要求安全性的操作系统中。本节的内容描述了Flask体系结构概念及特点以及Flask体系结构的组成,最后介绍了Flask体系结构在Linux LSM中的应用。

4.2.1 Flask 体系结构的概念及特点

1. Flask 体系结构的基本概念

Flask体系结构是一个可以对安全策略提供灵活支持的,并以Fluke系统结构为原型的操作系统安全体系结构,在犹他大学和Secure Computing Corp.的协助下由NSA设计。Fluke是一个基于微内核的操作系统,它提供一个基于递归虚拟机思想的、利用权能系统的基本机制实现的体系结构,它是属于DTOS项目的延伸。

Fluke项目的安全性目标和保障能力目标的内容是:

①安全性：主要的安全性的目标是在 DTOS 安全体系结构的基础上建立一个政策灵活的访问控制模型的原型，重点是对动态安全政策的支持。

②保障能力：保障能力的目标是通过运用形式化描述和推理手段实现对关键安全功能的验证。

特别地，在保障能力方面，对合成与求精技术进行了研究。合成理论支持自底向上的分析，求精理论支持自顶向下的分析。采用合成与求精结合的分析方法，通过对单个组件的低级特性进行形式化组合，或通过把高级系统分析分解成各个组件的特性，可以对一个复杂模块化系统的特性进行有效的分析。

Flask 是 Fluke 保障计划项目的研究成果，所以说 Flask 系统的安全体系结构是从 DTOS 原型系统的安全体系结构衍生而来的。虽然 DTOS 的安全体系结构是独立于特定安全政策的，但它却存在无法支持动态安全政策的不足。与此相反，Flask 的安全体系结构克服了 DTOS 体系结构中的不足，实现了动态安全政策，支持政策灵活性。

2. Flask 体系结构的策略可变通性

Flask 体系结构的基本目标是提供安全策略的可变通性，确保这些子系统不管决策怎样产生，怎样随时变化，都有一致的决策策略。

在现代安全操作系统中，支持策略的可变通性是一个很重要的问题，这种策略的可变通性首先要求：系统必须支持对底层客体的精细访问控制，以便执行安全策略控制的高层功能；其次，系统必须确保访问权限的增长和安全策略的一致；最后，策略在通常情况下不是固定不变的。

为了解决策略的变化和动态的策略，操作系统必须有一种机制来撤销以前授予的访问权限。在大多数情况下，撤销能简单的通过一个数据结构的转换来完成。然而当有一个正在运行的操作已经检查过它的许可权时，撤销它的许可权是比较复杂的。撤销机制必须能够区分所有被这个撤销请求所影响的正在运行的操作。

一个策略可变通的系统必须能够支持安全策略的广泛多样性。因为，即使是最简单的安全策略也面临着改变安全策略的可能。除此之外，由于策略变化可能和控制操作的执行产生交叉，从而使系统会面临根据废弃的安全策略执行访问权限的危险，因此，在策略改变和控制操作的交叉使用时的原子性也是必须保证的。取得这种原子性的一个基本困难就是确保以前授予的许可权能够随着策略的改变而撤回。系统必须保证这项许可权控制的任何服务都不再提供，除非许可权在后来重新被授予。因而，撤销机制必须确保所有这些移动的许可权真正的被回收了。

早期的系统没有提供足够的机制来支持多种安全策略、许可权移动、操作的原子性以及撤销机制，而且它们在对策略可变通性的支持上也是不足的，因此早期的系统无法满足上述三个要求中的任何一个。

Flask 安全体系结构使满足安全操作系统的策略可变通性成为了可能。Flask 体系的微内核操作系统的原型实现表明，它成功地克服了策略可变通性带来的障碍。这种安全结构中机制和策略的清晰区分，使得系统可以使用比以前更少的策略来支持更多的安全策略集合。Flask 体系包括一个安全策略服务器来制定访问控制决策，一个微内核和系统其他客体服务器框架来执行访问控制策略。虽然原型系统是基于微内核的，但是安全机制并不依赖微内核结构，这就意味着这个安全机制在非微内核的环境下也是容易实现的。

3. Flask 体系结构的微内核特征

Flask 原型是由一个基于微内核的操作系统来实现的,它支持硬件强行对进程地址空间进行分离。源于 Flask 体系结构的要求,每个活动的对象都对应一小块物理内存。尽管内存本身在微内核中并不是一个对象,但是微内核为内存管理及邦定安全标志符(SID)到每个内存段这两项服务提供了基础。每个内核对象的 SID 是一致的。在内存标签(Label)和与该内核相关的内核对象的标签之间的这种关系允许实现 Flask 微内核对控制器件(Leverage)的控制,而不是像在 DTOS 中那样引入正交保护模型,这里控制器件是现存的 Fluke 的保护模型。但是这也可能引发标签标识灵活性的潜在丢失,因为内存的分配粒度要比内核对象的分配粒度疏松得多。

Flask 体系结构通过基于地址空间的安全标志符和内存段的安全标志符,把每种访问模式与 Flask 体系结构的许可权结合起来,为内存访问模式的传播提供直接的安全策略控制。这些内存访问模式相对于这些内核对象而言,它们的作用恰如权能机制。当初次试图访问映射时,微内核验证是否安全策略已明确地授予了对每个被请求的访问模式的许可权。在 Flask 体系结构中,内存许可权并不是在任意接口的层面上都被计算的,只有在出现页错误时才被计算。因此,这个控制提供了这样的例子,它表明仅有截获请求是不够用的。因为内存段的安全标志符是不可改变的。所以,如果一个策略发生了变化,Flask 体系结构的许可权必须重新验证合法性。

在 Flask 体系结构中,一个端口参照器(Reference)作为权能,它可以执行进程间通信(IPC)到相关端口集上的服务器线程的操作,虽然 Flask 体系结构在对传播的控制中通过使用典型的插入技术来完成,但是与此不同,Flask 体系结构对这一类端口参照器的应用提供直接的控制。控制经由下述方式来完成:对两个主体而言,如果它们获得适当的许可权,则在它们之间允许建立 IPC 连接。这些直接的控制使得使用策略来完成权能的应用管理成为可能。

Flask 微内核的一个有趣的方面是强加在两个对象之间关系之上的控制。在 Fluke 中这些关系是应用对象参照器来定义的。不幸的是,与对象的访问方式仅有读、写访问方式相比,使用这些对象参照器的方式是多样化的。例如,一个地址空间的参照器会把内存映射到该空间或输出该内存空间。因此,Flask 引入了对这些关系的另一种类型的控制,而且提供比 Fluke 更细粒度的控制。某些控制仅要求两个对象有相同的安全标志符,而另一些则必须包含明确的许可权集。

Flask 体系结构为达到其他系统常见的可适应性,将采取 DTOS 结构在 SPIN 中的安全框架。进一步来说,Flask 体系结构也可以适用于除操作系统之外的其他软件,例如中间件或分布式系统,但此时由底层操作系统不安全性所导致的弱点则仍会保留。

4.2.2 Flask 体系结构的组成

1. 结构概览

Flask 安全体系结构描述两类子系统之间的相互作用以及各类子系统中的组件应满足的要求。两类子系统中,一类是客体管理器,实施安全策略的判定结果,另一类是安全服务器,做出安全策略的判定。Flask 安全体系结构如图 4.1 所示。

Flask 安全体系结构为客体管理器提供了三个基本要素。

首先,Flask 体系结构提供从安全服务器检索访问、标记和多实例化判定的接口。访问判定描述两个实体间(典型地,是一个主体与一个客体间)的一个特定权限是否得到批准。标记

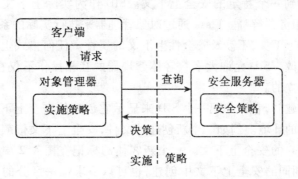

图 4.1　Flask 安全体系结构图

判定描述了分配给一个客体的安全属性。多实例化判定描述一个特定的请求应该访问多实例化资源中的哪一个成员。

其次，Flask 体系结构提供一个访问向量缓存(AVC)模块，该模块允许客体管理器缓存访问判定，以便缩小性能开销。

最后，Flask 体系结构为客体管理器提供接收安全策略变化通知的能力。

客体管理器负责定义为客体分配标记的机制。每个客体管理器必须定义和实现一个控制策略，这个控制策略描述了如何利用安全判定来控制管理器提供的服务，它为安全策略提供了对客体管理器提供的所有服务的控制，客体管理器允许根据安全威胁来配置这些控制，从而以最通用的方式对威胁进行处理。每个客体管理器必须定义响应策略变化时调用的处理例程。对多实例化资源的使用，每个客体管理器必定义选择资源的合适实例的机制。

2. Flask 体系结构的支持机制

Flask 体系结构需要对所有客体管理器提供一种机制，主要用于支持策略的可变通性。

(1) 客体标记

安全策略控制的客体同时被安全策略所带的安全属性集标记，也就是安全上下文。Flask 体系结构的一个基本要点就是客体和安全上下文的结合是怎样被支持的。一个简单的解决办法是定义一个与策略无关的数据类型作为与每个客体相关联数据的一部分。然而没有一种通用数据类型能够很好地适应系统中所使用标记的所有不同方式，所以 Flask 体系结构为标记提供了两种策略无关的数据类型来满足这些需要。

安全上下文，是第一个策略无关的数据类型，它是一个变长的字符串，能被任何了解安全策略的应用或用户解释。一个安全上下文可以由几个属性组成，例如用户标志、分类层、执行域的角色和类型，但这取决于特定的安全策略。当安全上下文是模糊的字符串时就不会损害客体管理器的策略可变通性。虽然利用安全上下文来标记和查找策略决策效率低，但是增加了特定策略逻辑被引入客体管理器的可能性。

当一个客户需要从安全管理器创建一个新客体时，微内核为客体管理器提供客户的安全标志符(SID)。以客户的 SID、相关客体 SID 和客体类型作为参数，客体管理器向安全管理器请求一个新客体的 SID。安全服务器参考策略逻辑的标记规则，决定新客体的安全上下文，返回符合安全上下文的 SID，最后客体管理器把新客体和返回的 SID 绑定。

第二个策略无关的数据类型是 SID。SID 是由安全性服务器映射到安全性上下文的一个整数。SID 通常是一个简单的 32 位整数，并且没有特定的内部结构，只能被安全服务器解释并由安全服务器映射到一个特定的安全上下文。SID 作为实际上下文的简单句柄服务于系统,它只能由安全性服务器解释。Flask 通过对象管理器来执行实际的系统绑定。它们不透明地处理 SID 和安全性上下文,不涉及安全性上下文的属性。任何格式上的更改都不应该需要对对象管理器进行更改。SID 允许大多数客体管理器的互相操作不仅在内容上,甚至是安全上下文的格式上是独立的。

当一个客体被创建时,它被分配一个 SID 来显示它创建的安全上下文。典型的上下文依赖于客户对客体创建的环境。例如一个新创建的文件,安全上下文依赖于它创建时目录的安全上下文和请求创建它的安全上下文。一个新客体的标记在图 4.2 中描述。对一些安全策略,即使安全策略在相同的安全上下文中创建,也可以要求惟一区分的主体和确定类别的客体。对于这些策略,SID 必须由安全上下文和安全服务器选择的惟一标志来计算。

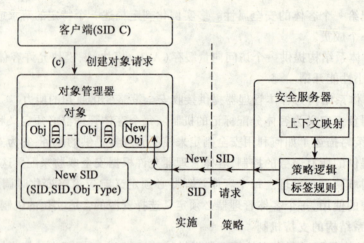

图 4.2 Flask 客体标记

(2) 客户和服务器鉴别

当客户发出的请求 SID 是安全策略的一部分时,客体管理器必须能够鉴别这个 SID。同时要让客户能鉴别一个服务器 SID 以确保服务是从一个适当的服务器发出的,所以 Flask 体系结构需要底层系统为 IPC 提供客户服务器的鉴别格式。然而在没有提供给客户和服务器一种超过它们鉴别的方法时,这个特性是不完全的。例如对基于权能的机制,当一个主体发出请求影响到另一个主体利益时,限制它自身特权是必要的。除了特权外,高于实际的鉴别可以用来提供通信匿名或允许进入。

Flask 微内核提供这个服务直接作为 IPC 处理的一部分。微内核和客户的请求一起提供客户到服务器的 SID。客户可以利用通信功能发出一个内核调用来鉴别服务器 SID。一般情况下,Flask 微内核支持结构需要的基本访问控制和标记操作,并能提供最小特权,匿名和透明进入的可变通性。

(3) 请求和缓存安全策略

在最大可能简化的现实中,对象管理器每次都能向安全服务器请求一个所需的安全策略。但是为了缓解服务器因策略的计算和传达每个策略的通信而造成的工作压力,Flask 体系结构在对象管理器内提供了缓存安全决策的机制。

在 Flask 体系中,缓存机制提供的不仅仅只是缓存某个个体的安全决策。这是因为缓存访问向量(AVC)模块提供了对象管理器和安全服务器之间的协调策略,这里缓存访问向量是由对象管理器共享的一个公共资源库。这个协调策略既表达了来自对象管理器对策略决策的请求,又表达了来自服务器对策略变迁的请求。

在 Flask 体系中,一个对象管理器必须决定可以为一个主体所访问的是一个具有某些许可权的对象,还是一个具有一组许可权的对象。请求和缓存安全决策的过程顺序如图 4.3 所示。为了减小安全计算请求的报头,安全服务器可以提供比要求更多的相关策略,而且 AVC 模块将存储这些决策以备未来之用。当安全服务器收到安全策略的请求时,它就返回由一个访问向量表示的一组许可权,用于描述安全策略的当前状态。访问向量是提供给安全服务器的 SIDs 对的相关许可权的一个集合。

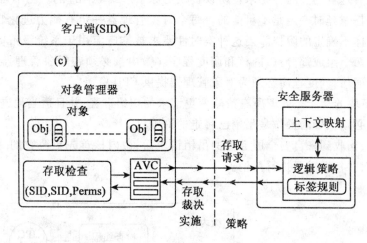

图 4.3 在 Flask 中请求和缓存安全决策

(4)支持多实例化

必须有一个安全策略支持这样的事实,即通过多实例化某资源及按群划分终端实体,使得每个群中的实体能共享该资源的相同实例化,从而限制固定资源在终端实体间的共享。例如,具有多级安全特征的 UNIX 系统频繁划分/tmp 列表,但是为每个安全级保留独自的子列表。Flask 体系支持多实例化是通过提供一个接口来实现的,安全服务器凭借该接口可以区分哪个实例化可被一个特殊的终端实体访问。终端实体和实例化都是由 SIDs 来惟一确定的,实例化被称为成员(Members)。

3. Flask 体系结构支持吊销机制

在 Flask 体系结构中,最难处理的就是对象管理器要高效保存一些安全决策的局部拷贝。这些决策在缓存访问向量中是明确的,而在可移去许可权的形式下是不明确的。所以,安全策略的改变要求在安全服务器和对象管理器之间进行协调以确保它们的策略表达是一致的。

通过在系统上强制实施两个要求:第一,要求在策略变动完成后,对象管理器的行为必须反映这个变化。如果没有一个子顺序过程实现策略变化,那么吊销许可权的进一步受控制的操作是不允许执行的。第二,要求对象管理器必须采用实时的方式完成策略变化。

第一个要求仅是就对象管理器而言的,但是当用一个合理定义的协议把对象管理器和安全服务器联系起来时,它将给出系统级策略的有效原子性。这个协议分三步实施:首先,安全服务器让所有对象管理器注意到任何以前提供的现已改变的策略;其次,每个对象管理器更新内部状态以反映这些变化;最后,每个对象管理器让安全服务器注意到改变已完成。

对要求策略变更按特殊顺序发生的那些策略的支持而言,该协议的最后一步是根本的。例如,某策略可以要求吊销一定的许可权必须要先承认某些许可权。安全服务器不能认为策略变更已完成,除非所影响到的对象管理器已完成。由于安全服务器能作出决定什么时候策略变更对所有相关的对象管理器是有效的,这使实现系统级策略变更的原子有效性成为可能。这个协议并没有把在状态管理方面不应有的负担强加给安全服务器。在许多系统中对象管理器的数量相对较小,而且仅有的那些需要额外状态的处理情况是,对象管理器开始时颁发一个访问查询以获取一个认可的许可权。进一步,安全服务器可以以可变的粒度跟踪认可的许可权,从而缩减安全服务器记录状态的数量。

强加于对象管理器的实时性要求使协议提供的原子形式是合理的。由不可信软件行为引发的吊销请求的任意延时一定是不可能的。每个对象管理器一定有能力进化自己的状态,而不会受挫于端实体不确定的阻挠。当这种实时性要求被推广应用于系统级策略变更时,它也牵扯到系统的另两个组成部分:微内核和调度程序。微内核必须在对象管理器和安全服务器之间提供实时的通信,调度程序必须为对象管理器提供 CPU 资源。

通用 AVC 模块的功能是处理所有策略变更请求的初始进程,并且适当地进化缓存。该模块仅有的另一个必须执行的操作是吊销已移走的许可权。

在图 4.4 中,当收到来自安全服务器的吊销请求后,微内核首先更改它的 AVC,接着检查线程和存储状态,并根据需要执行吊销。

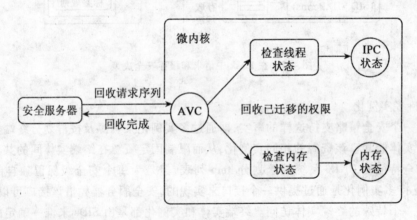

图 4.4　微内核许可权吊销

在升级缓存后,AVC 模块请求已由对象管理器为吊销已移走的许可权而注册的回函。文件服务器支持已移入文件描述对象的许可权的吊销,但是目前还不能支持截断正在进行中的操作。为吊销已移走的许可权的完整回函目前仅在 Flask 微内核内实现,如图 4.4 所示。

Flask API 的两个性质简化了微内核的吊销机制:它提供了线程状态的及时、完全的输出,且确保所有内核的操作或是原子的,或是清楚地被划分为用户可视的原子阶段。第一条性质允许内核吊销机制访问内核的状态,包括当前进程中的操作。吊销机制会安全地等待进程中操作的结束或者按照快速保护而重新启动。第二个性质允许将 Flask 的许可检查如同它控制的服务一样装入同样的原子操作中,这样可以避免吊销完成之后服务的重新产生。

4. 安全服务器

安全服务器需要提供安全策略决策,保持 SIDs 和安全上下文之间的映射,为新创建的客体提供 SIDs,控制客体管理器的访问向量缓存。此外大多数安全服务器的执行会对载入和改变策略提供功能。除了客体管理器中的缓存机制外,对安全服务器提供一个自己的缓存机制会有很大的好处,它用来保持访问计算的结果。这对安全服务器很有利,可以利用以前被缓存的大量的客户需求访问计算结果来缩短它的反应时间。

对安全服务器而言,安全服务器是一个典型的策略强制执行者。首先,如果安全服务器对改变策略提供了接口,它必须对主体能够访问的接口强制执行安全策略。其次,它必须限制能够获取策略信息的主体。这在用许可权需求作为策略的情形当中尤其重要,例如一个利益策略的动态冲突。如果策略信息的机密性非常重要的话,客体管理器必须负责为它缓存的策略信息提供保护。

在分布式环境或者网络环境中,一个诱人的建议是将每个节点的安全服务器仅仅作为该环境策略的一个本地缓存。然而,为了支持不同类型的策略环境,一个比较好的做法是每个节点都有自己的安全服务器。即使是在一个同类的策略环境中,有必要为节点本地化定义一个安全策略的内核部分,用来将系统安全地引导到一个可以和环境策略进行协商的状态。对一个分布式安全服务器与环境中对等节点的安全服务器的协调的研究仍然将是未来的工作。对许多策略来说,安全服务器应该能够容易地升级和复制,因为大多数策略几乎不需要在不同节点的安全服务器之间有交互性。然而,类似于一个基于历史的安全策略,就需要在安全服务器之间有很强的协调性。

被 Flask 安全服务器封装的安全策略是通过对它的代码和一个策略数据库的绑定来定义的。任何能够被原始策略数据库语言表达的安全策略,可以仅仅通过改变策略数据库来实现。对其他安全策略的支持需要对安全服务器内部的策略框架进行改变,可以改变代码或者完全更改安全服务器。有一点值得注意的是即使需要对安全服务器的代码进行改变,也不需要对客体管理器进行任何变动。

当前 Flask 安全服务器原型实现了一个绑定四个子策略的安全策略:多级安全(MLS)、类型实施、基于标识的访问控制和基于角色的动态访问控制(RBAC)。安全服务器提供的访问决策需要符合每个子策略,除了标记之外,多级安全策略的策略逻辑是通过四个子策略并不是 Flask 体系结构和执行中所支持策略的全部。选择它们作为安全服务器原型的实现是为了体现该体系结构的主要特征。

因为 Flask 的成果主要集中在策略实施机制和这些机制与安全策略的协调上,其他能够仅仅通过改变策略数据库就可以实现的安全策略便受到一定限制。这是当前原型的一个缺点,并不是体系结构的特征。还没有为 Flask 开发一种有表现力的策略规范语言或者策略配置工具。这种工具可以在当前原型中为新安全策略定义提供帮助。现有的一些最近的设计,考虑了如何配置安全策略的一些灵活性工具,它们通过提供某种管理 Flask 所提供的机制对 Flask 的成果进行精心的补充。

5. 对象管理器

下面的内容介绍了 Flask 体系的对象管理器,虽然这些内容对于了解 Flask 安全体系结构并不是必须的,但可以使人们了解一个完整的系统是怎么样实现策略的灵活性的。

(1)文件服务器

Flask 体系的文件服务器提供四种类型的标签化客体:文件系统、目录、文件和文件描述符客体。因为文件系统、目录和文件是永久性客体,所以它们使用的标签也必须是永久的。

绑定这些客体及其永久性标签的方法如图 4.5 所示。文件服务器的永久性标签的策略并没有牺牲灵活性和系统的性能,该策略将安全上下文作为不透明的字符串,通过向安全服务器提出请求的方法获得与安全上下文相映射的 SID,其主要在文件服务器内部使用。对文件描述符客体的控制是对立于对文件本身的控制的,这使得策略可以控制对文件描述符客体的访问权限的传递。

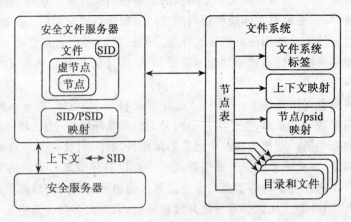

图 4.5　永久性客体的标签化

在图 4.5 中,文件服务器在每个文件系统中都维护着一张表,它标识了文件系统以及系统中每个文件和目录的安全上下文,这保证了文件系统即使移到别处,这些客体的安全属性也不会丢失。该表可以分为两种映射:安全上下文和永久性 SID 的映射、客体和 PSID 的映射。PSID 是文件系统内部的抽象概念,在每个文件系统中都有独立的名字空间。

相对于 UNIX 系统的文件存取控制,Flask 文件服务器定义了对每个文件或目录状态进行监测和修改的权限。例如在 UNIX 系统中,近程文件的 Stat、Unlink 等操作只需要进程具有访问该文件父目录的权限,而在 Flask 文件服务器中,还要有对文件本身的存取权限。这种权限方面的支持对于支持受限制的安全策略是必须的。另外,Flask 文件服务器的服务之间的区别粒度化更细。例如文件的 Write 和 Append 权限、目录的 add_name 和 remove_name 权限是独立的,这也体现了其策略的灵活性。

文件服务器支持重新为文件或目录赋予安全性标签的操作。相对于简单的把客体复制为新的客体,然后赋给新客体另外一个标签,这种操作要高效得多。该操作的步骤如下:

首先,已转移的文件的权限可能会再被取消。例如,改变文件的 SID 可能会影响到向已经存在于文件描述符客体中的文件的写权限,因此,所有这些权限都要重新计算,必要时给与取消。

其次,重置标签的操作不仅仅通过客体端主体和文件的 SID 控制,而且也关系到最近被申请的 SID。如表 4.1 所示,完成重置标签的操作需要有三种权限。一个简单的重置标签操作也有助于理解策略的灵活性,因为策略的逻辑关系可以直接由多个这样的 SID 组体现。相对地,控制文件复制操作的权限通过相关 SID 之间更为微弱的关系也可实现一个相同的策略逻辑关系,但实现起来要相对复杂得多。

表 4.1　　　　　　　　　　　　　对文件重置标签的权限

源	目 标	权 限
Subject SID	File SID	Reliable From
Subject SID	New SID	Reliable To
File SID	New SID	Transition

文件服务器的设计预计用 Flask 的多实例化支持安全关联目录(Security Union Directory, SUD)。不过,SUD 的设计并未完成。SUD 概念上类似于 MLS UNIX 系统中对于/tmp 目录的独立目录的设计方案。SUD 的方案设计用来支持每个客户决定默认情况下首选访问哪一个成员目录。与简单的对立目录方案不同的是,该方案根据客户和成员目录之间的存取决定提供给客户一个整体观念,即都有哪些成员目录可以由客户存取。

(2)网络服务器

Flask 体系的网络服务器保证每个网络上的 IPC 都经过安全策略的认证。当然,网络服务器并不能独立保证网络的 IPC 根据本节点的策略得到安全认证,因为它在数据向对等节点的处理进程分发时并没有端到端控制。实际上,网络服务器必须将其一定程度的可信级扩展到对等节点的网络服务器,以强制实施自身的安全策略,或将自身的安全策略与对等节点的安全策略结合。这就需要安全策略之间的协调,即需要有一个独立的协调服务器来解决这个问题。策略的灵活性在网络环境中的扩展是需要复杂的信任关系支持的。

网络服务器中受控制的客体类型主要是 Socket。对于维护消息边界(如数据报)的 Socket 类型,网络服务器为通过其发出或接收的每个消息绑定一个独立的 SID。对于其他 Socket 类型,每个消息都隐含地与发送该消息的 Socket 的 SID 关联。网络服务器还必须能实施消息和消息安全属性的绑定。网络服务器模型采用 IPSec 协议实现该目的,并由协调服务器建立安全关联。协调服务器可不可以在网络上传输内部标识符 SID,它传输的是真实的安全属性,对等节点不需要对它们作出解释,这样就可以保证策略的灵活性。安全属性的翻译和解释必须由相应的安全服务器根据策略一致的原则完成。

网络服务器的控制是根据网络协议的分层结构分层的,所以,网络高层 IPC 服务的抽象控制包括了网络上每一层的抽象控制,如表 4.2 所示。

表 4.2　　　　　　　　　　　　　网络协议栈的层次控制

源	目 标	层
Process SID	Socket SID	Socket
Message SID	Socket SID	Transport
Message SID Node SID	Node SID Net Interface SID	Network

每一层可直接访问的抽象客体都分配有 SID,可供安全策略实施控制。网络服务器所在节点的 SID 由独立的网络安全服务器提供,有时需要查询分布式数据库来获得安全属性。网

络接口的 SID 可在本机配置。

分层控制使得网络上的操作可以根据安全策略更精确、更规范地控制，也使得安全策略可以利用不同协议的特征灵活配置。网络服务器同样也面临完善服务器外部接口的安全控制问题。这类问题存在是因为外部有必要对抽象客体进行控制、有必要介入网络服务器外部接口没有提供的操作。

由于 TCP 和 UDP 的端口空间资源是固定的，所以网络服务器利用 Flask 结构的多实例化支持安全关联端口空间（Security Union Port spaces，SUPs），SUP 类似于 SUD。多实例化支持用来在端口和 socket 绑定时，以及数据包目的端口号存在于多个成员端口空间时，决定采用哪一个端口空间。该方案根据存取决定提供了一个整体观念，即都有哪些端口空间在多实例化的端口空间中可以访问。

（3）进程管理器

Flask 的进程管理器完善了 POSIX 中的进程抽象体，支持 Fork、Exec 等函数。这些高层的进程抽象体在层次上高于 Flask 进程，它们包括一个进程地址空间和相关联的线程。进程管理器提供了一个可控制的对象类型：POSIX 进程，并对每个 POSIX 进程绑定一个 SID。与 Flask 的 SID 不同的是，POSIX 进程的 SID 可以通过 Exec 发生改变。SID 转换由进程新旧 SID 之间的转换权限控制。这种控制可以规范进程向不同安全域的转换。策略的默认客体标签化机制中定义了默认的转换规则。

进程管理器的使用是与文件服务器和微内核相结合的。进程管理器保证每个 POSIX 进程能被安全初始化；文件服务器保证可执行的内存被标识了文件的 SID；微内核保证进程只可以执行具有 Execute 访问权限的内存。进程管理器对可转换的 POSIX 进程的状态进行初始化，并在策略需要的情况下对环境进行初始化。

4.2.3　Flask 体系结构在 Linux LSM 中的应用

Linux 操作系统具有源代码开放的优点，这为 Linux 操作系统带来了极大的灵活性和可扩展性。随着近些年的发展，Linux 操作系统越来越受到计算机工业界的广泛关注和应用。但就目前 Linux 操作系统的安全性能而言，仍然需要进一步的研究和发展。

现在一些安全访问控制模型和框架已经被研究和开发出来，用以增强 Linux 操作系统的安全性，比较知名的有安全增强 Linux（SELinux），域和类型增强（DTE），以及 Linux 入侵检测系统（LIDS）。但是由于没有一个系统能够获得统治性的地位而进入 Linux 内核成为标准；并且这些系统都大多以各种不同的内核补丁的形式提供，使用这些系统需要有编译和定制内核的能力，对于没有内核开发经验的普通用户，获得并使用这些系统是有难度的。同时 Linux 内核的创始人 Linus Torvalds 也同意 Linux 内核确实需要一个通用的安全访问控制框架，并且最好是通过可加载内核模块的方法，这样可以支持现存的各种不同的安全访问控制系统。因此，Linux 操作系统安全模块（LSM）应运而生。

Linux LSM 是 Linux 内核的一个轻量级通用访问控制框架。它使得各种不同的安全访问控制模型能够以 Linux 可加载内核模块的形式实现出来。用户可以根据其需求选择适合的安全模块加载到 Linux 内核中，从而大大提高了 Linux 安全访问控制机制的灵活性和易用性。现在已经有很多著名的增强访问控制系统移植到 Linux LSM 上实现。目前 Linux LSM 已经进入 Linux 2.6 稳定版本，并被 Linux 内核接受成为 Linux 内核安全机制的标准，在各个 Linux 发行版中提供给用户使用。

在2001年的Linux内核峰会上,美国国家安全局(NSA)介绍了它们关于安全增强Linux(SELinux)的工作。SElinux就是一个Flask体系结构在Linux上的实现,最初是以内核的一个大补丁的形式出现,自从Linux2.6支持LSM以后,就以一个LSM hook的集合的形式重新用LSM实现了,完全分离了访问控制仲裁功能和访问策略。关于Linux LSM与SElinux,在本书的第七章还会有更为详细的介绍。

把Flask体系结构应用在Linux LSM中,在设计时不仅需要灵活支持多种强制访问控制策略和支持策略的动态改变,同时还应达到下面几点要求:真正的通用,当使用一个不同的安全模型的时候,只需要加载一个不同的内核模块;概念上简单,对Linux内核影响尽量达到最小,从而达到较高的效率,并且能够支持现存的权能逻辑;作为一个可选的安全模块,允许以可加载内核模块的形式重新实现其安全功能,并且不会在安全性方面带来明显的损失,也不会带来额外的系统开销。

为了满足这些设计目标,Linux LSM采用了通过在内核源代码中放置钩子的方法,来仲裁对内核内部对象进行的访问。这些对象有任务、Inode节点、打开的文件等,如图4.6所示。如果用户进程需要执行系统调用,首先必须要游历Linux内核原有的逻辑找到并分配资源,并进行错误检查,然后经过经典的UNIX自主访问控制,在Linux内核试图对内部对象进行访问之前,通过一个Linux LSM提供的钩子对安全模块所必须提供的函数进行一个调用,并对安全模块提出问题"是否允许访问",安全模块根据其安全策略进行决策并作出回答:允许或者拒绝,进而返回一个结果。

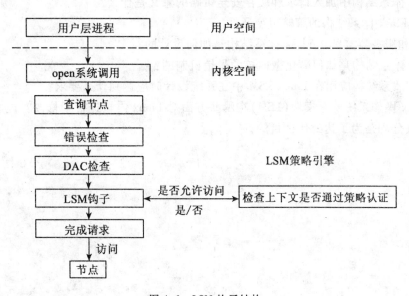

图4.6 LSM钩子结构

另一方面,为了满足Flask体系结构安全策略的设计要求,Linux LSM应采取简化设计的策略。Linux LSM现在支持大多数现存安全增强系统的核心功能:访问控制;而对一些安全增强系统要求的其他安全功能,比如安全审计,只提供了的少量的支持。Linux LSM现在主要支持"限制型"的访问控制决策:当Linux内核给予访问权限时,Linux LSM可能会拒绝,而当Linux内核拒绝访问时,就直接跳过Linux LSM;而对于相反的"允许型"的访问控制决策只提供了少量的支持。对于模块功能合成,Linux LSM允许模块使用堆栈,但是把主要的工作留给了模块自身:由第一个加载的模块进行模块功能合成的最终决策。所有这些设计决策可能暂时影响了 Linux LSM 的功能和灵活性,但是大大降低了 Linux LSM 实现的复杂性,减少了对 Linux 内核的修改和影响,达到了 Flask 体系结构安全策略的设计要求。

Linux LSM 目前作为一个 Linux 内核补丁的形式实现。其本身不提供任何具体的安全策略,而是提供了一个通用的基础体系给安全模块,由安全模块来实现具体的安全策略。为了实现 Flask 体系结构的安全策略,需要对 Linux 内核进行部分修改:在特定的内核数据结构中加入了安全域;在内核源代码中不同的关键点插入了对安全钩子函数的调用;加入了一个通用的安全系统调用;提供了函数允许内核模块注册为安全模块或者注销;将权能逻辑的大部分移植为一个可选的安全模块。从而达到 Flask 体系结构的要求。

Linux LSM 对于普通用户的价值就在于:可以提供各种安全模块,由用户选择适合自己的模块,把需要的模块加载到内核,从而满足特定的安全功能。Linux LSM 本身只提供增强访问控制策略的机制,而由各个安全模块实现具体特定的安全策略。

习题四

1. 什么是计算机系统安全体系结构?它的出现背景是什么?
2. 安全操作系统的安全体系结构应该主要包含哪几方面内容?应该达到什么样的目标?
3. 列举计算机系统安全体系结构设计的基本原则。
4. 简述 Flask 安全体系结构为客体管理器提供的基本要素。
5. Flask 体系结构中加入请求和缓存安全策略的意义是什么?
6. 简述 Flask 体系结构的策略可变通性。
7. 客户和服务器鉴别在 Flask 体系结构是如何设计的?
8. Flask 体系结构是如何简化微内核的吊销机制的?
9. Flask 体系结构应用在 Linux LSM 中在系统设计时应达到什么要求?
10. Linux 操作系统安全模块(LSM)在哪些方面对 Linux 内核进行了修改?这些对内核的修改分别是为了达到什么目的?

第5章 主流操作系统的安全技术

5.1 Linux/UNIX 安全技术

UNIX 是一种多用户、多任务的操作系统。UNIX 系统实现了有效的访问控制、身份标识与验证、审计记录等安全措施,其安全性一般能达到可信计算机系统评价准则(TCSEC)的 C2 级。

Linux 是一种类 UNIX 的操作系统,不论在功能上、价格上还是性能上都有很多优点。从理论上讲,UNIX 本身的设计并没有什么重大的安全缺陷。然而,任何操作系统都不可避免地存在一些安全隐患。多年来,绝大多数在 UNIX 操作系统上发现的安全问题主要存在于个别程序中,所以大部分 UNIX 厂商都声称有能力解决这些问题,提供安全的 UNIX 操作系统。但 Linux 有些不同,因为它不属于某一家厂商,没有厂商宣称对它提供安全保证,因此用户只有自己解决安全问题。

Linux 是一个开放式系统,可以在网络上找到许多现成的程序和工具,这既方便了用户,也方便了黑客,因为他们也能很容易地找到程序和工具来潜入 Linux 系统,或者盗取 Linux 系统上的重要信息。不过,只要我们仔细地设定 Linux 的各种系统功能,并且加上必要的安全措施,就能让黑客们无机可乘。

由于 UNIX 是商业软件,而 Linux 是免费的、开源的,而两者的安全架构和配置方式很相似,为了便于教学,本章我们只利用 Linux 进行说明。

5.1.1 Linux 身份验证

1. Linux 系统的登录过程

与 Windows 2000 一样,Linux 系统同样通过用户 ID 和口令的方式来登录系统。通过终端登录 Linux 的过程描述如下:

①init 进程确保为每个终端连接(或虚拟终端)运行一个 getty 进程,getty 进程监听对应的终端并等待用户登录。

②getty 输出一条欢迎信息(此欢迎信息保存在/etc/issue 文件中),并提示用户输入用户名,接着运行 login 进程。

③login 进程以用户名作为参数,提示用户输入密码。

④如果用户名和密码相匹配,则 login 进程为该用户启动 shell。否则,login 进程退出,进程终止。

⑤init 进程注意到 login 进程已终止,则会再次为该终端启动 getty 进程。

2. Linux 的主要账号管理文件

在 Linux/UNIX 血统的操作系统中,用户账号的基本信息存放在文件/etc/passwd 中,每个用户的信息在此文件中占一行。一个典型的 passwd 文件如下：

  root：x：0：0：root：/root：/bin/bash

  bin：x：1：1：bin：/bin：

  adm：x：3：4：adm：/var/adm：

  ……………

  可以看出，passwd 文件中每条用户记录由七个域组成，相邻域之间用冒号隔开。一条记录的基本格式如下：

登录账号：密码域：UID：GID：用户信息：主目录：用户 shell

①登录账号：用户登录时的账号名，又称用户名。

②密码域：保存用户加密后的密码。在例子中我们看到的是一个"x"，这表示密码已被映射到/etc/shadow 文件中，并不保存在/etc/passwd 文件中，这是出于安全性的考虑（下文中有解释）。

③UID：即用户标识，在系统中每个用户的 UID 的值是惟一的，更确切地说，每个用户都要对应一个惟一 UID，系统管理员应该确保这一规则。系统用户的 UID 的值是从 0 开始的整数，在 Linux 中，root 账号的 UID 是 0，拥有系统最高权限，在大多数 Linux 发行版中，值为 1 ~ 99 的 UID 对应于系统预设账号，值为 100 ~ 499 的 UID 对应于常用服务账号，普通用户账号的 UID 一般从 500 开始，UID 的最大值可以在/etc/login.defs 文件中查到。UID 是确认用户权限的标识，用户登录系统所处的角色是通过 UID 来实现的，而不是通过用户名实现的。让几个用户共用一个 UID 是危险的，例如，虽然可以将某普通用户的 UID 改为 0，但这样它就和 root 用户共用一个 UID，这事实上就造成了系统管理权限的混乱。如果我们想用 root 权限，可以通过 su 或 sudo 来实现，不可随意让一个用户和 root 分享同一个 UID。

④GID：是用户默认组标识，与 UID 类似，也是一个从 0 开始的整数。GID 为 0 的组对应于 root 用户组，系统会预留一些较靠前的 GID 给系统虚拟用户，不同 Linux 系统预留的 GID 可能有所不同，例如 Fedora Linux 预留了 500 个，我们添加新用户组时，用户组是从 500 开始的；而 Slackware Linux 是把前 100 个 GID 预留，新添加的用户组是从 100 开始；系统添加用户组默认的 GID 范围对应于文件/etc/login.defs 中的 GID_MIN 和 GID_MAX 的值。

⑤用户信息：对用户的一些解释说明，这是可选的，可以不设置。

⑥主目录：用户登录时的默认目录。

⑦用户 shell：用户所用 shell 的类型，可以设为/bin/bash，/bin/csh，或/bin/tesh 等类型。

为了提高用户密码存放的安全性，现在的 Linux 系统普遍使用了 shadow 技术，将加密后的密码放在/etc/shadow 文件中，而/etc/passwd 文件中的密码域只保存一个"x"。/etc/shadow 文件的每行内容包括九个字段，相邻字段之间用冒号分隔。我们以如下的例子来进行说明。

  beinan：$ 1 $ VE.Mq2Xf $ 2c9Qi7EQ9JP8GKF8gH7PB1：13072：0：99999：7：：：

  linuxsir：$ 1 $ IPDvUhXP $ 8R6J/VtPXvLyXxhLWPrnt/：13072：0：99999：7：：13108：

第一字段：登录账号，与/etc/passwd 中的登录账号对应，这样就把/etc/passwd 和/etc/shadow 中用的用户记录联系在一起，这个字段是非空的。

第二字段：加密后的密码，有些用户这个段字段的值为"x"，表示这个用户不能登录到系统，这个字段也是非空的。

第三字段：上次修改口令的时间。这个时间是从 1970 年 1 月 1 日算起到最近一次修改口令的时间间隔（天数），可以通过 passwd 命令来修改用户的密码，然后查看/etc/shadow 中此字段的变化。

第四字段:两次修改口令间隔最少的天数,也就是说用户必须经过多少天才能修改其口令。如果设置为0,则禁用此功能,默认值在文件/etc/login.defs中定义。

第五字段:两次修改口令间隔最多的天数,能增强管理员管理用户口令的时效性,默认值在文件/etc/login.defs中定义。

第六字段:提前多少天警告用户口令将过期,当用户登录系统后,系统登录程序提醒用户口令将要作废,默认值在文件/etc/login.defs中定义。

第七字段:在口令过期之后多少天禁用此用户。此字段表示用户口令作废多少天之后,系统会禁用此用户,也就是说系统会不再让此用户登录,也不会提示用户过期,是完全禁用。

第八字段:用户过期日期。此字段指定了用户作废的天数(从1970年1月1日开始的天数),如果这个字段的值为空,账号永久可用。

第九字段:保留字段,目前为空,以备将来Linux发展之用。

shadow文件对于一般用户是不可读的,只有超级用户(Root)才可以读写。这样,对一般用户就无法得到加密后的口令,提高了系统的安全性。

3. PAM 安全验证机制

PAM(Pluggable Authentication Modules)是由SUN公司提出的一种验证机制。它通过提供一些动态链接库和一套统一的API,将系统提供的服务和该服务的验证方式分开,使得系统管理员可以灵活地根据需要给不同的服务配置不同的验证方式,而无需更改服务程序,同时也便于向系统中添加新的验证手段。PAM最初是集成在Solaris系统中的,目前已移植到其他系统中,如Linux、SunOS和HP-UX 9.0等。

PAM的整个框架结构如图5.1所示。系统管理员通过PAM配置文件来制定验证策略,即指定什么服务该采用什么样的验证方法;应用程序开发者通过在应用程序中使用PAM API而实现对验证方法的调用;而PAM服务模块(Service Module)的开发者则利用PAM SPI(Service Module API)来编写验证模块(主要是引出一些函数pam_sm_xxxx( )供libpam调用),将不同的验证机制(比如传统的UNIX验证、Kerberos验证等)加入到系统中;PAM核心库(Libpam)则读取配置文件,以此为根据将服务程序和相应的验证方法联系起来。PAM支持的四种管理界面:

①验证管理(Authentication Management):主要是接受用户名和密码,进而对该用户的密码进行验证,并负责设置用户的一些秘密信息。

②账户管理(Account Management):主要是检查账户是否被允许登录系统,账户是否已经过期,账户的登录是否有时间段的限制,等等。

③密码管理(Password Management):主要用来修改用户的密码。

④会话管理(Session Management):主要是提供对会话的管理和记账(Accounting)。

PAM的配置可以通过配置文件/etc/pam.conf来进行。该文件中一行对应一个服务,一行的基本构成如下:

service-name module-type control-flag module-path arguments

①service-name(服务的名字):比如telnet,login,ftp等,服务名字other代表所有没有在该文件中明确配置的其他服务。

②module-type(模块类型):模块类型有四种(auth,account,session,password),对应PAM所支持的四种管理方式。同一个服务可以调用多个PAM模块进行验证,这些模块构成一个

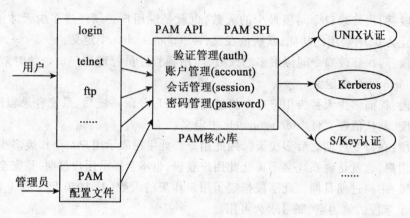

图 5.1　PAM 验证机制

stack。

③control-flag(控制标志):用来告诉 PAM 库该如何处理与该服务相关的 PAM 模块的成功或失败情况。它有四种可能的值:required,requisite,sufficient,optional。required 表示该模块必须返回成功才能通过验证,但是如果该模块返回失败的话,失败结果也不会立即通知用户,而是要等到同一 stack 中的所有模块全部执行完毕再将失败结果返回给应用程序,可以认为是一个必要条件;requisite 与 required 类似,该模块必须返回成功才能通过验证,但是一旦该模块返回失败,将不再执行同一 stack 中的任何模块,而是直接将控制权返回给应用程序,也是一个必要条件;sufficient 表明该模块返回成功已经足以通过身份验证的要求,不必再执行同一 stack 中的其他模块,但是如果该模块返回失败的话可以忽略,可以认为是一个充分条件;optional 表明该模块是可选的,它的成功与否一般不会对身份验证起关键作用,其返回值一般被忽略。

④module-path(模块路径):用来指明本模块对应的程序文件的路径名,一般采用绝对路径,如果没有给出绝对路径,默认该文件在目录/usr/lib/security 下面。

⑤arguments(参数):用来传递给该模块的参数。一般来说每个模块的参数都不相同,可以由该模块的开发者自己定义,但是也有以下几个共同的参数:

a. debug:该模块应当用 syslog( )系统调用将调试信息写入到系统日志文件中;

b. no_warn:表明该模块不应把警告信息发送给应用程序;

c. use_first_pass:表明该模块不能提示用户输入密码,而应使用前一个模块从用户那里得到的密码;

d. try_first_pass:表明该模块首先应当使用前一个模块从用户那里得到的密码,如果该密码验证不通过,再提示用户输入新的密码;

e. use_mapped_pass:该模块不能提示用户输入密码,而是使用映射过的密码;

f. expose_account:允许该模块显示用户的账号名等信息,一般只能在安全的环境下使用,因为泄漏用户名会对安全造成一定程度的威胁。

5.1.2　Linux 访问控制

1. Linux 基于权限字的文件系统访问控制

访问控制是用来处理主体和客体之间交互的限制,是安全操作系统最重要的功能之一。

Linux 系统中所采用的访问控制是传统 UNIX 的基于访问权限位的单一的自主访问控制,每个文件或目录的访问权限分为只读(r),只写(w)和可执行(x)三种。以文件为例,只读权限表示只允许读文件内容,而禁止对其做任何的更改操作,可执行权限表示允许将该文件作为一个程序执行。文件被创建时,文件所有者自动拥有对该文件的读、写和可执行权限,以便于对文件的阅读和修改。用户也可根据需要把访问权限设置为需要的任何组合。

有三种不同类型的用户可对文件或目录进行访问:文件所有者(u)、同组用户(g)、其他用户(o)。所有者一般是文件的创建者。所有者可以允许同组用户访问文件,还可以将文件的访问权限赋予系统中的其他用户。在这种情况下,系统中每一位用户都能访问该用户拥有的文件或目录。

每一文件或目录的访问权限都有三组,每组用三位表示,分别为文件属主的读、写和执行权限;与属主同组的用户的读、写和执行权限;系统中其他用户的读、写和执行权限。当用ls-1命令可以显示文件或目录的访问权限,例如

$ ls -l a.c

-rw-r--r-- 1 root root 483997 Jul 15 17:31 a.c

"-rw-r--r--"中后九个字符分别表示文件属主、与属主同组的用户和其他用户的权限位,权限位中横线代表空权限,r 代表只读,w 代表写,x 代表可执行。注意这里共有 10 个字符,第一个字符表示文件类型,在通常意义上,一个目录也是一个文件,如果第一个字符是横线,表示一个普通文件,如果是 d,表示一个目录文件。"-rw-r--r--"表示 a.c 是一个普通文件,其属主有读写权限,与属主同组的用户只有只读权限,其他用户也只有只读权限。

确定了一个文件的访问权限后,用户可以利用 Linux 系统提供的 chmod 命令来重新设定不同的访问权限。也可以利用 chown 命令来修改某个文件或目录的属主,或利用 chgrp 命令来修改某个文件或目录的用户组。下面对 chmod 命令的用法加以简单介绍,另外两个命令的用法可以参考 Linux 用户手册。

chmod 用于修改文件或目录的访问权限。该命令有两种用法。一种是包含字母和操作符表达式的文字设定法,另一种是包含数字的数字设定法。文字设定法格式为:

chmod [who] [+|-|=][mode] 文件名

命令中各选项的含义为:操作对象"who"可是字母"u","g","o"中的任一个或者它们的组合;操作符号"+"表示添加某个权限,"-"表示取消某个权限,"="表示赋予给定权限并取消其他所有权限(如果有的话)。设置"mode"所表示的权限可为字母"r","w","x","X"和"s"的任意组合,前三个字母的含义前文已经述及,"X"表示只有目标文件对某些用户是可执行的,或该目标文件是目录时才追加"x"属性,"s"表示在文件执行时,把进程的属主或组 ID 置为该文件的属主。"文件名"项是以空格分开的要改变权限的文件列表,支持通配符。例如,命令"chmod g+r, o+r example"使同组和其他用户对文件 example 有读权限。

除了文字设定法,还可以用数字设定法来使用 chmod 命令。我们必须首先了解用数字表示的属性的含义:0 表示没有任何权限,1 表示可执行权限,2 表示可写权限,4 表示只读权限,将其相加可表示权限的组合。所以数字属性的格式应为 3 个从 0 到 7 的八进制数,分别表示"u","g","o"三种用户的权限。例如,如果想让某个文件的属主有"读/写"两种权限,需要把 4(只读)和 2(可写)相加,得到权限 6(读/写);权限字"755"表示属主拥有"读/写/执行"权限,与属主同组的用户拥有"读/执行"权限,其他用户亦拥有"读/执行"权限。chmod 命令数字设定法的一般格式为:

chmod [mode] 文件名

例如,命令"chmod 666 a.c"使得文件属主、与属主同组的用户和其他用户都对文件"a.c"拥有"读/写"权限。

2. Linux ACL(访问控制表)

传统的基于权限字的访问控制只能对文件设定属主、组和其他人的权限,也就是我们常用的 755、644 之类的权限。如果想为一个文件交叉定义若干个不同组的用户访问权限,比如说 tom,mary,tony,tod 分别属于不同的组,某一文件想让 mary 和 tony 只读,tom 和 tod 可写,其他用户不可访问。这种要求用传统的基于权限字的访问控制是无法实现的。为了给不同的用户或组定义不同的使用权限,Linux 与 Windows 2000 一样,使用访问控制表(ACL)来配置文件与目录的访问权限。在 Linux 2.4 内核中,ACL 作为补丁存在,而在 2.6 内核中,它已经是标准内核的一部分了。在 Linux 中,一个访问控制表由许多 ACL 项组成,每个项又包括以下三个域:关键字域,用于标识项类型;访问者域,包括一个组或一个用户的名字;权限域。

(1) Linux ACL 实现机制剖析

基于 ACL 在安全访问控制机制中的重要地位,我们有必要来看看 Linux 中 ACL 的结构是如何用程序语言来描述的:

```
struct acl {
    int acl_magic;              /* validation member */
    int acl_num;                /* number of actual acl entries */
    int acl_alloc_size;         /* size available in the acl */
    acl_entry_t acl_current;    /* pointer to current entry in */
    acl_entry_t acl_first;      /* pointer to ACL linked list */
    attribute_t * attr_data;    /* pointer to the attr data */
};
acl * acl_t;
```

其中的 acl_entry_t 结构在下面定义:

```
struct acl_entry {
    acl_t              * entry;
    void               * head;
    struct acl_entry   * next;
    struct acl_entry   * pre;
    int                acl_magic;
    int                size;
};
acl_entry * acl_entry_t;
```

假设用户现在想将一个文件的 ACL 权限设置成如下形式:

user :: rwx
user : har : r-x
user : sally : r-x
group :: rwx
group : mktg : rwx

other∷r-x

在 Linux 中将使用下列代码(或类似的代码)实现：

```
struct entries {
    acl_tag_t          tag_type;
    char               * qualifier;
    acl_permset        perms;
} table[ ] = {
    { USER_OBJ,     NULL,      ACL_PRDWREX},
    { USER,         "june",    ACL_PRDEX},
    { USER,         "sally",   ACL_PRDEX},
    { GROUP_OBJ,    NULL,      ACL_PRDWREX},
    { GROUP,        "mktg",    ACL_PRDWREX},
    { OTHER_OBJ,    NULL,      ACL_PRDEX},
}
```

以上代码首先定义了一个包含有 user,group 信息的结构数组。下面的语句通过一个 switch 选择来定义不同用户对文件的访问权限。

```
switch(table[i].tag_type) {
    case USER:
        uid = pw_nametoid(table[i].qualifier);
        acl_set_tag(entry_p,table[i].tag_type,(void * )uid);
        break;
    case GROUP:
        gid = gr_nametoid(table[i].qualifier);
        acl_set_tag(entry_p,table[i].tag_type,(void * )gid);
        break;
    default:
        acl_set_tag(entry_p,table[i].tag_type,NULL);
        break;
}
```

(2) Linux ACL 配置

要想使用 ACL 功能，首先需要正确编译 2.6 内核，并确保有下列选项：

CONFIG_EXT2_FS_POSIX_ACL = y

CONFIG_EXT3_FS_POSIX_ACL = y

CONFIG_FS_POSIX_ACL = y

用新内核启动后，还要求在挂载分区的时候添加必要的参数"acl"：

mount －t ext3 －o rw,acl /dev/hda8 /your_mount_point

或者在/etc/fstab 中加入下列行，实现自动 mount 分区并且带有"acl"参数：

/dev/hda8 ext3 /your_mount_point defaults,acl 1 1

正确挂载文件系统后，就可以使用 ACL 的命令来修改文件的 ACL 属性了。修改 ACL 属性的命令有 setfacl、getfacl 和 chacl，其中 chacl 是一个 SGI IRIX 兼容命令，主要适用于那些对 SGI

IRIX 以及 XFS 文件系统比较熟悉的用户。本文只介绍 setfacl 和 getfacl 命令,具体用法如下面的例子:

使文件 a.txt 可以被用户 test 读写

    setfacl-m u: test: rw a.txt

使文件 a.txt 可以被 qmail 组的组员读,但不能写

    setfacl-m g: qmail: r a.txt

把某一文件的 ACL 属性 copy 给另一文件,比如把文件 a.txt 的 ACL 属性 copy 给 b.txt:

    getfacl a.txt | setfacl-set-file = b.txt

同时为文件设置不同用户或组的权限,比如对文件 b.txt 设定 testmail 用户可读写,qmail 组组员可读可执行,nofiles 组组员可执行

    setfacl-m u: testmail: rw, g: qmail: rx, g: nofiles: x b.txt

查看 man page 可获得 setfacl 和 getfacl 命令更详细的用法。

在系统管理员的工作中,遇到的最大的困难往往不是高难度的内核问题,也不是配置 apache 服务器之类的问题,而是控制文件访问权限的问题。实际应用中可能会提出非常特别的要求,权限配置经常具体到个人,这在配置文件服务器时非常难于实现,使用 2.6 内核中的 ACL 新功能,这些问题就能迎刃而解。

5.1.3 Linux 网络服务安全

Linux 从 UNIX 继承了在网络方面的优势。Linux 通过一组相邻的软件层实现了 TCP/IP 模型,它由 Socket 层、TCP/IP 协议层和链路层构成。应用程序使用系统调用向内核函数传递参数和数据从而进入内核空间,由内核中注册的内核函数对相应的数据结构进行处理。Linux 的 TCP/IP 层次结构和实现方式如图 5.2 所示。

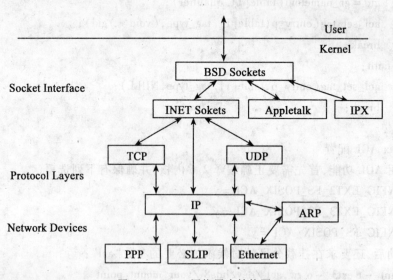

图 5.2　Linux 网络层次结构图

在 Linux 系统的早期版本中,有一种称为 inetd 的网络服务管理程序,也叫做"超级服务器",就是监视一些网络请求的守护进程。inetd 服务会在系统激活的时候由 /etc/rc.d/rc.local

来激活,当它被激活的时候会加载文件/etc/inetd.conf,并持续地在系统上监听配置文件中所有的 socket 类型。当它接收到一个客户端连接要求时,会找出符合的服务并且激活适当的程序来响应这个连接要求。在任何的网络环境中使用 Linux 系统,第一件要做的事就是了解一下服务器到底要提供哪些服务。不需要的那些服务应该被禁止掉,这样黑客就少了一些攻击系统的机会,因为服务越多,意味着遭受攻击的风险就越大。用户可以查看/etc/inetd.conf 文件,了解一下 inetd 提供和开放了哪些服务,以根据实际情况进行相应的处理。

如今的 Linux 版本中使用 xinetd(扩展的超级服务器)的概念对 inetd 进行了扩展和替代。xinetd 的默认配置文件是/etc/xinetd.conf。其语法和/etc/inetd.conf 完全不同且不兼容。它本质上是/etc/inetd.conf、/etc/hosts.allow 和/etc/hosts.deny 功能的组合。

系统默认使用 xinetd 的服务可以分为如下几类:

① 标准 internet 服务,如 http,telnet,ftp 等;
② 信息服务,如 finger,netstat,systat 等;
③ 邮件服务,如 imap,pop3,smtp 等;
④ RPC 服务,如 rquotad,rstatd,rusersd,sprayd,walld 等;
⑤ BSD 服务,如 comsat,exec,login,ntalk,shell talk 等;
⑥ 内部服务,如 chargen,daytime,echo 等;
⑦ 安全服务,如 irc 等。

还有其他服务,如 name,tftp,uucp,wu-ftp 等。

下面是一个典型的/etc/xinetd.conf 文件的例子:

```
# Simple configuration file for xinetd
# Some defaults, and include /etc/xinetd.d/
defaults
{
    instances = 60
    log_type = SYSLOG authpriv
    log_on_success = HOST PID
    log_on_failure = HOST
    cps = 25 30
}
includedir /etc/xinetd.d
```

从文件最后一行可以清楚地看到,/etc/xinetd.d 目录是存放各项网络服务(包括 http、ftp 等)的核心目录,因而系统管理员需要对其中的配置文件进行熟悉和了解。一般说来,在/etc/xinetd.d 的各个网络服务配置文件中,每一项都有下列形式:

```
service service-name
{
    disabled(表明是否禁用该服务)
    flags(可重用标志)
    socket_type(TCP/IP 数据流的类型,包括 stream,datagram,raw 等)
    wait(是否阻塞服务,即单线程或多线程)
    user(服务进程的 uid)
```

　　　　　　server（服务器守护进程的完整路径）
　　　　　　log_on_failure（登录错误日志记录）
　　　　}

其中 service 是必需的关键字，且属性表必须用大括号括起来。每一项都定义了由 service-name 定义的服务。service-name 是任意的，但通常是标准网络服务名，也可增加其他非标准的服务，只要它们能通过网络请求激活，包括 localhost 自身发出的网络请求。每一个 service 有很多可以使用的 attribute（属性），操作符可以是 "="、"+="或"-="。所有属性都可以使用"="，其作用是分配一个或多个值，某些属性可以使用"+="或"-="的形式，其作用分别是将其值增加到某个现存的值表中，或将其值从现存值表中删除。

用户应该特别注意的是：每一项用户想新添加的网络服务描述既可以追加到现有的/etc/xinetd.conf 中，也可以在/etc/xinetd.conf 中指定的目录中分别建立单独的文件。RedHat 7.0 以上的版本都建议采用后一种作法，因为这样做的可扩充性很好，管理起来也比较方便，用户只需要添加相应服务的描述信息即可追加新的网络服务。RedHat 7.0 默认的服务配置文件目录是/etc/xinetd.d，在该目录中使用如下命令可以看到许多系统提供的服务：

　　　　#cd /etc/xinetd.d
　　　　#ls
　　　　chargen cvspserver daytime-udp echo-udp ntalk qmail-pop3 rexec rsh sgi_fam telnet time-udp chargen-udp daytime echo finger pop3 qmail-smtp rlogin rsync talk time wu-ftpd

然而，上述的许多服务，默认都是关闭的，看看如下文件内容：

　　　　# cat telnet
　　　　# default：off（表明默认该服务是关闭的）
　　　　# description：The telnet server serves telnet sessions；it uses \
　　　　# unencrypted username/password pairs for authentication.
　　　　service telnet
　　　　{
　　　　　　disable = yes（表明默认该服务是关闭的）
　　　　　　flags = REUSE
　　　　　　socket_type = stream
　　　　　　wait = no
　　　　　　user = root
　　　　　　server = /usr/sbin/in.telnetd
　　　　　　log_on_failure += USERID
　　　　}

一般说来，用户可以通过配置/etc/xinetd.d 目录下的文件来对网络服务进行开启或关闭；另外，多数 Linux 提供了图形界面来开启或关闭网络服务。

针对上面列出的关于 telnet 的例子，用户想要开启服务，只需要通过使用 vi 编辑器将该文件改写为如下内容，再使用/etc/rc.d/init.d/xinetd restart 来激活 telnet 服务即可。

　　　　service telnet
　　　　{
　　　　　　disable = no（将该域置为"no"，则表明开启该服务）

```
        flags        =  REUSE
        socket_type  =  stream
        wait         =  no
        user         =  root
        server       =  /usr/sbin/in.telnetd
        log_on_failure  +  =  USERID
}
```

相对应地,如果用户想要关闭某个不需要的服务,则将上述的"disable = no"改为"disable = yes"即可,这样就修改了服务配置,并且再次使用/etc/rc.d/init.d/xinetd restart 来启用最新的配置。

值得注意的是,有些网络服务(例如 Squid)有自己独立的配置文件和配置命令,这类服务的开启和关闭要通过自己的配置命令来进行。

5.1.4　Linux 备份/恢复

Linux 是一个稳定而可靠的系统。但是任何计算系统都有无法预料的事件,比如硬件故障等。拥有关键配置信息的可靠备份是任何负责任的管理计划的组成部分。在 Linux 中可以通过各种各样的方法来执行备份。所涉及的技术从非常简单的脚本驱动的方法,到精心设计的商业化软件。备份可以保存到远程网络设备、磁带驱动器和其他可移动媒体上。备份可以是基于文件的或基于驱动器映像的。可用的选项很多,可以混合搭配这些技术,为应用环境设计理想的备份计划。

进行备份首先要制定备份策略,包括备份哪些内容(What),备份到哪里(Where),何时备份(When),用什么工具和方法备份(How)等。在备份和还原系统时,Linux 基于文件的系统管理成了一个极大的优点。在 Windows 系统中,注册表与系统是非常相关的,配置和软件安装不仅仅是将文件放到系统上,因此,还原系统就需要有能够处理 Windows 这种特性的软件。在 Linux 中,情况就不一样了。配置文件是基于文本的,并且除了直接处理硬件的情况以外,它们在很大程度上是与系统无关的。备份中不需要关心操作系统如何安装到系统和硬件上的复杂细节,Linux 备份处理的就是文件的打包和解包。

一般情况下,以下这些目录是需要备份的:

/etc 包含所有核心配置文件。这其中包括网络配置、系统名称、防火墙规则、用户、组,以及其他全局系统项。

/var 包含系统守护进程(服务)所使用的信息,包括 DNS 配置、DHCP 租期、邮件缓冲文件、HTTP 服务器文件、DB2 实例配置,等等。

/home 包含所有用户的默认用户主目录。这包括他们的个人设置、已下载的文件和用户不希望失去的其他信息。

/root 是根(root)用户的主目录。

/opt 是安装许多非系统文件的地方。OpenOffice、JDK 和其他软件在默认情况下也安装在这里。

以下目录一般是不需备份的:

/proc 应该永远不要备份这个目录。它不是一个真实的文件系统,而是运行内核和环境的虚拟化视图。它包括诸如/proc/kcore 这样的文件,这个文件是整个运行内存的虚拟视图。备份这些文件只是在浪费资源。

/dev 包含硬件设备的文件表示。如果计划还原到一个空白的系统,那就可以备份/dev。然而,如果计划还原到一个已安装的 Linux 系统,那么备份/dev 是没有必要的。

其他目录包含系统文件和已安装的包。在服务器环境中,这其中的许多信息都不是自定义的。大多数自定义都发生在/etc 和/home 目录中。不过出于完整性的考虑,可能希望备份它们。

在实际应用环境中,如果希望确保数据不会丢失,可以考虑备份除/proc 目录之外的整个系统。如果最担心用户和配置,可以仅备份/etc、/var、/home 和/root 目录。

正如前面提到过的,Linux 备份在很大程度上就是打包和解包文件。这允许使用现有的系统实用工具和脚本来执行备份,而不必购买商业化的软件包。在许多情况下,这类备份是足够的,并且为管理员提供了极大的控制能力。备份脚本可以使用 cron 命令来自动化,这个命令控制 Linux 中预定的事件。

最常用的备份命令是 tar 命令,这是一个从 UNIX 系统移植过来的经典命令。tar 是 tape archive(磁带归档)的缩写,最初设计用于将文件打包到磁带上。Linux 源代码就有 tar 文件。这是一个基于文件的命令,它本质上是连续地、首尾相连地堆放文件。

tar 命令可以打包整个目录树,这使得它特别适合用于备份。归档文件可以全部还原,或从中展开单独的文件和目录。备份可以保存到基于文件的设备或磁带设备上。文件可以在还原时重定向,以便将它们重新放到一个与最初保存它们的目录(或系统)不同的目录(或系统)。tar 是与文件系统无关的。它可以使用在 ext2、ext3、jfs、Reiser 和其他文件系统上。

使用 tar 非常类似于使用诸如 PKZip 这样的文件实用工具。只需将它指向一个目的(可以是文件或设备),然后指定想要打包的文件。可以通过标准的压缩类型来动态压缩归档文件,或指定一个自己选择的外部压缩程序,例如,要通过 bzip2 压缩或解压缩文件,可使用 tar-z 命令。

例如,把除/proc 目录之外的整个文件系统备份到 SCSI 磁带设备的 tar 命令可为:

    tar-cpf /dev/st0 / --exclude = /proc

在上面的例子中,-c 参数表示归档文件正在被创建。-p 参数表示希望保留文件访问权限,这对良好的备份来说是很关键的。-f 参数指向该归档文件的文件名。在本例中,我们使用的是原始磁带设备/dev/st0。/表示想要备份的内容,既然我们想要备份整个系统,因此把这个参数指定为根(root)。当把 tar 指向一个目录(以/结尾)时,它会自动递归。最后,我们排除了/proc 目录,因为它没有包含需要保存的任何内容。如果单盒磁带容纳不下这个备份,我们需要添加-M 参数(本例中没有显示)以进行多卷备份。

要还原一个或多个文件,可以使用带提取参数(-x)的 tar 命令:

    tar -xpf /dev/st0 -C /

这里的-f 参数同样指向归档文件,-p 参数表明我们想要还原归档的权限。-x 参数表明从归档中提取文件。-C /表明想要让还原从/开始。tar 通常还原到运行这个命令的目录。

经常使用的另外两个 tar 命令是-t 和-d 参数。-t 参数列出某个归档文件的内容。-d 参数将归档文件的内容与系统上的当前文件做比较。

为便于操作和编辑,我们可以将想要归档的文件和目录放进一个文本文件中,然后在命令行通过-T 参数引用这个文本文件。这些文件和目录可以与命令行上列出的其他目录结合起来。下面的命令行备份 MyFiles 中列出的所有文件和目录、/root 目录和/tmp 目录中的所有 iso

文件。

  tar -cpf /dev/st0 -T MyFiles /root /tmp/ * . iso

文件列表只是一个文本文件，其中列出计划备份的文件或目录。下面是一个例子：

  /etc
  /var
  /home
  /usr/local
  /opt

  请注意 tar -T(或 files-from)命令不能接受通配符，文件必须明确地列出。上面的例子展示了一种单独地引用文件的方法。还可以执行脚本来搜索系统，然后建立一个列表。下面就是这样一个脚本的例子：

  #! /bin/sh
  cat MyFiles > TempList
  find /usr/share -iname * . png > > TempList
  find /tmp -iname * . iso > > TempList
  tar -cpzMf /dev/st0 -T TempList

  上面的脚本首先将 MyFiles 中的所有现有文件列表复制到 TempList 文件中。然后它执行两个 find 命令来搜索文件系统中匹配某个模式的文件，并将它们附加到 TempList 文件中。第一次是搜索/usr/share 目录树中以 . png 结尾的所有文件，第二次是搜索/tmp 目录树中以 . iso 结尾的所有文件。在建立好列表之后，tar 在文件设备/dev/st0(第一个 SCSI 磁带设备)上创建一个新的归档文件，该文件使用 gzip 格式来压缩，并保留所有文件权限。该归档文件将跨越多个卷。要归档的文件的名称将从 TempList 文件中提取。

  也可以编写脚本来还原文件，虽然还原通常是手动进行的。正如上面提到过的，用提取文件的-x 参数代替-c 参数，即可执行文件还原。可以还原整个归档文件，或者还原指定的个别文件或目录，使用通配符来引用归档文件中的文件是可以的，还可以使用参数来转储和还原。

  dump 命令可以执行类似 tar 的功能。然而，dump 倾向于考虑文件系统而不是个别的文件。dump 检查 ext2 文件系统上的文件，并确定哪些文件需要备份。这些文件将出于安全保护而被复制到给定的磁盘、磁带或其他存储媒体上，大于输出媒体容量的转储将被划分到多个卷。在大多数媒体上，容量是通过一直写入直至返回一个 end-of-media 标记来确定的。

  配合 dump 的程序是 restore，它用于从转储映像还原文件。

  restore 命令执行转储的逆向功能。可以首先还原文件系统的完全备份，而后续的增量备份可以在已还原的完全备份之上追加。可以从完全或部分备份中还原单独的文件或者目录。

  dump 和 restore 都能在网络上运行，因此可以通过远程设备进行备份或还原。dump 和 restore 使用磁带驱动器和提供广泛选项的文件设备。然而，两者都仅限用于 ext2 和 ext3 文件系统。如果使用的是 JFS，Reiser 或者其他文件系统，将需要其他的实用工具，比如 tar。

  使用 dump 执行备份是相当简单的。下面的命令执行一个完全 Linux 备份，它把所有 ext2 和 ext3 文件系统备份到一个 SCSI 磁带设备。

  dump 0f /dev/nst0 /boot
  dump 0f /dev/nst0 /

  在这个例子中，系统中有两个文件系统。一个用于/boot，另一个用于/，这是常见的配置。

它们必须在执行备份时单独地引用。/dev/nst0 引用第一个 SCSI 磁带驱动器,不过是以非重绕的模式引用,这样确保各个卷在磁带上一个接一个地排列。

dump 的一个有趣特性是其内置的增量备份功能。在上面的例子中,0 表示 0 级或基本级备份。这是完全系统备份,你要定期执行以保存整个系统。对于后续的备份,你可以使用其他数字(1~9)来代替 0,以改变备份级别。1 级备份会保存自从执行 0 级备份以来更改过的所有文件。2 级备份会保存自从执行 1 级备份以来更改过的所有文件,以此类推。使用 tar 和脚本可以执行相同的功能,但要求脚本创建人员提供一种机制来确定上次备份是何时执行的。dump 具有它自己的机制,即它在执行备份时会输出一个更新文件(/etc/dumpupdates)。这个更新文件将在每次执行 0 级备份时被重设。后续级别的备份会保留它们的标记,直至执行另一次 0 级备份。如果你在执行基于磁带的备份,dump 会自动跟踪多个卷。

标记将被 dump 跳过的文件和目录是可以做到的。实现此目的的命令是 chattr,它改变 ext2 和 ext3 文件系统上的扩展属性:

    chattr +d <filename>

上面的命令向文件添加一个标记,让 dump 在执行备份时跳过该文件。

要还原使用 dump 保存的信息,可以使用 restore 命令。像 tar 一样,dump 能够列出(-t)归档文件的内容,并与当前文件作比较(-C)。使用 dump 时必须小心的地方是还原数据。在设计 dump 时考虑得更多的是文件系统,而不是单独的文件。因此,存在两种不同的文件还原风格。要重建一个文件系统,可使用-r 命令行参数。设计重建的目的是为了能在空文件系统上操作,并将它还原为已保存的状态。在执行重建之前,应该已经创建、格式化和装载(mount)了该文件系统。不应该对包含文件的文件系统执行重建。下面是使用上面执行的转储来执行完全重建的例子:

    restore-rf /dev/nst0

上面这个命令需要针对要还原的每个文件系统分别执行。在需要的时候,可以重复这个过程来添加增量备份。

如果需要使用单独的文件而不是使用整个文件系统,必须使用-x 参数来提取它们。例如,要仅从我们的磁带备份中提取/etc 目录,可使用以下命令:

    restore -xf /dev/nst0 /etc

restore 提供的另外一个特性是交互式模式,使用命令:

    restore -if /dev/nst0

将进入交互式 shell,同时还显示了包含在该归档文件中的项。键入"help"将会显示一个命令列表。然后就可以浏览并选择希望提取的项。注意,提取的任何文件都将进入当前目录。

dump 和 tar 都有一批拥护者,两者都各有优点和缺点。如果运行的是除 ext2 或 ext3 之外的任何文件系统,那么 dump 就不可用。然而如果不是这种情况,那么只需最少的脚本就能运行 dump,并且 dump 还具有可用于帮助还原的交互式模式。

在 Linux 中,任何能够复制文件的程序都可以用来执行某种程度的备份。有人就使用 cpio 和 dd 来执行备份。cpio 是又一个与 tar 差不多的打包实用工具,但使用得不太普遍。dd 是一个文件系统复制实用工具,它产生文件系统的二进制副本。dd 还可用于产生硬盘驱动器的映像,类似于使用诸如 Symantec 的 Ghost 这样的产品。然而,dd 不是基于文件的,因此只能使用它来将数据还原到完全相同的硬盘驱动器分区上。

另外,可用于 Linux 的商业化备份产品也有很多,例如 Tivoli Storage Manager、Amanda、

Arkeia 等。商业化产品一般提供了便利的界面和报告系统,而在使用诸如 dump 和 tar 这样的工具时,你必须自食其力。使用商业软件包的最大好处是,有一个预先建立的用于处理备份的策略,使我们可以立即投入工作。

5.1.5 Linux 日志系统

尽管 Linux 提供了各种系统安全加固工具和方法,但总是还会有黑客可以通过各种方法利用系统的漏洞侵入我们的系统。日志可以记录和捕捉黑客的活动,尽管黑客可能设法改变这些日志信息,甚至用自己的程序替换掉我们系统本身的命令程序,但是通过日志我们总还是能找到一些蛛丝马迹。下面我们主要讲一下 Linux 环境中的系统记账和系统日志管理,以及怎么用一些工具更加方便有效地管理日志信息。

1. 系统记账

最初开发的系统记账用于跟踪用户资源消费情况,以从用户账号中提取费用为目的。现在我们可以把它用于安全目的,给我们提供有关在系统中发生的各种活动的有价值信息。系统记账主要分为两类:连接记账和进程记账。

(1) 连接记账

连接记账是跟踪当前用户的会话、登录和退出的活动。在 Linux 系统中使用 utmp(动态用户对话) 和 wtmp(登录/退出日志记录) 工具来完成这一记账过程。wtmp 工具同时维护重新引导和系统状态变化信息。各种程序对这些工具进行刷新和维护,因此无需运行特殊的后台进程或程序。然而,utmp 和 wtmp 输出结果文件必须存在,如果这些文件不存在会关闭连接记账。与 utmp 和 wtmp 有关的所有数据将分别保存在 /var/run/utmp 和 /var/log/wtmp 中。这些文件归 root 账户所有。这些文件中的数据是用户不可读的,但也有工具可以将其转换成可读的形式。例如 ac、last 和 who 命令等。

ac 命令提供了有关用户连接的大概统计,我们可以使用带有参数 d 和 p 的 ac 命令。参数 d 显示了一天的总连接统计,参数 p 显示了每一个用户的连接时间。这种统计信息的方式对了解与入侵有关的用户情况及其他活动很有帮助。

last 和 who 命令是出于安全角度定期使用的最常用命令。last 命令提供每一个用户的登录时间,退出时间,登录位置,重新引导系统及运行级别变化的信息。last-10 表示 last 的最多输出结果为最近的 10 条信息。缺省时 last 将列出在 /var/log/wtmp 中记录的每一连接和运行级别的变化。从安全角度考虑,last 命令提供了迅速查看特定系统连接活动的一种方式。每天观察 last 命令的输出结果是个好习惯,从中可以捕获异常输入项。last 命令的 -x 参数可以通知系统运行级别的变化。who 命令主要作用是报告目前正在登录的用户、登录设备、远程登录主机名或使用的 X-window 的 X 显示值、会话闲置时间以及会话是否接受 write 或 talk 信息。

其他的有关命令还有 lastlog 命令,该命令报告了有关 /var/log/lastlog 中记录的最后一次登录的数据信息。

(2) 进程记账

进程记账是对进程活动的记录。原始数据保存在 /var/log/pacct 文件中,其访问权限为 600,该文件的存在是进程记账有效的保障。与连接记账不同,进程记账必须处于打开状态,使用下面的命令设置打开状态:

    accton /var/log/pacct

可以使用自选文件代替 /var/log/pacct,但必须记住这一文件,并且设置适当的访问权限。

必须在每次引导的时候执行该命令,可以在 /etc/rc.d/rc.local 中输入以下脚本:

```
#initiate process account
if [ -x /sbin/accton ]
then
/sbin/accton /var/log/pacct
echo "process accounting initiated"
fi
```

一旦在系统中配置进程记账后,将使用三个命令解释在/var/log/pacct 中的非用户可读的原始数据。这三个命令分别为 dump-acct(该命令与 dump-utmp 相似)、sa(用于统计系统进程记账的大致情况)和 lastcomm(列出系统执行的命令),下面分别进行介绍。

与 ac 命令一样,sa 是一个统计命令。该命令可以获得每个用户或每个命令的进程使用的大致情况,并且提供了系统资源的消费信息。在很大程度上,sa 又是一个记账命令,对于识别特殊用户,特别是已知特殊用户使用的可疑命令十分有用。另外,由于信息量很大,需要处理脚本或程序筛选这些信息。可以用这样的命令单独限制用户:

```
#sa -u |grep joe
joe       0.00       cpu       bash
joe       0.00       cpu       ls
joe       0.01       cpu       ls
joe       0.01       cpu       lastcomm
joe       0.01       cpu       tcpdump
joe       0.01       cpu       reboot
```

输出结果从左到右依次为:用户名、CPU 使用时间秒数、命令(最多为 16 个字符)。

与 sa 命令不同,lastcomm 命令提供每一个命令的输出结果,同时打印出与执行每个命令有关的时间戳。就这一点而言,lastcomm 比 sa 更有安全性。lastcomm 命令使用命令名,用户名或终端名作为变量。该命令可以查询进程记账数据库。下面显示 lastcomm joe 的输出结果,每行表示命令的执行情况,从左到右依次为:用户、设备、使用的 CPU 时间秒数、执行命令的日期和时间(如下几行为示例)。

```
#lastcomm joe
reboot     joe    ttyp1    0.01    secs    Fri    Feb 26    18:40
tcpdump    joe    ttyp1    0.01    secs    Fri    Feb 26    18:39
lastcomm   joe    ttyp1    0.01    secs    Fri    Feb 26    18:32
ls         joe    ttyp1    0.01    secs    Fri    Feb 26    18:30
ls         joe    ttyp1    0.00    secs    Fri    Feb 26    18:28
bash       joe    ttyp1    0.00    secs    Fri    Feb 26    18:25
```

如果系统被入侵,请不要相信在 lastlog,utmp,wtmp,pacct 中记录的信息,但也不要忽略,因为这些信息可能被修改过了。另外有可能有人替换了 who 程序来掩人耳目。

通常,在已经识别某些可疑活动后,进程记账可以有效地发挥作用。使用 lastcomm 可以隔绝用户活动或在特定时间执行命令。但是使用该命令必须设置为打开状态。

基本上,/var/log/pacct,/var/run/utmp,/var/log/pacct 是动态数据库文件。其中/var/log/pacct 和/var/log/wtmp 文件随着输入项的增加和修改而增加。问题在于这些文件处于动态增加状态，因此到一定程度就会变得很大。

我们可以通过一个叫 logrotate 的程序来解决上面这个问题，该程序读/etc/logrotate.conf 配置文件，该配置文件告诉 logrotate 所要读/etc/logrotate.d 目录中的文件。可以通过它来设定日志文件的循环时间。

2. 系统日志

在 Linux 下使用各种日志文件，有些用于某些特殊用途，例如/var/log/xferlog 用于记录文件传输协议 ftp 的信息。其他日志文件，例如/var/log/messages 文件通常包含许多系统和内核工具的输出项。这些日志文件为系统的安全状态提供了信息。我们主要讲解两个日志守护程序 syslogd 和 klogd，并且简要叙述由 Linux 操作系统生成的其他日志文件。目的是提供基本的配置情况。

（1）syslogd 系统日志工具

大部分的 Linux 系统中都要使用 syslogd 工具，它是相当灵活的，能使系统根据不同的日志输入项采取不同的活动。syslogd 工具由一个守护程序组成，它能接受访问系统的日志信息并且根据/etc/syslog.conf 配置文件中的指令处理这些信息。程序、守护进程和内核提供了访问系统的日志信息，因此，任何希望生成日志信息的程序都可以向 syslogd 接口呼叫生成该信息。通常，syslogd 接受来自系统的各种功能的信息，每个信息都包括重要级。/etc/syslog.conf 文件通知 syslogd 如何根据设备和信息重要级别来报告信息。/etc/syslog.conf 文件使用下面的形式：

    facility.level   action

空白行和以#开头的行可以忽略。facility.level 字段也被称做 seletor。应该使用一个或多个 tab 键分隔 facility 和 action。大部分 Linux 使用这些空格为分隔符。facility 指定 syslog 功能，主要包括以下几项：

auth	由 pam_pwdb 报告的验证活动；
authpriv	包括特权信息如用户名在内的验证活动；
cron	与 cron 和 at 有关的信息；
daemon	与 inetd 守护进程有关的信息；
kern	内核信息，首先通过 klogd 传递；
lpr	与打印服务有关的信息；
mail	与电子邮件有关的信息；
mark	syslogd 内部功能，用于生成时间戳；
news	来自新闻服务器的信息；
syslog	由 syslogd 生成的信息；
user	由用户程序生成的信息；
uucp	由 uucp 生成的信息；
local0----local7	与自定义程序使用，例如使用 local5 作为 ssh 功能；
*	通配符代表除了 mark 以外的所有功能。

与每个功能对应的优先级是按一定顺序排列的，emerg 是最高级，其次是 alert，依此类推。缺省时，在/etc/syslog.conf 记录中指定的级别为该级别和更高级别。如果希望使用确定的级别可以使用两个运算符号！（不等）和＝。"user.＝info"表示告知 syslogd 接受所有在 info 级别上的 user 功能信息。syslogd 级别如下：

emerg 或 panic	该系统不可用
alert	需要立即被修改的条件
crit	阻止某些工具或子系统功能实现的错误条件
err	阻止工具或某些子系统部分功能实现的错误条件
warning	预警信息
notice	具有重要性的普通条件
info	提供信息的消息
debug	不包含函数条件或问题的其他信息
none	没有重要级，通常用于排错
*	所有级别，除了 none

action 字段所表示的活动具有许多灵活性，syslog 主要支持以下 action：

file	指定文件的绝对路径
terminal 或 print	完全的串行或并行设备标志符
@ host	远程的日志服务器
username	发送信息到使用 write 的指定用户中
named pipe	指定使用 mkfifo 命令来创建的 FIFO 文件的绝对路径

syslogd 守护程序是由/etc/rc.d/init.d/syslog 脚本在运行级 2 下被调用的，缺省不使用参数。但有两个参数-r 和-h 很有用。缺省情况下 syslogd 不接受来自远程系统的信息，当指定-r 选项，syslogd 将会监听从 514 端口上进来的 UDP 日志信息包，如果将要使用一个日志服务器，必须调用 syslog -r；如果还希望日志服务器能传送日志信息，可以使用-h 参数，缺省时，syslogd 将忽略使其从一个远程系统传送日志信息到另一个系统的/etc/syslog.conf 输入项。

（2）klogd 守护进程

klogd 守护进程获得并记录 Linux 内核信息。通常，syslogd 会记录 klogd 传来的所有信息，然而，如果调用带有-f filename 变量的 klogd 时，klogd 就在 filename 中记录所有信息，而不是传给 syslogd。当指定另外一个文件进行日志记录时，klogd 就向该文件中写入所有级别或优先权。klogd 中没有和/etc/syslog.conf 类似的配置文件。使用 klogd 而避免使用 syslogd 的好处在于可以查找大量错误。如果有人入侵了内核，使用 klogd 可以修改错误。

（3）其他日志

在/var/log 和不同版本的系统中，以及自己配置的应用程序中都可以找到其他日志文件。当然，/etc/syslog.conf 列出了由 syslogd 管理的所有日志文件名和位置。其他日志由其他应用程序管理。例如在 RedHat 6.2 中，apache server 生成/var/log/htmlaccess.log 文件记录客户访问，生成/var/log/httpd/error.log 文件在 syslog 以外查找错误。当 linuxconf 工具记录系统重新配置信息时，将生成日志文件如/var/log/nerconf.log。samba 在/var/log/samba 中维护其日志信息。

另外，由于 syslogd 在系统非常繁忙时，可能会丢失信息，所以，可以用 cyclog 替换 syslogd。cyclog 缓存日志信息并确保日志文件是同步的，并且自动交替循环其管理的日志文件。

5.1.6 Linux 内核安全技术

Linux 内核机制存在一些潜在缺陷，例如，超级用户的特权可能会被滥用，系统文档不安全，系统内核可以比较容易地被插入模块，内核中进程不受保护等。本节着重说明可加载的内核模块(LKM)和内核防火墙在 Linux 内核安全中的意义。

1. 可加载的内核模块(LKM)

Linux 操作系统的内核是单一的大内核(Monolithic),由许多逻辑上互不相同的部分组成一个巨大复杂的程序。其主要缺陷表现为:

首先,它将操作系统内核提供给用户的例程不加区分地混杂在一起,使得操作系统各组成部分之间的界限很不明显。

其次,单一大内核的操作系统要扩充或裁减功能是一项非常费时的工作,其费时性在于任何程序开发者都无法保证能一次性就将内核程序准确无误地编写编译,程序开发者只能把大部分的时间都花在重新编译内核上,因为要使对程序的每一次微小变动生效,都必须重新编译整个内核,然后用编译完了的内核重新启动。

为了克服单一大内核结构的这些弱点,Linux 操作系统内核从 0.99 版本开始引入了 LKM (Loadable Kernel Module,可加载内核模块)的概念。

LKM 是动态扩充内核功能的一项技术,它使得 Linux 操作系统内核在运行状态就能对功能进行扩充。编写完一个 LKM 程序,用编译器将其编译为目标文件,然后就可以根据需要动态加载和在不需要其所提供的功能时动态卸载它。在 LKM 程序编写和编译的过程中无需对内核进行重新编译。

LKM 编程利用操作系统内核提供的接口,导出内核符号表(内核的数据结构和函数可以通过打印出/proc/ksyms 的内容来查看),并最终利用这个符号表,用 C 语言将程序组织成一个 LKM 源文件。LKM 源文件编译生成模块文件(扩展名为.o)后,无需重新启动系统,用 Linux 系统提供的命令 insmod 将模块文件加载就可以了。一旦模块文件被加载,它就成为内核的一部分,粘贴到内核上并作为内核例程给用户提供服务,当不需要已加载的模块提供服务时,用 rmmod 命令可以将模块从内核中移除。这样就实现了操作系统内核的动态编译,也就是在操作系统内核的运行状态下扩充或减裁操作系统内核的功能。

LKM 程序加载后是作为内核的一部分运行在操作系统内核空间的,所以 LKM 进程能够访问操作系统中最核心的部分,这一特性使得程序员可以方便地修改操作系统原有的行为,从而达到定制操作系统功能的目的。LKM 技术也被黑客用做一种内核级入侵的手段,例如,可以用 LKM 技术在系统内核中插入木马模块,一个典型例子是以 Linux 2.2 内核版本为基础的 knark,它使用 insmod knark.o 加载到内核中,一旦加载了 knark 后门之后,可以改变 netstat 的输出结果,改变运行进程的 UID 和 GID,还可以不用 SUID 就能够获得 root 访问权限。

同样,我们也可以利用 LKM 程序来加强系统的安全性,例如利用 LKM 监听用户和控制原始盘读写等;还可以通过 LKM 程序监视操作系统堆栈的使用状况,当可能发生堆栈溢出的时候,产生报警信息或者不让申请堆栈的进程继续执行,这样就能有效防止缓冲区溢出对系统的攻击。

当前 LKM 程序在提升系统安全性方面有了很大的进展,由于 LKM 程序运行在操作系统的内核层,它对于抵御那些内核层的入侵有很好的功效,LKM 程序对于那些需要操作系统内核层数据结构的安全程序也有很好的作用。

2. Linux 内核防火墙

Linux 的防火墙技术经历了若干代的沿革,一步步地发展而来。最开始的 ipfwadm 是 Alan Cox 在 Linux kernel 发展的初期,从 FreeBSD 的内核代码中移植过来的。后来经历了 ipchains, 再经由 Paul Russell 在 Linux 2.3 内核系列的开发过程中发展了 netfilter 这个架构。而用户空间的防火墙管理工具,也相应地发展为 iptables。netfilter/iptables 这个组合目前令人相当满意。在经历了 Linux 2.4 和 2.5 内核发展以后,的确可以说,netfilter/iptables 经受住了大量用户广泛使用的考验。下面简要介绍 netfilter 在内核中的实现机制。

(1) IPv4 代码中 netfilter 的接口

netfilter 在 Linux 内核中的 IPv4、IPv6 和 DECnet 等网络协议栈中都有相应的实现。这里只介绍 IPv4 协议栈上的 netfilter 的实现。netfilter 是一个在内核编译过程中可选的部件,也就是说,用户在编译内核的过程中,可以按照自己的需要,决定是否要在自己的内核中编译进去 netfilter 的 kernel 支持。这就带给我们一个提示,实现 netfilter 的代码对于实现 IPv4 协议栈的代码的影响应该是尽量地小,不那么引人注目才对。否则的话,IPv4 协议栈的代码维护工作就不得不和实现 netfilter 的代码的维护工作搅在一起了。事实也的确如此,IPv4 协议栈为了实现对 netfilter 架构的支持,在 IP 包在 IPv4 协议栈上的游历路线之中,仔细选择了五个参考点。在这五个参考点上,各引入了一行对 NF_HOOK() 宏函数的一个相应的调用。这五个参考点被分别命名为 Pre-Route、Local-in、Forward、Local-out 和 Post-Route。它们的含义可参见图 5.3。

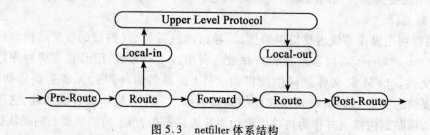

图 5.3　netfilter 体系结构

从如下的 grep 输出,我们可以看到 IPv4 协议栈实现代码对 NF_HOOK() 宏函数的调用:
```
-bash-2.05b# pwd
/usr/src/linux-2.4.18/net/ipv4
-bash-2.05b# grep -n NF_HOOK *.c
igmp.c:187:/* Don't just hand NF_HOOK skb->dst->output, in case netfilter hook
igmp.c:252: return NF_HOOK(PF_INET, NF_IP_LOCAL_OUT, skb, NULL, rt->u.dst.dev,
ip_forward.c:145: return NF_HOOK(PF_INET, NF_IP_FORWARD, skb, skb->dev, dev2,
ip_gre.c:668:/* Need this wrapper because NF_HOOK takes the function address */
ip_input.c:305: return NF_HOOK(PF_INET, NF_IP_LOCAL_IN, skb, skb->dev, NULL,
ip_input.c:441: return NF_HOOK(PF_INET, NF_IP_PRE_ROUTING, skb, dev, NULL,
ip_output.c:111:/* Don't just hand NF_HOOK skb->dst->output, in case netfilter hook
ip_output.c:155: return NF_HOOK(PF_INET, NF_IP_LOCAL_OUT, skb, NULL, rt->u.dst.dev,
ip_output.c:190: return NF_HOOK(PF_INET, NF_IP_POST_ROUTING, skb, NULL, dev,
ip_output.c:232:NF_HOOK(PF_INET, NF_IP_POST_ROUTING, newskb, NULL,
ip_output.c:248:NF_HOOK(PF_INET, NF_IP_POST_ROUTING, newskb, NULL,
ip_output.c:399:return NF_HOOK(PF_INET, NF_IP_LOCAL_OUT, skb, NULL, rt->u.dst.dev,
ip_output.c:602: err = NF_HOOK(PF_INET, NF_IP_LOCAL_OUT, skb, NULL,
ip_output.c:713: err = NF_HOOK(PF_INET, NF_IP_LOCAL_OUT, skb, NULL, rt->u.dst.dev,
```

第5章 主流操作系统的安全技术

ipip.c:516:/* Need this wrapper because NF_HOOK takes the function address */
ipmr.c:1211: NF_HOOK(PF_INET, NF_IP_FORWARD, skb2, skb->dev, dev,

NF_HOOK()宏定义在/include/linux/netfilter.h里面。当CONFIG_NETFILTER被定义的时候，就转去调用nf_hook_slow()函数；如果CONFIG_NETFILTER没有被定义，则从netfilter模块转回到IPv4协议栈，继续往下处理。这样就给了用户在编译内核时的一个选项，可以通过定义CONFIG_NETFILTER与否来决定是否把netfilter支持代码编译进内核。从这个函数的名称，我们也可以看出，可以把IPv4协议栈上的这五个参考点，形象地看成是五个钩子。IP包在IPv4协议栈上游历的时候，途经这五个钩子，就会被netfilter模块钩上来，审查一番，并据审查的结果，决定IP包的下一步命运：是被原封不动地放回IPv4协议栈，继续游历；还是经过一些修改，再放回去；或者干脆丢弃掉算了。

（2）netfilter的核心模块

IP包被NF_HOOK()从IPv4协议栈上钩出来以后，就进入/net/core/netfilter.c中的nf_hook_slow()函数进行处理。这个函数做的主要事情，就是根据nf_hooks数组，开始处理包。准确地说，上一段讲到的IPv4协议栈上的五个参考点，并不是"钓鱼的钩子"，而是"允许垂钓的地点"，换句话说，IPv4协议栈上定义了五个"允许垂钓点"，在每一个"垂钓点"，都可以让netfilter放置一个"鱼钩"，把经过的IP包钩上来。那么netfiler的"鱼钩"都放在什么地方呢？就放在nf_hooks数组里面。这个"鱼钩"用/include/linux/netfilter.h中定义的如下结构予以描述：

```
struct nf_hook_ops
{
    struct list_head list;
    nf_hookfn *hook;
    int pf;
    int hooknum;
    int priority;
};
```

我们看到，"鱼钩"的本质，是一个nf_hookfn函数。这个函数将对被钩上来的IP包进行初步的处理。那么，这些"鱼钩"是由谁来放置到nf_hooks数组里面的呢？答案是，各个table。在iptables管理工具中一个table就是一组类似的防火墙规则集合。iptables里面默认定义了三个table：filter、mangle和nat。举filter table为例，它是在/net/ipv4/netfilter/iptable_filter.c中实现的一个内核模块。在这个模块的初始化过程中，它会调用nf_register_hook()向netfilter的核心代码注册一组"鱼钩"。这个注册过程，实际上，也就是把"鱼钩"放到"垂钓点"的过程。"垂钓点"的具体位置，由nf_hooks数组的下标具体说明。

我们具体看/net/ipv4/netfilter/iptable_filter.c也就是filter table的实现代码，就发现filter table中的"鱼钩"上的nf_hookfn函数，主要是在调用ipt_do_table()函数。这是一个定义在/net/ipv4/netfilter/ip_tables.c中的函数。前面提到过，一个table就是一组防火墙规则的集合。显然，ipt_do_table()函数将要做的事情，就是按照table中存储的一条又一条的规则来处理被"钩"上来的IP包。

table里面存放了这个table中所有的防火墙规则。但并不是所有的规则都要拿过来，按照它审查一下这个IP包。事实上，这个包是从哪个"鱼钩"上被钩上来的，就只有和那个"鱼钩"相关的规则才被拿过来，用来审查这个包。这个机制，就为每个table实现了多个chain，而每个 chain 上又有多个规则(Rules)。而且,我们立刻看到,一个 chain 是和 IPv4 协议栈上的一个"垂钓点"相对应的。

在/include/linux/netfilter_ipv4/ip_tables.h 中定义了 table 中的 rule 的存放格式如下:

/* This structure defines each of the firewall rules. Consists of 3 parts which are 1) general IP header stuff 2) match specific stuff 3) the target to perform if the rule matches */
struct ipt_entry
{
　　struct ipt_ip ip;
　　/* Mark with fields that we care about. */
　　unsigned int nfcache;
　　/* Size of ipt_entry + matches */
　　u_int16_t target_offset;
　　/* Size of ipt_entry + matches + target */
　　u_int16_t next_offset;
　　/* Back pointer */
　　unsigned int comefrom;
　　/* Packet and byte counters */
　　struct ipt_counters counters;
　　/* The matches (if any), then the target */
　　unsigned char elems[0];
};

一个 entry 就是一个规则。一个 entry 主要由两部分组成:一部分是一系列的 match;另一部分是一个 target。这若干个 match 所要回答的问题,是相关的 IP 包和本条规则是否匹配。而这个 target 所要回答的问题,是一旦包匹配上以后,该拿这个包怎么办? 也就是要由 target 来决定这个匹配的包今后的命运了。开头的 struct ipt_ip 的定义如下:

struct ipt_ip {
　　/* Source and destination IP addr */
　　struct in_addr src, dst;
　　/* Mask for src and dest IP addr */
　　struct in_addr smsk, dmsk;
　　char iniface[IFNAMSIZ], outiface[IFNAMSIZ];
　　unsigned char iniface_mask[IFNAMSIZ], outiface_mask[IFNAMSIZ];
　　/* Protocol, 0 = ANY */
　　u_int16_t proto;
　　/* Flags word */
　　u_int8_t flags;
　　/* Inverse flags */
　　u_int8_t invflags;

};

　　我们立刻可以看出,在 struct ipt_ip 里面记录了关于这个规则所要匹配(Match)的包的一些特征。

　　netfilter 核心部分提供了一个分析、处置包的架构,但是核心部分代码并不具体地去分析、处置包。这个具体的分析、处置的任务被交给其他的模块(Module)来完成。核心部分代码可以根据 table 中记录的规则信息,来把包交给能够处理相应的规则的模块代码。那么,核心代码如何了解哪一个模块可以处理哪一类的规则呢?这要在各个相应的模块启动的时候,主动去向核心代码注册(使用 ipt_register_target()或者是 ipt_register_match())。这个注册过程,主要就是通知核心代码,本模块有一个 target()函数,可以决定包的命运;或者是,本模块有一个 match()函数,可以判定一个包是否符合规则的匹配要求。这就提示我们,如果要写自己的防火墙模块,镶嵌在 netfilter 的架构中的话,我们主要要做的任务,就是向 netfilter 核心注册 ipt_register_target()或者 ipt_register_match()。

　　(3)iptables 管理工具

　　最后,要说明的是 iptables 这个位于用户空间的管理工具。前面我们看到了,netfilter 在内核空间的代码根据 table 中的规则,完成对包的分析和处置。但是这些 table 中的具体的防火墙规则,还是必须由系统管理员亲自编写。内核中的 netfilter 只是提供了一个机制,它并不知道该怎样利用这个机制,写出合适的规则来实现一个网络防火墙。那么,系统管理员编写的规则,怎样进入位于内核空间中的 netfilter 维护的 table 中去呢?这个任务是由 iptables 这个工具来完成的。它经过 getsockopt()以及 setsockopt()两个系统调用,进入内核空间。这两个调用是 BSD Socket 接口的一部分。这里面的问题是 IPv4 在接到关于某个 sock 的不认识的 opt 的时候,应该怎么处理?netfilter 要求它在/net/ipv4/ip_sockglue.c 文件中处理 getsockopt()和 setsockopt()系统调用的 ip_sockopt()函数中适当的地方调用 nf_sockopt()。这样,用户空间就可以和 netfilter 核心部分进行交流,可以维护 table 中的防火墙规则了。

　　总之,netfilter 对于 IPv4 的修改非常小,一是在若干个地方调用了 NF_HOOK(),二是在 ip_sockopt()中调用了 nf_sockopt()。netfilter 的核心部分代码只是维护 table,解释 table 的任务在于其他的内核模块。netfilter 会把从 hook"钩"起来的包以及 table 里面的相关内容发给注册了的内核模块,从而决定包的命运。

5.1.7　安全 Linux 服务器配置参考

　　让我们来总结一下配置一台 Linux 服务器使用的一些常用的安全措施。

1. BIOS 的安全设置

　　一定要给 BIOS 设置密码,以防止通过在 BIOS 中改变启动顺序从软盘启动。这样可以阻止别有用心的人试图用特殊的启动盘来启动系统,还可以阻止别人进入 BIOS 改动其中的设置,使机器的硬件设置不能被别人随意改动。

2. LILO 的安全设置

　　LILO 是 LInux LOader 的缩写,它是 Linux 的启动模块。可以通过修改/etc/lilo.conf 文件中的内容来进行配置。在/etc/lilo.conf 文件中配置参数 restricted,password 和 timeout 可增强系统启动时的安全性。具体配置过程如下:

　　第一步,编辑 lilo.conf 文件(vi /etc/lilo.comf),加入或改变以下内容:

　　　　boot = /dev/hda

```
        map = /boot/map
        install = /boot/boot.b
        prompt
        #把下行改为00,这样系统启动时将不再等待,而直接启动Linux
        timeout = 00
        message = /boot/message
        linear
        default = linux
        #加入下行
        restricted
        #加入下行并设置自己的密码
        password =
        image = /boot/vmlinuz-2.4.2-2
        label = linux
        root = /dev/hda6
        read-only
```

第二步,因为"/etc/lilo.conf"文件中包含明文密码,所以要把它设置为root权限读取。

  # chmod 0600 /etc/lilo.conf

第三步,更新系统,以便对"/etc/lilo.conf"文件作的修改起作用。

  # /sbin/lilo-v

第四步,使用"chattr"命令使"/etc/lilo.conf"文件变为不可改变。

  # chattr +i /etc/lilo.conf

这样可以在一定程度上防止对"/etc/lilo.conf"任何改变。当前常用的Linux启动模块GRUB也有类似的安全性配置,可参考相应资料。

3. 口令安全

口令可以说是系统的第一道防线,目前网上的大部分对系统的攻击都是从截获口令或者猜测口令开始的,所以我们应该选择更加安全的口令。首先要杜绝不设口令的账号存在。这可以通过查看/etc/passwd文件发现。例如,如果存在用户名为test的账号,没有设置口令,则在/etc/passwd文件中就有如下一行:

  test::100:9::/home/test:/bin/bash

其第二个字段为空,说明test这个账号没有设置口令,这是非常危险的,应将该类账号删除或者设置口令。其次,在旧版本的Linux中,在/etc/passwd文件中是包含有加密的密码的,这就给系统的安全性带来了很大的隐患,最简单的方法就是可以用暴力破解的方法来获得口令。可以使用命令/usr/sbin/pwconv或者/usr/sbin/grpconv来建立/etc/shadow或者/etc/gshadow文件,这样在/etc/passwd文件中不再包含加密的密码,加密的密码放在/etc/shadow文件中,该文件只有超级用户root可读。第三点是修改一些系统账号的shell变量,例如uucp,ftp和news等,还有一些仅仅需要ftp功能的账号,一定不要给他们设置/bin/bash或者/bin/sh等shell变量,可以在/etc/passwd中将它们的shell变量置空,例如设为/bin/false或者/dev/null等,也可以使用usermod -s /dev/null username命令来更改username的shell为/dev/null。这样使用这些账号将无法远程登录到系统中来。第四点是修改缺省的密码长度,在Linux 2.4中默认的密码长度是 5 个字节。但这并不够,应适当加长。修改最短密码长度需要编辑 login.defs 文件(vi/etc/login.defs),把下面这行

　　　　PASS_MIN_LEN 5

中的数字 5 改为更大的数(login.defs 文件是 login 程序的配置文件)。

4. 自动注销账号的登录

　　在 Linux 系统中 root 账户是具有最高特权的。如果系统管理员在离开系统之前忘记注销 root 账户,那将会带来很大的安全隐患,应该让系统自动注销。通过修改账户中"TMOUT"参数,可以实现此功能。TMOUT 按秒计算。编辑相应用户的.profile 文件(vi /etc/.profile),在"HISTFILESIZE ="后面加入下面这行:

　　　　TMOUT = 300

其中 300 表示 300 秒,也就是 5 分钟。这样,如果系统中登录的用户在 5 分钟内都没有动作,那么系统会自动注销这个账户。你可以在个别用户的.bashrc 文件中添加该值,以便系统对该用户实行特殊的自动注销时间。改变这项设置后,必须先注销用户,再用该用户登录才能激活这个功能。

5. 取消普通用户的控制台访问权限

　　最好取消普通用户的控制台访问权限,比如 shutdown,reboot,halt 等命令。用下面的命令来实现:

　　　　# rm-f /etc/security/console.apps/xxx

xxx 是你要注销的程序名。

6. 取消并卸载所有不用的服务

　　取消并卸载所有不用的服务,以降低安全风险。查看/etc/inetd.conf 文件,通过注释取消所有你不需要的服务(在该服务项目之前加一个"#")。然后用 sighup 命令升级 inetd.conf 文件。

　　第一步,更改/etc/inetd.conf 权限为 600,只允许 root 来读写该文件。

　　　　# chmod 600 /etc/inetd.conf

　　第二步,确定/etc/inetd.conf 文件所有者为 root。

　　第三步,编辑/etc/inetd.conf 文件(vi /etc/inetd.conf),取消不需要的服务,例如 ftp,telnet,shell,login,exec,talk,ntalk,imap,pop-2,pop-3,finger,auth 等。把不需要的服务关闭可以使系统的危险性降低很多。

　　第四步,给 inetd 进程发送一个 HUP 信号:

　　　　# killall -HUP inetd

　　第五步,用 chattr 命令把/ec/inetd.conf 文件设为不可修改,这样就没人可以修改它:

　　　　# chattr +i /etc/inetd.conf

这样可以防止对 inetd.conf 的任何修改,惟一可以取消这个属性的人只有 root。如果要修改 inetd.conf 文件,首先要是取消不可修改性质:

　　　　# chattr -i /etc/inetd.conf

别忘了最后再把它的属性改为不可修改的。

7. TCP_Wrapper

　　使用 TCP_Wrapper 来阻拦入侵。最好的策略就是阻止所有的主机(在/etc/hosts.deny 文件中加入"ALL:ALL@ ALL,PARANOID"),然后再在/etc/hosts.allow 文件中加入所有允许访问的主机列表。

第一步,编辑 hosts.deny 文件(vi /etc/hosts.deny),加入下面这行:
　　# 除非该地址包含在允许访问的主机列表中,否则阻止所有的服务和地址
　　ALL：ALL@ ALL，PARANOID
第二步,编辑 hosts.allow 文件(vi /etc/hosts.allow),加入允许访问的主机列表,比如,
　　ftp：202.54.15.99 foo.com
　　202.54.15.99 和 foo.com 是允许访问 ftp 服务的 ip 地址和主机名称。
第三步,用 tcpdchk 来检查 TCP_Wrapper 设置,并报告发现的潜在的和真实的问题。设置完后,运行这个命令：
　　# tcpdchk

8. 修改/etc/host.conf 文件

/etc/host.conf 说明了如何解析地址。编辑/etc/host.conf 文件(vi /etc/host.conf),加入下面内容：
　　# Lookup names via DNS first then fall back to /etc/hosts.
　　order bind,hosts
　　# We have machines with multiple IP addresses.
　　multi on
　　# Check for IP address spoofing.
　　nospoof on

第一项设置首先通过 DNS 解析 IP 地址,然后通过 hosts 文件解析。第二项设置检测/etc/hosts 文件中的主机是否拥有多个 IP 地址(比如有多个以太网卡)。第三项设置说明要注意对本机未经许可的电子欺骗。

9. 使/etc/services 文件免疫

使/etc/services 文件免疫,防止未经许可的删除或添加服务：
　　# chattr + i /etc/services

10. 不允许从不同的控制台进行 root 登录

/etc/securetty 文件允许你定义 root 用户可以从哪个 tty 设备登录。可以编辑/etc/securetty 文件,在不需要登录的 tty 设备前添加"#"标志,来禁止从该 tty 设备进行 root 登录。在/etc/inittab 文件中有如下一段话：
　　# Run gettys in standard runlevels
　　1：2345：respawn：/sbin/mingetty tty1
　　2：2345：respawn：/sbin/mingetty tty2
　　#3：2345：respawn：/sbin/mingetty tty3
　　#4：2345：respawn：/sbin/mingetty tty4
　　#5：2345：respawn：/sbin/mingetty tty5
　　#6：2345：respawn：/sbin/mingetty tty6

系统默认可以使用 6 个控制台,即 Alt + F1、Alt + F2,…,这里在 3,4,5,6 前面加上"#",注释该句话,这样就只有两个控制台可供使用,最好保留两个。然后重新启动 init 进程,改动即可生效。

11. 使用 PAM 禁止任何人通过 su 命令改变身份为 root

su(Substitute User)命令允许当前用户成为系统中其他已存在的用户。如果不希望任何

人通过 su 命令改变为 root 用户或对某些用户限制使用 su 命令,你可以在 su 配置文件(在/etc/pam.d/目录下)的开头添加下面两行:

  auth sufficient /lib/security/pam_rootok.so

  auth required /lib/security/Pam_wheel.so group = wheel

这表明只有"wheel"组的成员可以使用 su 命令成为 root 用户。可以把用户添加到 wheel 组,以使他可以使用 su 命令成为 root 用户。添加方法如下:

  chmod -G10 username

12. shell logging bash

shell 在 ~/.bash_history(~/表示用户目录)文件中保存了 500 条使用过的历史命令,这样可以使你输入使用过的长命令变得容易。每个在系统中拥有账号的用户在他的目录下都有一个 .bash_history 文件。bash shell 应该保存少量的命令,并且在每次用户注销时把这些历史命令删除。

第一步,"/etc/profile"文件中的"HISTFILESIZE"和"HISTSIZE"行确定所有用户的 .bash_history 文件中可以保存的旧命令条数。建议把/etc/profile 文件中的"HISTFILESIZE"和"HISTSIZE"行的值设为一个较小的数,比如 30。编辑 profile 文件(vi /etc/profile),把下面这行改为:

  HISTFILESIZE = 30

  HISTSIZE = 30

这表示每个用户的 .bash_history 文件只可以保存 30 条旧命令。

第二步,还应该在/etc/skel/.bash_logout 文件中添加下面这行:

  rm-f $ HOME/.bash_history

这样,当用户每次注销时,.bash_history 文件都会被删除。

13. 禁止 Ctrl + Alt + Del 键盘关闭命令

在/etc/inittab 文件中注释掉下面这行(使用#),即将

  ca::ctrlaltdel:/sbin/shutdown-t3-r now

改为:

  #ca::ctrlaltdel:/sbin/shutdown-t3-r now

为了使这项改动起作用,输入下面这个命令:

  # /sbin/init q

14. 给/etc/rc.d/init.d 下 script 文件设置权限

给执行或关闭启动时执行的程序的 script 文件设置权限。

  # chmod -R 700 /etc/rc.d/init.d/ *

这表示只有 root 才允许读、写、执行该目录下的 script 文件。

15. 隐藏系统信息

在缺省情况下,当登录到 Linux 系统,它会显示该 Linux 发行版的名称、版本、内核版本、服务器的名称。对于黑客来说这些信息足够它入侵系统了。应该只给它显示一个"login:"之类的提示符。

首先编辑/etc/rc.d/rc.local 文件,在下面显示的这些行前加上"#",把输出信息的命令注释掉。

  # This will overwrite /etc/issue at every boot. So, make any changes you

  # want to make to /etc/issue here or you will lose them when you reboot.

```
#echo "" > /etc/issue
#echo " $ R" >> /etc/issue
#echo "Kernel $ ( uname -r) on $a$ ( uname -m)" >> /etc/issue
#cp -f /etc/issue /etc/issue.net
#echo >> /etc/issue
```

其次删除/etc 目录下的 issue.net 和 issue 文件:

```
# rm -f /etc/issue
# rm -f /etc/issue.net
```

16. 禁止不使用的 SUID/SGID 程序

如果一个程序被设置成了 SUID root,那么普通用户就可以以 root 身份来运行这个程序。应尽可能的少使用 SUID/SGID 程序,禁止所有不必要的 SUID/SGID 程序。

用下面的命令查找 root 属主程序中 SUID/SGID 程序:

```
# find / -type f ( -perm -04000 -o -perm -02000 ) -exec ls -lg {} \;
```

用下面命令禁止选中的带有"s"位的程序:

```
# chmod a-s [ program ]
```

以上这些都是一些维护系统安全所需要的基本的步骤。要想让系统更加安全,还需要做很多工作,如配置 OpenSSL 等。维护系统的稳定和安全是一个持续的长久的工作,必须时刻跟踪 Linux 安全技术的发展动向,并且实时采用更先进的 Linux 安全工具。

5.2 Windows 安全技术

从 1983 年 Microsoft 公司宣布 Windows 的诞生到现在的 Windows 2003 的推出,Windows 已经走过了 20 多年的历史。Windows 之所以取得成功,主要归功于它友好美观、易学易用的界面设计。而就 Windows 系统本身而言,多任务、丰富的设备无关图形操作、丰富的应用软件开发接口,无疑为 Windows 的推广起到了促进作用。

早期的 Windows 系统,如 Windows 3.x、Windows 95 和 Windows 98,由于设计目的和其他因素的限制几乎无安全性可言。而从以 Windows NT 为内核的系统开始,Microsoft 便为 Windows 系统引入了越来越多的安全特性。

本节主要介绍 Windows NT/2000/XP 中的常用安全技术,最后对 Windows 2003 中新引入的安全技术作了简单说明。

5.2.1 Windows 身份验证与访问控制

1. 基本概念

Windows 系统内置支持用户身份验证(Authentication)和访问控制(Access Control)等安全机制,而身份验证是访问控制的基础。下面介绍与身份验证和访问控制相关的基本概念:

(1) 用户账户(Account)

用户账户是一种参考上下文,操作系统在这个上下文描述符中运行它的大部分代码。换一种说法,所有的用户模式代码在一个用户账户的上下文中运行。即使是那些在任何人都没有登录之前就运行的代码(例如服务)也是运行在一个账户(特殊的本地系统账户 SYSTEM)的上下文中的。如果用户使用账户凭据(用户名和口令)成功通过了登录验证,之后他执行的所有命令都具有该用户的权限。于是，执行代码所进行的操作只受限于运行它的账户所具有的权限。

用户账户分为本地用户账户和域用户账户，本地用户账户用于访问本地计算机，只在本地进行身份验证，存在于本地账户数据库 SAM(Security Account Manager)中，域用户账户用于访问网络资源，存在于活动目录(Active Directory)中。

Windows 系统常用的账户如表 5.1 所示。

表 5.1　　　　　　　　　　　　Windows 系统常用的账户

账户名	注　释
System 或 Local System	本地计算机的全部特权
Administrator	本地计算机的全部特权
Guest	非常有限特权，默认禁止
IUSR_计算机名	IIS 的匿名访问，是 Guests 组成员
IWAM_计算机名	IIS 的进程外应用程序作为这个账户运行，Guests 组成员
TSInternetUser	用于终端服务
Krbtgt	Kerberos 密钥分发中心服务账户，只在域控制器上出现，默认是禁止的

(2) 组(Group)

组是用户账户的一种容器。Windows 2000 具有一些内建的组，它们是预定义的用户容器，也具有不同级别的权限，放到一个组中的所有账户都会继承这些权限。最简单的一个例子是本地的 Administrators 组，放到该组中的用户账户具有本地计算机的全部权限。组也分为本地组和域上的组。

Windows 系统常用的组如表 5.2 所示。

表 5.2　　　　　　　　　　　　Windows 系统常用的组

组　名	注　释
Administrators	成员具有本地计算机的全部权限
Users	本地计算机上全部账户，权限较低
Guests	与 Users 具有相同权限
Authenticated Users	隐藏组，包含所有已登录账户
Backup Operators	没有 Administrators 权限高，但接近
Replicator	用于域中的文件复制
Server Operators	没有 Administrators 权限高，但接近
Account Operators	没有 Administrators 权限高，但接近
INTERACTIVE	包括通过物理控制台或者终端服务登录到本地系统的所有用户

组 名	注 释
Everyone	当前网络所有用户,包括 Guests 和来自其他域的用户
Network	通过网络访问指定资源的用户
Print Operators	没有 Administrators 权限高,但接近

(3) 强制登录(Mandatory Logon)

Windows 2000/XP/2003 是强制登录的操作系统,要求所有的用户使用系统前必须登录,通过验证后才可以访问资源。

(4) 安全标识符(Security Identifiers)

安全标识符又称 SID,每次当我们创建一个账户或一个组的时候,系统会分配给该账户或组一个惟一的 SID(组的 SID 有时亦称为 GSID),当重新安装系统后,也会得到一个惟一的 SID。SID 永远都是惟一的,由计算机名、当前时间、当前用户态线程的 CPU 耗费时间的总和三个参数决定以保证它的惟一性。系统中 SID 以 48 位数字存储,各位的含义如图 5.4 所示。

图 5.4 SID 示例

图中第一项 S 表示该字符串是 SID;第二项是 SID 的编号,对于 Windows 2000 来说,这个数是 1;然后是标志符的颁发机构(identifier authority),对于 Windows 2000 账户,颁发机构就是 NT,值为 5;然后是一系列子颁发机构号,前面几项是标志域的,子颁发机构号的最后部分标志着域内的账户和组;最后一项是 RID(Relative ID),用来解决 SID 的重复问题。

(5) 访问令牌(Access Tokens)

用户通过验证后,登录进程会给用户一个访问令牌,该令牌相当于用户访问系统资源的票证,当用户试图访问系统资源时,将访问令牌提供给 Windows 系统,然后 Windows 检查用户试图访问对象上的访问控制列表。如果用户被允许访问该对象,系统将会分配给用户适当的访问权限。访问令牌是用户在通过验证的时候由登录进程所提供的,所以改变用户的权限需要注销后重新登录,重新获取访问令牌。

(6) 安全描述符(Security Descriptors)

Windows 系统中的任何对象的属性都有安全描述符这部分。它保存对象的安全配置,如图 5.5 所示。

(7) 访问控制列表(Access Control Lists)

访问控制列表有两种,任意访问控制列表(Discretionary ACL)和系统访问控制列表(System ACL),如图 5.6 所示。任意访问控制列表包含了用户和组的列表,以及相应的权限,允许或拒绝。每一个用户或组在任意访问控制列表中都有特殊的权限。而系统访问控制列表是为

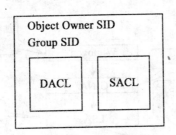

图 5.5 安全描述符

审计服务的,包含了对象被访问的时间。

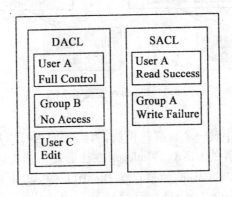

图 5.6 访问控制列表

(8) 访问控制项(Access Control Entries)

访问控制项(ACE)包含了用户或组的 SID 以及对象的权限。访问控制项有两种:允许访问和拒绝访问。拒绝访问的级别高于允许访问。

2. Windows 安全子系统

Windows 安全子系统通过检查对对象(包括文件、文件夹、打印机、I/O 设备、窗口、线程、进程、内存等)的所有访问,以确保应用程序或用户不会在未经适当授权的情况下获得访问权限。Windows 安全子系统(以 Windows NT 为例)包括以下部分:

Windows 登录服务(Winlogon)

图形化标识和验证(Graphical Identification and Authentication, GINA)

本地安全授权(Local Security Authority, LSA)

安全支持提供者接口(Security Support Provider Interface, SSPI)

验证包(Authentication Packages)

安全服务提供者(Security support providers)

网络登录服务(Netlogon Service)

安全账户管理者(Security Account Manager, SAM)

各组成部分的关系如图 5.7 所示。下面分别介绍其功能:

(1) Winlogon and GINA

Winlogon 调用 GINA,并监视安全验证序列。而 GINA 提供一个交互式的界面为用户登录

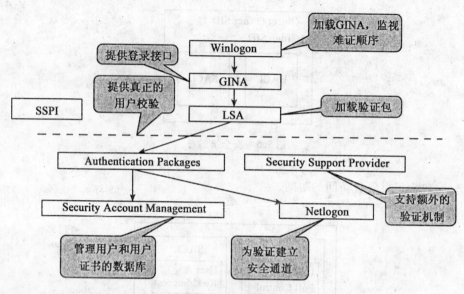

图 5.7 Windows 安全子系统

提供验证请求。GINA 被设计成一个独立的模块,当然我们也可以用一个更加强有力的验证方式(指纹、视网膜)替换内置的 GINA。Winlogon 在注册表中查找 \HKLM\Software\Microsoft\Windows NT\CurrentVersion\Winlogon,如果存在 GinaDLL 键,Winlogon 将使用这个 DLL,如果不存在该键,Winlogon 将使用默认值 MSGINA.DLL。

(2)本地安全授权(LSA)

LSA 是安全子系统的核心,它负责以下任务:

■ 调用所有的验证包,检查在注册表\HKLM\SYSTEM\CurrentControlSet\Control\LSA 中 AuthenticationPackages 键的值,并调用该 DLL 进行验证(MSV_1.DLL)。在 4.0 版里,Windows NT 会寻找\HKLM\SYSTEM\CurrentControlSet\Control\LSA 下所有存在的 SecurityPackages 值并调用;

■ 重新找回本地组的 SID 和用户的权限;

■ 创建用户的访问令牌;

■ 管理本地安装的服务所使用的服务账号;

■ 储存和映射用户权限;

■ 管理审核的策略和设置;

■ 管理信任关系。

(3)安全支持提供者接口(SSPI)

SSPI 遵循 RFC 2743 和 RFC 2744 的定义,提供一些安全服务的 API,为应用程序和服务提供请求安全的验证连接的方法。

(4)验证包(Authentication Package)

验证包可以为真实用户提供验证。通过 GINA 的可信验证后,验证包返回用户的 SID 给 LSA,然后将其放在用户的访问令牌中。

(5)安全支持提供者(SSP)

安全支持提供者是以驱动的形式安装的,能够实现一些附加的安全机制,默认情况下,Windows NT 安装了以下三种 SSP:

■Msnsspc.dll:微软网络挑战/反应验证模块;

■Msapsspc.dll:分布式密码验证挑战/反应模块,该模块也可以在微软网络中使用;

■Schannel.dll:该验证模块使用某些证书颁发机构提供的证书来进行验证,常见的证书机构比如 Verisign。这种验证方式经常在使用 SSL(Secure Sockets Layer)和 PCT(Private Communication Technology)协议通信的时候用到。

(6)网络登录(Netlogon)服务

网络登录服务必须在通过验证后建立一个安全的通道。要实现这个目标,必须通过安全通道与域中的域控制器建立连接,然后,再通过安全的通道传递用户的口令,在域的域控制器上响应请求后,重新取回用户的 SID 和用户权限。

(7)安全账号管理者(SAM)

安全账号管理者是用来保存用户账号和口令的数据库。它保存了注册表中\HKLM\Security\Sam 中的一部分内容。口令在 SAM 中通过单向函数(One-way Function,OWF)加密,以保证安全性。SAM 文件存放在"%systemroot%\system32\config\sam"(在域服务器中,SAM 文件存放在活动目录中,默认地址为"%system32%\ntds\ntds.dit")。

3. 安全参考监视器(SRM)

SRM 负责访问控制和审计策略,由 LSA 支持。SRM 提供客体(文件、目录等)的访问权限,检查主体(用户账户等)的权限,产生必要的审计信息。客体的安全属性由访问控制项(ACE)来描述,全部客体的 ACE 组成访问控制表(ACL)。没有 ACL 的客体意味着任何主体都可以访问。而有 ACL 的客体则由 SRM 检查其中的每一项 ACE,从而决定主体的访问是否被允许。

4. Windows 远程登录身份验证

Windows 远程登录身份验证方式经历了一个发展时期,早期 SMB 验证协议在网络上传输明文口令,安全性得不到保障。后来出现"LAN Manager Challenge/Response"验证机制,简称 LM,它的验证机制也很简单,很容易被破解。后来 Microsoft 提出了 Windows NT 挑战/响应验证机制,称之为 NTLM。现在已经有了更新的 NTLM v2 以及 Kerberos 验证体系。我们重点介绍基于 NTLM 的身份验证过程(如图 5.8 所示)。

①客户机向服务器发出连接请求;

②服务器随机产生一个 8 字节的挑战(challenge),送往客户机;

③服务器和客户机各自使用源自明文口令的 DES key(实际上是明文口令的散列值)分别对 8 字节 challenge 进行加密。客户机将计算结果送往服务器,这就是所谓响应(response),即

$$response = DES(key\ derived\ from\ plaintext\ password,\ challenge)$$

这里使用的是标准 DES 算法。任何知道 key 的人都可以将 response 解密,从而获取 challenge。

④如果响应与服务器的计算结果匹配,服务器认为客户机拥有正确的明文口令。

在整个验证过程中,没有口令通过网络传输,即使是加密形式的口令也没有,从而极大提高了远程登录身份验证的安全性。

5. Windows 访问控制

Windows 系统提供一种强大、灵活的访问控制能力,访问控制由两个实体管理:与每个进程相关联的访问令牌和与每个对象相关联的安全描述符。

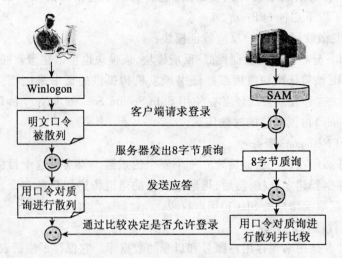

图 5.8　NTLM 安全验证过程

图 5.9(a)显示了访问令牌的通用结构,它包括以下参数:
■安全 ID(SID):在主机中惟一地确定一个用户,通常对应于用户的登录名。
■组 SID(GSID):关于该用户属于哪些组的列表。一组用户的 ID 号基于访问控制的目的被标识为一个组。对一个对象的访问可以基于组 SID、个人 SID 或它们的组合来定义。
■特权:该用户可以调用的一组对安全性敏感的系统服务。大多数用户都没有特权。
■默认的所有者:如果该进程创建了一个对象,这个域将决定该对象的所有者。
■默认 ACL:这是用于保护用户创建的所有对象的初始表。

图 5.9(b)显示了安全描述符的一般结构,它包括以下参数:
■标记:定义了一个安全描述符的类型和内容。
■所有者:该对象的所有者可以在这个安全描述符上执行任何操作。
■系统访问控制表(SACL):确定该对象上的哪些操作可以产生审计信息。应用程序必须在它的访问令牌中具有相应的特权,才可以读或写任何对象的 SACL。
■自由访问控制表(DACL):确定哪些用户和组可以为哪些操作访问该对象。它由一组访问控制项(ACE)组成。

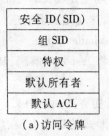

安全 ID(SID)
组 SID
特权
默认所有者
默认 ACL

(a)访问令牌

标记
所有者
系统访问控制表(SACL)
自由访问控制表(DACL)

(b)安全描述符

图 5.9　Windows 2000 访问令牌和安全描述符

Windows 2000 的访问控制过程图如图 5.10 所示。

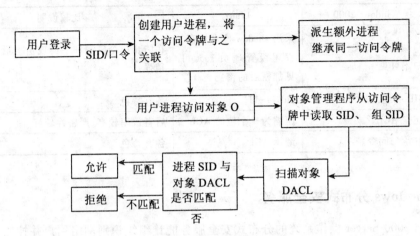

图 5.10　Windows 2000 的访问控制过程图

由于访问控制表是 Windows 2000 访问控制机制的核心,我们来详细分析一下它的结构(见图 5.11)。每个访问控制表由表头和许多访问控制项组成。每一项定义一个账户 SID 或组 SID,访问掩码定义了该 SID 被授予的权限。当进程试图访问一个对象时,系统中该对象的管理程序从访问令牌中读取 SID 和组 SID,然后扫描该对象的 DACL。如果发现有一项匹配,也就是说,如果找到了一个 ACE,它的 SID 与访问令牌中的一个 SID 匹配,那么该进程就具有了该 ACE 的访问掩码所确定的访问权限。

ACL头	ACE头	访问掩码	SID	ACE头	访问掩码	SID	……

图 5.11　Windows 2000 的访问控制列表

表 5.3 是对 Windows 2000 和 Linux 的安全访问控制机制的比较分析,从表中可以看出,在安全访问控制机制上,Linux 系统要比 Windows 2000 系统更加健壮有力。而且由于 Linux 设计上的公开性,使的这个系统即使在某些方面存在着一些漏洞,也将会很快得到修补。

表 5.3　　　　Windows 2000 和 Linux 的安全访问控制机制的比较

比较项	Windows 2000	Linux	比较说明
账号保存	SAM	保存在文本 etc/passwd 中,密码域以 x 代替	各有特色
用户验证	用户 ID/密码,采用 NTLM、Kerveros 和 TLS 等验证协议	用户 ID/密码,采用建立新进程,系统调用的方法	后者简单但有效,前者存在著名的 IPC $ 空连接漏洞,而且保留 Guest 账号,易被黑客利用(进行权限提升),造成破坏

续表

比较项	Windows 2000	Linux	比较说明
密码处理	隐藏在系统文件中，用户不可见	采用 shadow 技术加密，仅超级管理员 root 可见加密后的密码	在防止口令猜测和字典攻击上后者比前者稍强
用户标识	SID 和组 SID	uid 和 gid	各有特色
保护机制	完全 ACL	压缩为 9 个位的 ACL	后者效率较高，严密性较好
权限传递	继承访问令牌	继承 ACL	各有特色

5.2.2　Windows 分布式安全服务

　　Windows 2000 Server 操作系统的分布式安全服务能让组织识别网络用户并控制他们对资源的访问。操作系统的安全模型使用信任域控制器身份验证、服务之间的信任委派以及基于对象的访问控制。其核心功能包括了与 Windows 2000 Active Directory 服务的集成、支持 Kerberos V5 的身份验证协议、验证外部用户的身份时使用公钥证书、保护本地数据的加密文件系统（EFS）及使用 IPSec 来支持公共网络上的安全通信。此外，开发人员可以在自定义应用程序中使用 Windows 2000 安全性元素，且组织可以将 Windows 2000 安全设置与其他使用基于 Kerberos 安全验证的操作系统集成在一起。

　　Windows 2000 Server 不仅通过新的网络技术来协助组织扩展其操作，也通过增强的安全性服务来协助组织保护其信息及网络资源。Windows 2000 分布式安全服务包括以下主要内容：

　　■让用户登录一次即可访问所有企业资源的能力（SSO，Single Sign On）。
　　■强大的用户身份验证及授权能力。
　　■内部和外部资源间的安全通信。
　　■设置及管理必要安全性策略的能力。
　　■自动化的安全性审计。
　　■与其他操作系统和安全协议的互操作性。

　　这些功能是整体 Windows 2000 安全设置架构的重要元素。Windows 2000 安全性基于简单的身份验证和授权模型。身份验证在用户登录时识别用户并将网络连接到服务。经过识别后，用户就会有权对一组特定的网络资源进行访问。授权是通过访问控制机制来进行的，使用存储在 Active Directory 中的数据项以及访问控制表（ACL）来完成，访问控制表定义对象的权限。此安全模型让经过授权的用户在扩展的网络上工作时更为容易，同时也提供强大的保护以对抗攻击。

　　Windows 2000 域中的每台客户机都通过安全地对域控制器验证身份来创建直接信任路径。客户端不可能直接访问网络资源；相反，网络服务创建客户端访问令牌并使用客户端的凭据来执行请求的操作以模拟客户端。Windows 操作系统安全核心，在访问令牌中使用安全性标识符来验证用户是否被授予所需的访问权限。

1. 基本概念

（1）Active Directory

　　Windows 2000 Active Directory 服务在网络安全中扮演重要角色。Windows 2000 Server 和

Windows 2000 Professional 都有安全功能保护存储在个别计算机上的信息。但对于控制网络资源访问的基于策略的安全,组织应该同时使用 Windows 2000 Server 和 Professional 才可发挥 Active Directory 所提供的分布式安全功能的优势。

Active Directory 提供一个中央位置来存储关于用户、硬件、应用程序和网络上数据的信息,这样用户就可以找到他们所需要的信息。它也保存了必要的授权及身份验证信息以确保只有适当的用户才可访问网络资源。此外,Active Directory 与 Windows 2000 安全服务(如 Kerberos 身份验证协议、PKI、EFS、安全性配置管理器、组策略以及委派管理等)紧密集成。此集成允许 Windows 应用程序利用现有安全架构。

与用在 Windows NT Server 操作系统中的平面文件目录不同,Windows 2000 Active Directory 在以表示业务结构的逻辑层次结构中存储信息。这种方式允许更大的增长空间及更简化的管理。为了创建层次结构,Active Directory 使用域、组织单元(OU)及对象来使用户以类似于使用文件夹和文件组织信息的方式,来组织网络资源。

(2)域

域是网络对象(包括组织单元、用户账户、组和计算机,他们都共享与安全性有关的公用目录数据库)的集合。域形成 Active Diectory 内逻辑体系结构的核心单元,因此在安全中扮演重要角色。如果将对象分组到一个或多个域中,网络就可反映公司的组织方式。

较大型的组织可以含有多个域,这种情况下的域层次结构就称为域目录树。第一个创建的域是根域,它是在其下创建的域的父域,其下的域称为子域。若要支持非常大型的组织,可将域目录树链接在一起,形成一种称为目录林的排列。在使用多个域控制器的情况下,Active Directory 会按固定时间间隔复制到域中的每个域控制器上,以使数据库永远同步。

域可标识一个安全机构,并使用一致的内部策略及与其他域间的明确安全性关系形成一个安全边界。特定域的管理员只在本域中有设置策略的权限。这对大型企业的帮助很大,因为不同的管理员可以创建并管理组织中不同的域。

(3)站点

站点是在学习有关 Active Directory 的知识时会碰到的另一个术语。域通常会反映一个组织的商业结构,而站点则通常被用来定义与地理分布有关的 Active Directory 服务器组。这些计算机通常都以高速网络来连接,但它们彼此之间可以有也可以没有逻辑关系。例如,若有一个大型建筑物供一些相对无关的组织使用,则这栋建筑物中的 Active Directory 服务器可以被当作一个站点(即使在这些服务器上所完成的处理是不相关的)。

(4)组织单元

所谓组织单元(OU),是指一个容器,可用它将对象组织成域中的逻辑管理组。OU 可包含对象,如用户账户、组、计算机、打印机、应用程序、文件共享和其他的 OU。

(5)对象

对象包含关于个别项目(如特定用户、计算机或硬件等)的信息(称为属性)。例如,用户对象的属性可能包含姓和名、电话号码和管理器名称。计算机的对象可能包含计算机的位置及访问控制列表,列表中会指定对该计算机拥有访问权限的组和个人。

通过将信息分组到域和 OU 中,可以管理对象集合(如用户组和计算机组)的安全性,而不是逐个管理每个用户和对象。此概念将在下面的"使用组策略来管理安全性"部分作进一步描述。

2. 域间的信任关系

为了让用户登录网络一次就可以使用网络上所有资源,即实现所谓的单一登录能力,Windows 2000 支持域间的信任关系。所谓信任关系，是指一种逻辑关系，这种逻辑关系在域之间建立，用来支持直接传递身份验证，让用户和计算机可以在目录林的任何域中接受身份验证。这让用户或计算机仅需登录网络一次就可以对任何他们有适当权限的资源进行访问。这种穿越许多域的能力说明了传递信任这个术语，它是指跨越一连串信任关系的身份验证。

基于 Windows NT 的网络使用单向、非传递的信任关系。相反，当基于 Windows 2000 的域被组织成目录树时，域间会创建隐含信任关系。这使在中型和大型组织中建立域间的信任关系更为容易。属于域目录树的域定义与目录树中的父域的双向信任关系，而所有域都隐含地信任目录树中的其他域。如果有不应该有双向信任关系的特定域，应该定义明确的单向信任关系，在基于 Windows 2000 和基于 Windows NT 域的网络中，管理员可以创建用在基于 Windows NT 的网络中明确的单向信任关系。对于具有多个域的组织，使用 Windows 2000 比使用 Windows NT 需要明确的单向信任关系总数显著减少，这种改变将大大简化域的管理。传递信任在默认情况下建立于目录树中，这样做之所以有意义，是因为通常是由单个管理员来管理一个目录树。但因为目录林不太可能被单个管理员控制，因此目录林的目录树间的传递信任关系必须特别创建。

为了向后兼容性，在 Windows 2000 中，信任关系通过使用 Kerberos V5 协议及 NTLM 身份验证支持跨域的身份验证。这一点很重要，因为许多组织的基于 Windows NT 的企业域模型非常复杂，具有多个主域和许多资源域，而这些组织发现管理资源域和其主账户域间的信任关系既花费成本又非常复杂。因为基于 Windows 2000 的域目录树支持传递信任目录树，它简化了较大型组织的网络域集成及管理。不过请注意，对于 ACL 不同意授予某些权限的人，传递信任不会自动将这些权限指派给他。传递信任让管理员更容易定义和配置访问权限。

3. 使用组策略管理安全性

组策略设置是配置设置，管理者可用此设置来控制 Active Directory 中对象的各种行为。"组策略"是 Active Directory 一项显著的功能，它让我们以相同的方式将所有类型的策略应用到众多计算机上。例如，可以使用"组策略"来配置安全性选项，管理应用程序，管理桌面外观，指派脚本，以及将文件夹从本地计算机重新定向到网络位置。系统将"组策略"设置在计算机激活时应用于计算机，在用户登录时应用于用户。

可以将"组策略"配置设置与三个 Active Directory 容器相关联：组织单元（OU）、域或站点。与给定的容器相关的"组策略"设置不是影响该容器中所有的用户或计算机，就是影响该容器中特定的对象集合。

可以使用"组策略"来定义广泛的安全性策略。域级策略应用于域中的所有用户并包含如账户策略等信息，例如，最短密码长度或用户多久该更改密码一次。可以指定在较低级别是否可改写这些设置。

在使用"组策略"功能来应用广泛的策略后，可以进一步细化个别计算机上的安全设置。本地计算机安全设置控制想要授予特定用户或计算机的权限和特权，例如可以指定谁可在服务器上进行备份和还原。

4. 身份验证和访问控制

身份验证是系统安全性的基本方面。身份验证是用来确认任何试图登录到域或访问网络资源的用户的身份。Windows 2000 身份验证过程是使单一登录可访问所有网络资源的过程的一部分。使用单一登录，用户可以用单一密码或智能卡登录到域中一次，并可对域中任何计算机进行身份验证。

在基于 Windows 2000 的计算环境中,成功的用户身份验证是由两个单独的过程组成的:交互式登录,这会向域账户或本地计算机确认用户的身份;网络身份验证,这会向用户试图访问的任何网络服务确认用户的身份。

一旦用户账户经过身份验证并可访问对象时,由分配至该用户的权力或附加于对象的许可来决定所授予的访问权限的类型。至于域中的对象,该对象类型的对象管理器会实施访问控制。例如,注册表会对注册表项实施访问控制。

用户在 Active Directory 中有一个 Windows 2000 用户账户,在进行身份验证的过程中,用此账户登录到计算机或域中。此账户会为用户创建一个身份,然后操作系统会使用此身份验证用户的身份并授予访问特定域资源的权限。用户账户还可用做一些应用程序的服务账户。也就是说,服务可被配置成以用户账户登录(身份验证),然后通过该用户账户授予对特定网络资源的访问权限。

就像用户账户一样,Windows 2000 计算机账户提供一种方法来进行身份验证以审核计算机对网络的访问权限及对域资源的访问权限。每一台可以授予访问资源权限的 Windows 2000 计算机都必须有一个惟一的计算机账户。

注意,运行 Windows 98 和 Windows 95 的计算机没有那些运行 Windows 2000 和 Windows NT 的计算机所拥有的高级安全功能,并且在基于 Windows 2000 的域中不能被指派计算机账户。不过,我们可以登录网络并在 Active Directory 域中使用基于 Windows 98 和 Windows 95 的计算机。

当将系统延伸到合作伙伴、供货商和 Internet 上的客户时,系统必须支持多种方法让公司以外的用户证明他们的身份。为了满足这种需求,Windows 2000 支持多种产业标准身份验证机制,包括 X.509 证书、智能卡和 Kerberos 协议。此外,Windows 2000 还支持在 Windows 中使用多年的 NTLM 协议,并为开发生物身份验证机制的厂商提供接口。

5.2.3 Windows 审核(Audit)机制

Windows 安全审核可以用日志的形式记录下与安全相关的事件,可以使用其中的信息来生成一个有规律活动的概要文件,发现和跟踪可疑事件,并留下关于某一侵入者活动的有效证据。

Windows 2000 的默认安装没有打开任何安全审核,要想使用审核功能,需要先进入"我的电脑"→"控制面板"→"管理工具"→"本地安全策略"→"本地策略"→"审核策略"中打开相应的审核。系统提供了九类可以审核的事件,对于每一类都可以指明是审核成功事件、审核失败事件,还是两者都审核。这九类可以审核的事件依次为:策略更改、登录事件、对象访问、过程追踪、目录服务访问、特权使用、系统事件、账户登录事件、账户管理(如图 5.12 所示)。

每一类可审核事件中都包含了许多具体事件,例如账户管理事件中主要有如下具体事件:
(1) 创建账户

事件 ID 624 和 626 识别何时创建和启用账户。如果仅限于为本单位中的特定个人创建账户,那么可以使用这些事件识别是否有未经授权的人员创建了账户。

(2) 更改账户密码

用户本人之外的其他人对密码进行修改,可能表明一个账户已经被另一个用户掌握。应查找表明进行了密码更改尝试并获得成功的事件 ID 627 和 628,以确定账户是否被更改,以及该账户是否为可以重置用户账户密码的服务台或其他服务组的成员。

(3) 更改账户状态

一个攻击者可能试图通过禁用或删除在发动攻击时使用的账户来掩盖踪迹。应该对所有的

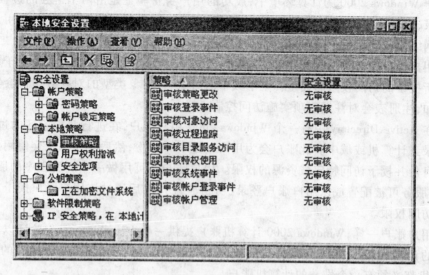

图 5.12　审核策略

ID 629 和 630 的事件进行调查以确保这些事件是经授权的。还要查找事件 ID 626 后面较短的时间内接着发生的事件 ID 629 的情况,可查明有人启用了被禁用的账户然后又将该账户禁用。

（4）对安全组的修改

应该检查对下列组的成员身份进行的更改:域管理员组、管理员组、任一操作员组、自定义全局组、通用组或受到委派承担管理功能的域本地组。对全局组成员身份的修改,请查找事件 ID 632 和 633。对域本地组成员身份的修改,请查找事件 ID 636 和 637。

（5）账户锁定

ID 为 644 的事件将表明账户名被锁定,然后将记录一个 ID 为 642 事件,该事件表明用户账户被更改,以指示该账户现在被锁定。

打开以上的审核后,当有人尝试对系统进行某些方式(如尝试用户密码,改变账户策略,未经许可的文件访问等)入侵的时候,都会被安全审核记录下来,存放在"事件查看器"中的日志中。

审核策略设置完成后,需要重新启动计算机才能生效。这里需要说明的是,审核项目既不能太多,也不能太少。如果太少的话,黑客攻击的迹象可能没有被记录,审核项目如果太多,不仅会占用大量的系统资源,而且还可能很难进行安全日志的分析工作,这样就失去了审核的意义。

要实现对文件和文件夹访问的审核,首先要求审核的文件或文件夹必须位于 NTFS 分区之上,其次必须打开"对象访问"事件审核策略。符合以上两个条件,就可以对特定的文件或文件夹进行审核,并且对哪些用户或组指定哪些类型的访问进行审核。设置的步骤如图 5.13 所示。

①在要审核的文件或文件夹的属性窗口中的"安全"页面上,点击"高级"按钮;

②在"审核"页面上,点击"添加"按钮,选择想对文件或文件夹访问进行审核的用户,单击"确定";

③在"审核项目"对话框中,为想要审核的事件选择"成功"或是"失败"复选框,选择完成后确定即可。

设置了审核策略和审核事件后,审核所产生的结果都被记录到日志中,日志记录了审核策略监控的事件成功或失败执行的信息。为了便于使用,日志被分为六种,分别是应用程序日

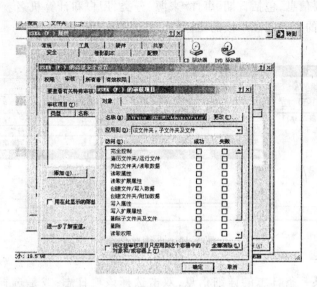

图 5.13　文件或文件夹的审核

志、系统日志、安全日志、目录服务日志、文件复制日志和 DNS 服务日志。前三种是所有安装了 Windows 2000 和 Windows NT 的系统中都存在的,而后三种则仅当安装了相应的服务后才会被提供。下面分别介绍这些日志的功能:

(1) 应用程序日志

应用程序日志记录了应用程序和系统产生的事件。任何厂商开发的应用程序都可以用审核系统将自己注册,并向应用程序日志中写入事件。

(2) 系统日志

系统日志含有操作系统自身产生的事件,以及驱动程序等组件产生的事件。

(3) 安全日志

安全日志含有关于安全事件的信息,其中包括与监视系统、用户和进程和活动的相关的信息,以及关于启动失败等安全服务的信息。

(4) 目录服务日志

目录服务日志含有与目录服务有关的信息。

(5) 文件复制日志

文件复制日志记录了与文件复制有关的事件,这些事件含有服务已经启动或停止,或者服务已经成功完成等信息。

(6) DNS 服务日志

DNS 服务日志含有与域名系统有关的信息,包括 DNS 服务何时启动或停止这样的详细信息,以及与 DNS 区域相关的错误信息或消息。

使用事件查看器可以查看日志的内容或是在日志中查找指定事件的详细信息。基本步骤如下:

① 打开"开始"菜单,指向"程序"→"管理工具"→"事件查看器"。如果"开始"菜单中没有"管理工具",则进入控制面板,打开"管理工具",运行"事件查看器"。

② 在事件查看器窗口的控制台树选择"安全性"。在右边的窗格显示日志条目的列表,以

操作系统安全

及每一条日志的摘要信息,包括日期、事件、来源、分类、用户和计算机名。成功的事件前显示一钥匙图标,而失败的事件则显示锁的图标,如图 5.14 所示。

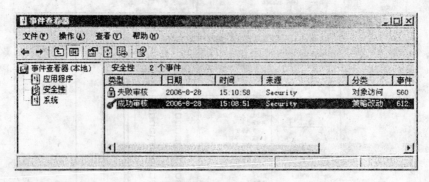

图 5.14 事件查看器

③如果想查看某一条日志的详细信息,双击选择该项日志;或是选择一条日志后,点击"操作"菜单的"属性"项。

④如果要查看某一指定类型的事件,或某一时间段内发生的事件,或某一用户的事件,就需要运用事件查看器的查找功能。具体操作如下:确认控制树中当前选定的项目是"安全性",点击查看菜单的"查找"项。在查找窗口中,选择或输入相应的条件,点击"查找下一个"按钮,符合条件的事件就会在事件查看器的事件列表窗格中显示出来,如图 5.15 所示。

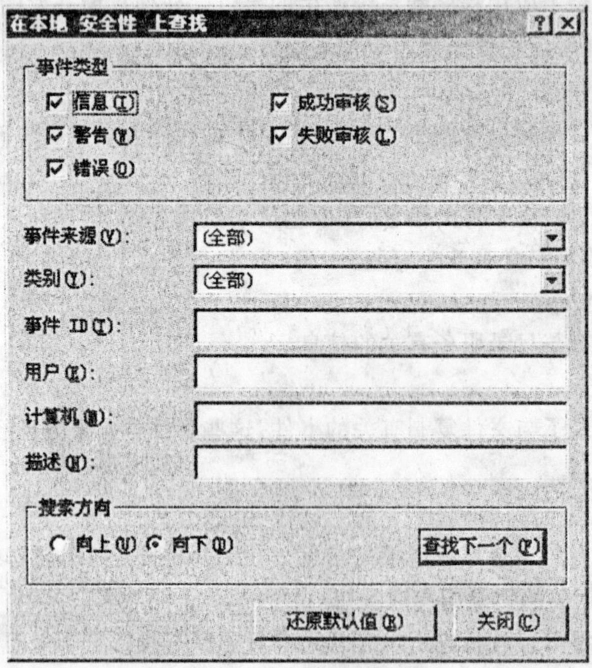

图 5.15 查找审核事件

⑤如果想在事件查看器的事件列表窗格中只列出符合相应条件的事件,这时要用到筛选

功能。具体操作如下：确认控制树中当前选定的项目是"安全性"，点击"查看"→"筛选"。在"筛选器"页面中，选择或输入相应的条件后，点击"确定"按钮，符合条件的事件就会在事件查看器的事件列表窗格中显示出来，如图 5.16 所示。

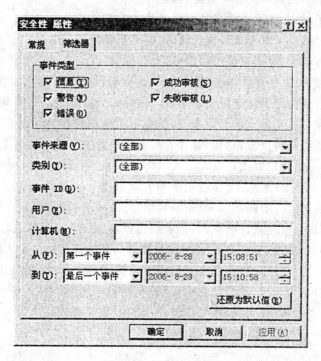

图 5.16　筛选审核事件

⑥随着审核事件的不断增加，安全日志文件的大小也不断增加。日志文件的大小可以从 64KB 到 4GB，默认情况下是 512KB。如何更改日志文件的大小，或当日志文件达到了所设定的大小时，自动进行哪些操作呢？所有这些都可以通过更改日志文件的属性来实现。在事件查看器的控制树选中"安全日志"项，点击"操作"菜单的"属性"项，进入安全日志的属性窗口，在"常规"标签页面上，可以对日志文件的大小进行设置；对于日志文件达到最大尺寸时，用户根据需要可以有以下三种选择：改写事件、改写超过设定天数的事件和不改写事件。

在 Windows 2000 系统中使用审核策略，虽然不能对用户的访问进行控制，但是管理员根据审核结果及时查看安全日志，可以了解系统在哪些方面存在安全隐患以及系统资源的使用情况，从而采取相应的措施将系统的不安全因素减到最低限度，营造一个更加安全可靠的 Windows 2000 系统平台。

5.2.4　Windows 注册表

1. 注册表基础

早期的图形操作系统，如 Windows 3.X 中，对软硬件工作环境的配置是通过对扩展名为 .ini 的文件进行修改来完成的，但 ini 文件管理起来很不方便，因为每种设备或应用程序都得有自己的 ini 文件，并且在网络上难以实现远程访问。为了克服上述这些问题，在 Windows 95 及其后继版本中，采用了一种叫做"注册表"的数据库来统一进行管理，将各种信息资源集中起来并存储各种配置信息。按照这一原则,Windows各版本中都采用了将应用程序和计算机系统全部配置信息容纳在一起的注册表,用来管理应用程序和文件的关联、硬件设备说明、状态属性以及各种状态信息和数据等。注册表与ini文件的不同在于:

- ■注册表采用了二进制形式登录数据;
- ■注册表支持子键,各级子关键字都有自己的"键值";
- ■注册表中的键值项可以包含可执行代码,而不是简单的字串;
- ■在同一台计算机上,注册表可以存储多个用户的特性。

注册表允许对硬件、系统参数、应用程序和设备驱动程序进行跟踪配置,这使得修改某些设置后不用重新启动成为可能。注册表中登录的硬件部分数据可以支持Windows的即插即用特性。当Windows检测到机器上的新设备时,就把有关数据保存到注册表中,另外,还可以避免新设备与原有设备之间的资源冲突。管理人员和用户通过注册表可以在网络上检查系统的配置和设置,使得远程管理得以实现。

注册表采用"键"及其"键值"来描述记录项及其数据。所有的关键字都是以"HKEY"作为前缀开头。关键字可以分为两类:一类是由系统定义,一般叫做"预定义关键字";另一类是由应用程序定义的,根据应用软件的不同,记录项也就不同。我们可以在注册表编辑器(见图5.17)中很方便地添加、修改、查询和删除注册表的每一个关键字。注册表编辑器用树形结构组织注册表中的数据,我们可以将注册表里的内容分为树枝和树叶,树枝下可以有多个树枝,也可以有多个树叶。这个树枝,我们把它叫做"键",树叶叫做"键值"。键值包括三部分:值的名称、值的数据类型和值本身。可以在"开始"→"运行"对话框中输入命令regedit.exe来打开注册表编辑器。

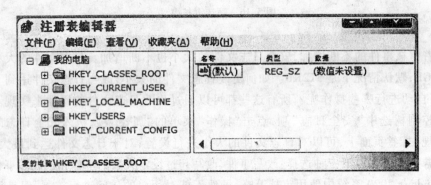

图5.17 注册表编辑器

注册表键值项数据可分为六种类型,如表5.4所示。

表5.4　　　　　　　　　　注册表的数据类型

数据类型	描述
REG_BINARY	原始二进制数据。多数硬件组件信息都以二进制数据存储,而以十六进制格式显示在注册表编辑器中
REG_DWORD	数据由4字节长的数表示。设备驱动程序和服务的很多参数都是这种类型,这些参数在注册表编辑器中是以二进制、十六进制或十进制的格式显示的

续表

数据类型	描述
REG_EXPAND_SZ	长度可变的数据串。该数据类型包含在程序或服务使用该数据时解析的变量
REG_MULTI_SZ	多重字符串。包含列表或多值(其格式可被用户读取)的值通常为该类型。各个值项之间用空格、逗号或其他标记分开
REG_SZ	固定长度的文本字符串
REG_FULL_RESOURCE_DESCRIPTOR	一系列嵌套数组,专用于存储硬件元件或驱动程序的资源列表

下面我们以 Windows 2000/XP 的注册表为例,对系统预定义的五个主关键字简单地介绍一下。

(1) HKEY_CLASSES_ROOT

包含用于各种 OLE 技术和文件类关联数据的信息。该主键由多个子键组成,具体可分为两种:一种是已经注册的各类文件的扩展名,另一种是各种文件类型的有关信息。该主键中记录的是 Windows 操作系统中所有数据文件的信息,主要记录不同文件的文件名后缀和与之对应的应用程序。当用户双击一个文件时,系统可以通过这些信息启动相应的应用程序。例如,bmp 文件在 HKEY_CLASSES_ROOT 中的登记信息如图 5.18 所示。

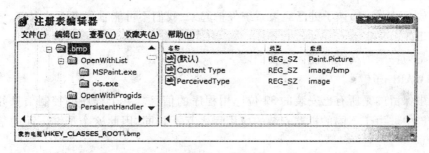

图 5.18 bmp 文件在 HKEY_CLASSES_ROOT 中的登记信息

HKEY_CLASSES_ROOT 主键与当前注册使用的用户有关,它实际上是 HKEY_CURRENT_USER\SOFTWARE\Classes 和 HKEY_LOCAL_MACHINE\SOFTWARE\Classes 的交集。如果两者的内容有冲突,则 HKEY_CURRENT_USER\SOFTWARE\Classes 优先。这个新特性从 Windows 2000 开始引入的,又称为"单用户类注册"(per-user class registration)。单用户类注册有如下好处:

■ 同一台计算机上的不同用户可以分别定制不同的 Windows。例如,用户甲安装了 ACDSee 图形软件,将 bmp 文件与 ACDSee 图形软件建立关联。而用户乙安装了 PhotoShop 图形软件,将 bmp 文件与 PhotoShop 图形软件建立关联,当用户乙双击 bmp 文件时,会自动调用 PhotoShop 图形软件,而不会调用用户甲安装的 ACDSee 图形软件。

■ 提高了注册表的安全性。用单用户类注册,各个用户都有自己的 HKEY_CLASSES_ROOT,不再需要通过修改 HKEY_LOCAL_MACGINE\SOFTWARE\classes 来满足自己的需求,这样系统管理员可以提高 HKEY_LOCAL_MACGINE\SOFTWARE\classes 的权限,禁止普通用户修改它,而各个用户之间更是不能修改对方的 HKEY_CLASSES_ROOT。

■ 支持漫游类注册,在 Windows 2000 引入了一个叫做 IntelliMirror 的功能。通过在服务器和客户端同时使用 IntelliMirror,用户的数据、应用程序和设置在所有的环境中都可以跟随用户漫游,这当然包括了用户的配置文件。当用户登录到域中任意一台运行 Windows 2000 的计算机时,首先要通过目录服务中的身份验证,身份验证通过后,保存在服务器上的用户配置文件(包括注册表中的 HKEY_CLASSES_ROOT)将复制到该计算机上,好像用户在本地计算机登录一样。

(2) KEY_CURRENT_USER

包含当前以交互方式(与远程方式相反)登录的用户的用户配置文件,包括环境变量、桌面设置、网络连接、打印机和程序首选项。该主键指向 HKEY_USERS 中的当前用户的安全 ID 子键。

(3) HKEY_LOCAL_MACHINE

HKEY_LOCAL_MACHINE 主键中存放的内容用来控制系统和软件的设置。由于这些设置是针对所有使用 Windows 系统的用户而设置的,是一个公共配置信息,所以它与具体用户无关。该根键下面包含了五个子键:

■ HARDWARE 子键

该子键包含了系统使用的浮点处理器、串口等有关信息。在它下面存放一些有关超文本终端、数字协处理器和串口等信息。

■ SAM 子键

用来存放 SAM 信息,该子键已经被系统保护起来,我们不可能看到里面的内容。

■ SECURITY 子键

该子键是为将来的高级功能而预留的。

■ SOFTWARE 子键

该子键中保留的是所有已安装的 32 位应用程序的信息。各个程序的控制信息分别安装在相应的子键中。由于不同的机器安装的应用程序互不相同,因此这个子键下面的信息会有很大的差异。

■ SYSTEM 子键

该子键存放的是系统启动时所使用的信息和修复系统时所需的信息,其中包括各个驱动程序的描述信息和配置信息等。SYSTEM 子键下面有一个 CurrentControlSet 子键,系统在这个子键下保存了当前的驱动程序控制集的信息。

(4) HKEY_USERS

在 Windows 中,用户可以根据个人爱好设置诸如桌面、背景、开始菜单程序项、应用程序快捷键、显示字体、屏幕节电等,这些设置信息均可以在这个主键中找到。该主键中的大部分设置都可以通过控制面板来修改。如果用户登录到系统中,而没有预定义的登录项,则采用本关键字下面的". DEFAULT"子键。

(5) HKEY_CURRENT_CONFIG

本主键包含的主要内容是计算机的当前配置情况,如显示器、打印机等可选外部设备及其配置信息,而且这些配置信息均将随着当前连接的网络类型、硬件配置以及应用软件的安装不同而有所变化。如果你在 Windows 中设置了两套或者两套以上的硬件配置文件,则在系统启动时将会让用户选择使用哪套配置文件。而 HKEY_CURRENT_CONFIG 主键中存放的正是当前配置文件的所有信息。

2. 注册表的备份和恢复

可以通过修改注册表配置来改善系统性能、增强系统的安全性。需要特别指出的是,由于注册表中存放的某些信息对系统运行来说是至关重要的,一旦在修改过程中出现误操作,有可能带来致命的问题,所以在修改注册表前一定要先备份。备份方法如下:单击"开始"下的"运行",输入 regedit 后按"确定",启动注册表编辑器,打开"文件"菜单里的"导出…"菜单项,在对话框中输入文件名,默认的后缀名为.reg。当然,为了阅读方便,可以选择.txt 的文件类型,然后按"确定",这样就将全部注册表或个别的分支保存到一个文件中了,如图 5.19 所示。如果在以后的过程中遇到了问题,我们可以选"文件"菜单里的"导入"菜单项,将保存的注册表文件导入到注册表编辑器中,这样就能重建注册表。

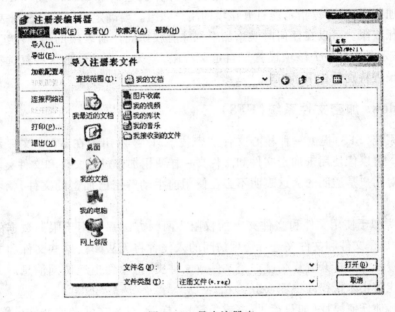

图 5.19 导出注册表

3. 注册表安全

注册表中包含有关计算机及其应用程序和文件的敏感数据。恶意用户可以通过修改注册表造成计算机的严重损坏。因此,保证注册表的高度安全至关重要。默认情况下,注册表的安全级别是比较高的。只有管理员才对整个注册表拥有完全访问权限,其他用户通常仅对与各自用户账户相关的注册表项(包括 HKEY_CURRENT_USER)拥有完全访问权限,而对与计算机及其软件相关的注册表项仅拥有只读访问权限。用户无权访问与其他用户账户相关的注册表项。对给定注册表项拥有适当权限的用户可以修改该项及其子项的权限。给注册表项指派权限的基本操作步骤如下:

① 打开注册表编辑器。
② 单击想要指派权限的项。
③ 单击"编辑"菜单上的"权限"。
④ 按如下所示给所选项指派访问级别:

■ 要授予用户读取该项内容的权限,但不保存对文件的任何更改,请在"名称的权限"下面,选中"读取"的"允许"复选框。

■要授予用户打开、编辑所选项和获得其所有权的权限,请在"名称的权限"下面,选中"完全控制"的"允许"复选框。

■要授予用户对所选项的特别权限,请单击"高级"。

⑤如果要给子项指派权限,并希望指派给父项的可继承权限能够应用于子项,请单击"高级"并选中"允许父项的继承权限传播到该对象和所有子对象。包括那些在此明确定义的项目"复选框。

注意,要修改注册表项,必须具有适当的权限。要在更改需要管理凭据的注册表项时保证安全性,请以 Users 组成员身份登录,以管理员身份运行 regedit,方法是右键单击"regedit"图标,单击"运行方式",并单击本地 Administrators 组中的某个账户。默认情况下,在"开始"菜单中不显示"regedit"图标。要找到该图标,请打开计算机上的 Windows 或 WINNT 文件夹。如果你拥有注册表项,就可以指定能打开该项的用户和组。要确定可以打开注册表项的用户,需要给他们指派权限。可以在任何时候添加或删除有权访问注册表项的用户或组。"特别的权限"复选框表示是否已经为该项设置了自定义权限,但无法通过单击这些复选框来设置特别的权限。要设置特别的权限,请单击"高级"。

5.2.5 Windows 加密文件系统(EFS)

文件加密系统(EFS)提供一种核心文件加密技术,该技术用于在 NTFS 文件系统上存储已加密的文件。可以像使用未加密文件和文件夹一样使用加密过的文件和文件夹。

加密过程对用户是透明的。这表明不必在使用前手动解密已加密的文件,就可以正常打开和更改文件。

使用 EFS 类似于使用文件和文件夹上的权限。两种方法都可用于限制数据的访问。然而,未经许可对加密文件和文件夹进行物理访问的入侵者将无法阅读这些文件和文件夹中的内容。如果入侵者试图打开或复制已加密文件或文件夹,将收到拒绝访问消息。文件和文件夹上的权限不能防止未授权的物理攻击。

正如设置其他任何属性(如只读、压缩或隐藏)一样,通过为文件夹或文件设置加密属性,可以对文件夹或文件进行加密和解密。如果加密一个文件夹,则在加密文件夹中创建的所有文件和子文件夹都自动加密。推荐在文件夹级别上加密。

在使用加密文件和文件夹时,以下几点值得注意:

■只有 NTFS 文件系统上的文件或文件夹才能被加密。

■不能加密压缩的文件或文件夹。

■如果将加密的文件复制或移动到非 NTFS 格式的卷上,该文件将会被解密。

■如果将非加密文件移动到加密文件夹中,则这些文件将在新文件夹中自动加密。然而,反向操作则不能自动解密文件。文件必须明确解密。

■无法加密标记为"系统"属性的文件,并且位于%SYSTEMROOT%目录结构中的文件也无法加密。

■加密文件或文件夹不能防止删除或列出文件或目录。具有合适权限的人员可以删除或列出已加密文件或文件夹。因此,建议结合 NTFS 权限来使用 EFS。

■在允许进行远程加密的远程计算机上可以加密或解密文件和文件夹。然而,如果通过网络打开已加密文件,通过此过程在网络上传输的数据并未加密。必须使用诸如 SSL/TLS(安全套接字层/传输层安全)或 IPSec 等其他协议在线加密数据。但 WebDAV(Web 分布式创作和版本控制)可在本地加密文件并采用加密格式发送文件。

由于 EFS 与文件系统集成在一起,所以它易于管理、难以被攻击,而且对用户完全透明。这对于保护易被盗窃的计算机(如便携计算机)上的数据非常有用。

EFS 采用对称加密技术和非对称加密技术来加密文件,每个文件都有一个惟一的文件加密密钥(用对称加密技术),用于以后对文件数据进行解密。文件的加密密钥本身是加密的(用非对称加密技术),通过与用户的 EFS 证书对应的公钥进行保护。文件加密密钥同时也被其他每个已被授权解密该文件的 EFS 用户的公钥和每个故障恢复代理的公钥所保护。

加密过程中所使用的 EFS 证书和私钥可以由许多来源颁发,包括自动生成的证书、Microsoft 证书颁发机构(CA)创建的证书或第三方 CA 创建的证书。加密私钥安全地保存在受保护的密钥存储区,而不是保存在"安全账户管理器(SAM)"或单独的目录中。

使用 EFS 加密文件的过程如图 5.20 所示。首先确认文件系统为 NTFS,然后右键单击要加密的文件或文件夹,然后单击"属性"。在"常规"选项卡上,单击"高级"。选中"加密内容以便保护数据"复选框,然后单击"确定"。在"属性"对话框中,单击"确定",然后执行下列操作之一:要加密文件及其父文件夹,在"加密警告"对话框中,单击"加密文件及其父文件夹";要只加密文件,在"加密警告"对话框中,单击"只加密文件";要只加密文件夹,在"确认属性更改"对话框中,单击"仅将更改应用于该文件夹";要加密文件夹及其子文件夹和文件,在"确认属性更改"对话框中,单击"将更改应用于该文件夹、子文件夹和文件"。

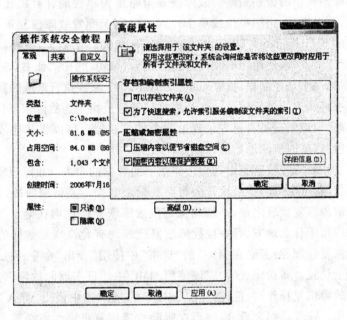

图 5.20 用 EFS 加密文件夹

要解密一个用 EFS 加密的文件,首先要对文件加密密钥进行解密。当用户的私钥与公钥匹配时,文件加密密钥就被解密。原始用户并非惟一能对文件加密密钥进行解密的人,其他被指派的用户或恢复代理也可以使用他们自身的私钥来解密文件加密密钥。文件的解密过程如下:右键单击加密文件或文件夹,然后单击"属性";在"常规"选项卡上,单击"高级"。然后清

操作系统安全

除"加密内容以便保护数据"复选框即可。在对文件夹解密时,系统将询问是否要同时将文件夹内的所有文件和子文件夹解密。如果选择仅解密文件夹,则解密文件夹中的加密文件和子文件夹仍保持加密。但是,在已解密文件夹内创立的新文件和子文件夹将不会被自动加密。

也可以用 cipher 命令以命令行方式加密或解密文件或文件夹。现举数例说明:要对 monthlyreports 文件夹和其所有子文件夹进行加密,可键入

  cipher /e /s:monthlyreports

选项/e 表示加密指定的文件夹,文件夹做过标记后,以后添加到该文件夹的文件也将被加密。如果只想加密 may 子文件夹中的 marketing.xls 文件,可键入

  cipher /e /a monthlyreports\may\marketing.xls

选项/a 表示执行文件和目录操作。要确定 may 文件夹中哪些文件已加密,可键入

  cipher monthlyreports\may\ *

在不带参数的情况下,cipher 将显示当前文件夹及其所含文件的加密状态。cipher 命令的应用细节请参阅其帮助文档。

当雇员离开公司后需要恢复雇员加密的数据,或者当用户丢失私钥时,数据恢复非常重要。通过作为系统整个安全策略一部分的 EFS 可进行数据恢复。例如,如果由于磁盘故障、火灾或其他原因永久丢失文件加密证书和相关私匙,指定为故障恢复代理的人员可以恢复数据。在商务环境中,当雇员离开公司之后,公司可以恢复雇员加密的数据。

EFS 使用故障恢复策略提供内置数据恢复。"故障恢复策略"是为指定为故障恢复代理的一个或多个用户账户提供的公钥策略。故障恢复策略是为单独的计算机在本地配置的;对于网络中的计算机,可以在域、组织单位或单个计算机级别上配置故障恢复策略,并将其应用策略应用到的所有的基于 Windows XP 和 Windows Server 2003 家族的计算机。证书颁发机构(CA)颁发故障恢复证书,可以使用 Microsoft 管理控制台(MMC)中的"证书"来管理它们。

在域中,当设置第一个域控制器时,Windows Server 2003 家族执行该域的默认故障恢复策略。自行签署的证书将颁发给域管理员。该证书将域管理员指定为故障恢复代理。要更改域的默认故障恢复策略,请以管理员身份登录到第一个域控制器。可以将其他故障恢复代理添加到本策略中,并且可以随时删除原始故障恢复代理。

故障恢复代理是指获得授权解密由其他用户加密的数据的个人。故障恢复代理无需该角色的任何其他功能权限。例如,当雇员离开公司而其剩余数据需要解密时故障恢复代理非常有用。在为域添加故障恢复代理之前,必须确保每位故障恢复代理均获得了 X.509 v3 证书。无论故障恢复策略应用于什么地方,每一位故障恢复代理均有允许恢复数据的专门证书和相关私钥。作为故障恢复代理,要务必在 MMC 的"证书"中使用"导出"命令,将故障恢复证书和相关私钥备份到安全位置。备份完成后,应该使用 MMC 中的证书删除故障恢复证书。然后,在需要为用户执行故障恢复操作时,应该首先从 MMC 的"证书"中使用"导入"命令还原故障恢复证书和相关私钥。恢复数据之后,应该再次删除故障恢复证书。不必重复导出过程。要对域添加故障恢复代理,请将它们的证书添加到现有的故障恢复策略中。注意,已经添加和删除的故障恢复代理信息不能在现有 EFS 文件上自动更新。这些文件中的信息在下一次访问文件时更新。新文件始终使用当前的故障恢复代理信息。

5.2.6 Windows 基准安全注意事项

本小节介绍 Windows 2000 服务器安全配置中应注意的一些基本问题,借此对上面介绍的

Windows 安全知识作一下总结。

1. 验证所有磁盘分区是否都用 NTFS 格式化

NTFS 分区提供访问控制和保护功能，这些都是 FAT，FAT32 文件系统所无法提供的。要确保服务器上的所有分区都使用 NTFS 格式化。如果有必要，可使用转换实用程序在不损坏数据的前提下将 FAT 分区转换为 NTFS，具体做法如下，在命令提示符窗口中，输入

   convert <驱动器盘符>：/fs：ntfs

例如，convert D：/fs：ntfs 命令将在不损坏数据的前提下采用 NTFS 格式对驱动器 D 进行格式化。可以通过这条命令将 FAT 或 FAT32 格式的文件系统转换为 NTFS 格式。

注意，一旦将某个驱动器或分区转换为 NTFS 格式，便无法将其恢复回 FAT 或 FAT32 格式。如需返回 FAT 或 FAT32 格式，必须对驱动器或分区进行重新格式化，并从相应分区上删除包括程序及个人文件在内的所有数据。另外，在 Windows 2000 中，convert 把转换后的驱动器的 ACL 设置为"Everyone：完全控制"。

2. 禁用不必要的服务

在讨论 Linux 系统安全时，我们指出了如何禁用不必要服务的方法。同样，在安装 Windows 2000 Server 之后，应该禁用服务器角色不需要的任何网络服务。

要在域中所有或一组 Windows 2000 平台上启用或禁用服务，需要设置域安全策略。对于域控制器上的设置，使用域控制器安全策略界面。可以通过计算机管理界面、本地安全策略界面或使用 secedit.exe 的安全模板，设置单独 Windows 2000 平台上的本地设置。

为域或域控制器禁用不需要的服务的基本步骤如下：根据需要打开"域安全策略"或"域控制器安全策略"；展开"安全设置"，然后单击"系统服务"；从右侧窗格中，选择要禁用的服务；右键单击选定的服务，然后选择"安全"；在"安全策略设置"对话框中，选中"定义这个策略设置"项，然后选择"已停用"选项按钮；最后单击"确定"。其过程如图 5.21 所示。

图 5.21　禁用域控制器上的服务

在独立服务器或工作组的 Windows 2000 Server 或 Professional 操作系统上本地禁用不需要的服务的基本步骤如下:打开"计算机管理"界面;在控制台树中,展开"服务和应用程序",然后选择"服务";从右侧窗格中,选择要禁用的服务。右键单击选定的服务,然后选择"属性";选定服务的"属性"对话框出现。从"启动类型:"下拉菜单中,选择"已禁用";最后在"服务状态:"下,选择"停止",单击"确定"。其过程如图 5.22 所示。

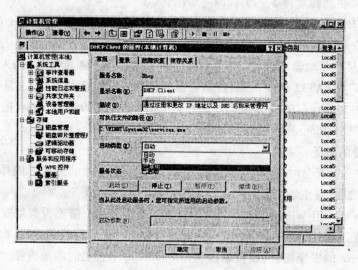

图 5.22 禁用本地计算机上的服务

还应该避免在服务器上安装应用程序,除非它们对于该服务器的功能绝对有必要。例如,不要安装电子邮件客户端程序、办公工具或其他实用程序,它们对于服务器完成其工作并非确实需要。

表 5.5 列出了在安全 Windows 2000 计算机上基本的系统服务。

表 5.5   安全的 Windows 2000 计算机可接受的服务

警 报 服 务	网 络 连 接
自动更新	NTLM 安全支持提供程序
COM + 事件系统	即插即用
计算机浏览器	打印后台处理程序
DHCP 客户端	经过保护的存储
DHCP 服务器	远程过程调用(RPC)
分布式文件系统(DFS)	远程注册表服务
分布式链接跟踪客户端	可移动存储
分布式链接跟踪服务器	RunAs 服务
DNS 客户端	安全账户管理器
DNS 服务器	服务器服务

续表

警 报 服 务	网 络 连 接
事件日志	系统事件通知
文件复制服务	任务计划程序
IIS 管理服务(仅在 Web 服务器上)	TCP/IP NetBIOS Helper 服务
索引服务(仅在需要文件索引的系统上)	电话服务
	终端服务(仅服务器)
站点间消息传递	Windows Internet 名称服务（WINS）
IPSec 策略代理	Windows Management Instrumentation
Kerberos 密钥分布中心	Windows Management Instrumentation
许可证记录服务	驱动程序扩展
逻辑磁盘管理器	Windows 时间
逻辑磁盘管理器管理服务	工作站
Messenger	只能在真实的 IIS 服务器上启用万维网发布服务、简单邮件传输服务、NNTP 服务和 FTP 服务。确保在所有其他计算机上禁用或卸载这些服务。
Net Logon	

3. 禁用或删除不必要的账户

应该在"计算机管理"管理单元中检查系统上的活动账户列表(对于用户和应用程序)，并禁用任何非活动账户和删除不再需要的账户。

4. 确保禁用来宾账户

默认情况下，在运行 Windows 2000 Server 系统上禁用来宾账户。如果启用了来宾账户，则请将它禁用。

5. 防止注册表被匿名访问

默认权限不限制对注册表的远程访问。只有管理员才应该对注册表具有远程访问权限，因为默认情况下 Windows 2000 注册表编辑工具支持远程访问。若要限制对注册表的网络访问，将下列项添加到注册表(如果原来注册表中没有的话)：

配置单元：HKEY_LOCAL_MACHINE \SYSTEM

项：\CurrentControlSet\Control\SecurePipeServers

值名称：\winreg

选择 winreg，单击"安全"菜单，然后单击"权限"。将管理员权限设置为"完全控制"，确保不会列出其他用户或组，然后单击"确定"。对该项设置的访问控制列表(ACL)定义哪些用户或组可连接到系统，以便远程访问注册表。另外，AllowedPaths 子项包含"Everyone"组的成员有权访问的项的列表(如图 5.23 所示)，尽管 winreg 项中有 ACL。这允许特定的系统功能(如检查打印机状态)能正确地工作，无论如何通过 winreg 注册表项设置访问限制。AllowedPaths

注册表项上的默认安全只授予管理员管理这些路径的权力。

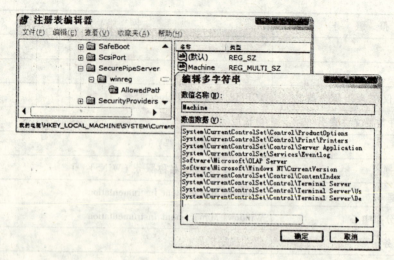

图 5.23　设置注册表管理权限

6. 限制对本地安全授权(LSA)信息进行访问

必须能够识别系统上的所有用户,因此应该限制匿名用户,以使他们可以获得的有关 Windows 安全子系统的 LSA 组件的公用信息量减少。若要实现此限制,请创建和设置下列注册表项:

配置单元:HKEY_LOCAL_MACHINE \SYSTEM

项:CurrentControlSet\Control\LSA

值名称:RestrictAnonymous

类型:REG_DWORD

值:1

7. 设置密码策略

密码策略决定了密码的设置,如生存期等。密码策略直接决定着账户的安全性,设置密码策略的基本步骤如下:对于独立服务器或本地计算机,可在"运行"对话框中输入命令"secpol.msc"打开"本地安全设置",单击"账户策略"下的"密码策略",即可查看当前的密码策略并作修改。对于域或域控制器,可通过组策略对象(GPO),安全配置编辑器(SCE)或者本地安全策略打开适用的安全策略,展开"安全设置";在"安全设置"中,展开"账户策略"显示"密码"、"账户锁定"和"Kerberos"策略;单击"密码策略",右侧的详细信息窗格即显示可配置的密码策略设置。推荐的密码策略如下:

(1)设置密码历史要求

安全目标:设置重复使用密码的频率限制。设置此值时,将会对比新的密码和所设定数量的早期密码,并在新密码与现有密码匹配时拒绝所进行的密码更改。注意,这是在不存储明文密码的情况下进行的。

步骤:双击右侧的详细信息窗格中的"强制密码历史",打开相应的"安全策略设置"对话框;对于域级别的策略,请选中"定义这个策略设置";更改"记住的密码"字段中的数字(最高值为24),以反映系统将记忆的密码的数量。

建议:将此值设置为24。

原因:此设置可确保用户无法复用密码(无论是意外还是故意),从而提高密码的安全性。这可提高攻击者进行密码攻击时盗用的密码无效的概率。

(2)设置密码最长使用期限

安全目标:设置用户在不得不修改密码前可以使用该密码的时间。

步骤:双击右侧详细信息窗格中的"密码最长使用期限",打开相应的安全策略设置对话框;对于域级别的策略,请选中"定义这个策略设置"框;将"天"字段中的数字更改为所需的数字。

建议:70天。

原因:这可以通过确保用户定期更换密码来提高密码的安全性。建议的设置可防止用户因为不得不频繁更改密码而遗忘密码。

(3)设置密码最短使用期限

安全目标:设置用户可更改密码前必须使用该密码的时间。

步骤:双击右侧详细信息窗格中的"密码最短使用期限",打开相应的"安全策略设置"对话框;对于域级别的策略,请选中"定义这个策略设置"框;将"天"字段中的数字更改为所需的数字。

建议:2天。

原因:此设置强制用户使用新密码一段时间后才可以重置,有助于用户记忆新密码。这还可防止用户通过迅速设置25个新密码来规避密码历史。

(4)设置最短密码长度

安全目标:设置用户密码所需的最少字符数。

步骤:双击右侧详细信息窗格中的"最短密码长度",打开相应的"安全策略设置"对话框;对于域级别的策略,请选中"定义这个策略设置"框;将"字符"字段中的数字更改为所需的数字。

建议:8个字符。

注意,密码中每增一个字符,都将按指数级提升密码的安全性。如果要求最少8个字符,则安全性较弱的LMHash也将增强很多,这使破解者必须破解LMHash的全部两个7字节部分,而不是其中一个。如果密码是7个字节或更少,则LMHash的第二部分将具有一个特定的值,破解者可以通过该值判断密码短于8个字符。也有人认为8字符的密码没有7字符密码安全,原因是LMHash的存储方式。在8字符密码中,破解者只需在测试密码第一部分时测试第二部分。但是,测试密码的全部两部分会使破解者不得不增加七分之一的尝试次数,这将显著增加破解密码所需的时间。较长的密码始终更好一些,如果未存储LMHash值,8字符密码比7字符密码安全得多。推荐使用短密码而不是长密码是错误的。

(5)设置密码复杂性要求

安全目标:要求使用复杂(强)密码。该策略强制要求至少使用以下四个字符集中的三个:①大写字母;②小写字母;③数字;④非字母数字字符。

建议:启用密码复杂性。

原因:对于防止密码猜测和密码破解来说,密码复杂性至关重要。

(6)启用密码可逆加密

安全目标:此设置旨在降低那些要求特定类型向后兼容性的环境的安全性。某些方案要求提供用户的明文密码。此时,启用此设置将能够获取明文密码。

建议:不要启用此设置。请确保默认的"禁用"设置仍被强制。

8. 设置账户锁定策略

Windows 2000 包含一项账户锁定功能,将在管理员指定的登录失败次数之后禁用账户。为确保最佳的安全,请启用在 3 到 5 次尝试失败之后锁定,在不少于 30 分钟之后复位计数器,并将锁定时间设置为"永久(直到系统管理员解除锁定)"。

Windows Resource Kit 包括一个用于调整一些账户属性的工具,这些属性通过普通的管理工具不可访问。此工具名为 passprop.exe,用于锁定管理员账户,该命令的/adminlockout 参数用于锁定管理员账户。

在现在的操作系统管理中一般不推荐使用账户锁定策略,其原因如下。首先,如果按以上所述配置了密码策略,账户锁定就是不必要的,因为任何攻击者都不能在一段合理的时间内猜出密码。在仅使用大小写字母与数字,用户不使用词典单词并仅附加一个数字的情况下,如果每次猜测需要半秒钟时间,猜到密码要花 3 461 760 年。由于密码会定期更改,攻击者猜到密码的可能性非常小。事实上,如果每隔 70 天更改密码,攻击者将需要相当于 52 000 条 T3 传入被攻击系统的线路,才能在密码过期前猜到一个随机的密码(当然,需要假定该密码不是词典单词)。换句话说,如果密码很弱,攻击者能在十次尝试内猜到,那么问题并不在于账户锁定策略,而是弱到极点的密码。此外,启用账户锁定策略会大大增加由于用户忘记关闭大写锁定键或类似问题而将自己账户意外锁定而引起的技术支持工作量。当要求用户使用复杂密码时,很有可能发生这种情况,这也是复杂密码的一大缺点。另一种比因账户锁定造成技术支持工作量增加更坏的情况是,因攻击者锁定服务账户而对网络造成影响。这种情况下,服务将无法启动。如果服务由于账户锁定而无法启动,本身并不会重新尝试启动该服务,管理员需要在锁定期限过后在该系统上手动启动该服务。在所有环境都应使用漏洞扫描程序。但是,漏洞扫描程序通常只测试少量常用的密码,如果使用了账户锁定策略,扫描程序每次扫描网络时,都会锁定所有的账户。这对系统可用性将造成意料之外的影响。此外,默认情况下的账户锁定并不能保护攻击者最可能攻击的账户:Administrator 账户。虽然有可能获取系统上其他管理账户的列表,但大多数攻击者都会尝试对明显的账户(如默认的 Administrator 账户)使用密码猜测攻击。要对 Administrator 账户启用锁定,必须使用 Resource Kit 中的 passprop.exe 实用程序。最后,由于可以使用防火墙将不受信任的网络阻止到 Windows 网络之外,密码猜测仅可以从受信任的网络发起。在受信任的网络中,密码猜测攻击的发起者可以通过跟踪登录企图轻松找到并对付。

账户锁定有一种潜在功能,即提醒管理员正在发生密码猜测攻击。但是,应当使用入侵检测系统来检测这种情况。不应使用账户锁定策略来代替真正的入侵检测系统。但在需要账户锁定的警示功能的环境中,可以分别将阈值和计时器设置为 50 和 30 分钟。

9. 配置管理员账户

由于管理员账户内置到每一 Windows 2000 副本中,因此为攻击者提供了熟知的目标。为了使攻击者不容易攻击管理员账户,对每一台服务器上的域管理员账户和本地管理员账户执行下列操作:

将账户重命名为非明显的名称(例如,不是 admin、root 等)。

建立一个名为 Administrator 而没有特权的假账户。定期扫描事件日志,寻找使用此账户的企图。

通过使用 passprop 实用程序,对真实的管理员账户启用账户锁定。

禁用本地计算机的管理员账户。

删除所有不必要的文件共享,系统上的所有不必要的文件共享都应该删除,以防止可能的信息泄露,并防止怀恶意的用户利用共享作为进入本地系统的入口。

对所有必要的文件共享设置适当的 ACL,默认情况下,所有用户都具有对新创建的文件共享的"完全控制"权限。对系统上所有需要的共享都应该设置 ACL,以使用户具有适当的共享级别访问权限(例如,Everyone = 读取)。注意,除了共享级别权限外,还必须使用 NTFS 文件系统来对单独的文件设置 ACL。

10. 安装防病毒软件和更新

安装防病毒软件并及时更新病毒库非常重要。

11. 安装最新的 Service Pack

针对 Windows 的每个 Service Pack 都包含以前版本的 Service Pack 中的所有安全修补程序。建议跟踪 Service Pack 版本,只要运行情况允许,就安装正确的 Service Pack。针对 Windows 2000 的当前 Service Pack 是 SP4,位于

http://www.microsoft.com/windows2000/downloads/servicepacks/sp4/

12. 安装适当的 Service Pack 后的安全修补程序

Microsoft 通过其安全通告服务发布安全通告。当这些通告建议安装安全修补程序时,应该及时下载修补程序,并在成员服务器上安装。

13. 补充安全设置

还有其他这里没有涉及的安全功能,在保护运行 Windows 2000 的服务器安全时应加以利用。例加密文件系统(EFS)、Kerberos、IPSec、PKI、IE 安全等,具体内容请参考相关资料。

5.2.7 Windows 2003 中的新安全技术简介

现在我们简单介绍一下 Windows 2003 Server 增强的安全机制。Windows 2003 Server 中提高安全性的新特性随处可见,但这里我们只介绍大多数 Windows 用户和管理员最关心的地方,借此感受一下 Windows Server 2003 新的安全机制。

1. NTFS 和共享权限

在以前的 Windows 中,默认的权限许可将"完全控制"授予了 Everyone 组,整个文件系统根本没有安全性可言(就本地访问来说)。但从 Windows XP Pro 开始,这种情况改变了。

授予 Everyone 组的根目录 NTFS 权限只有读取和执行,且这些权限只对根文件夹有效。也就是说,对于任何根目录下创建的子文件夹,Everyone 组都不能继承这些权限。对于安全性要求更高的系统文件夹,例如 Program Files 和 Windows 文件夹,Everyone 组也已经从 ACL 中排除出去。Users 组除了读取和运行之外,还能够在子文件夹下创建文件夹(可继承)和文件(注意,根驱动器除外)。授予 System 账户的权限和本地 Administrators 组成员的权限仍未改变,它们仍拥有对根文件夹及其子文件夹的完全控制权限。CREATOR OWNER 仍被授予子文件夹及其包含的文件的完全控制权限,也就是允许用户全面管理他们自己创建的子文件夹。

对于新创建的共享资源,Everyone 现在只有读取的权限。

另外,Everyone 组现在不再包含匿名 SID,进一步减少了未经授权访问文件系统的可能性。要快速查看文件或文件夹的 NTFS 权限,可以用右键点击文件或文件夹,选择"安全"选项卡,点击"高级",然后查看"有效权限"页,不用再猜测或进行复杂的分析来了解继承的以及直

接授予的 NTFS 权限。不过,这个功能还不能涵盖共享权限。

2. 文件和文件夹的所有权

在 Windows 2003 Server 中,用户不仅可以拥有文件系统对象(文件或文件夹)的所有者权限,而且还可以通过该文件或文件夹"高级安全设置"对话框的"所有者"选项卡将权限授予任何人。

Windows 的磁盘配额是根据所有者属性计算的,授予其他人所有者权限的功能简化了磁盘配额的管理。例如,管理员按用户的要求创建了新的文件(例如复制一些文件,或安装新的软件),使得管理员成为新文件的所有者,即新文件占用的磁盘空间不计入用户的磁盘配额限制。以前,要解决这个问题必须经过烦琐的配置修改,或者必须使用第三方工具。现在 Windows Server 2003 直接在用户界面中提供了设置所有者的功能,这类有关磁盘配额的问题可以方便地解决了(对于使用 NTFS 文件系统的任何类型的操作系统都有效,包括 Windows NT 4.0、Windows 2000 和 Windows XP Pro,只要修改是在 Windows Server 2003 上进行就可以了)。

值得一提的是,这个功能(有效权限和授予所有者权限)对于从 Windows Server 2003 管理的活动目录对象也同样有效。

3. Windows 服务配置

首先,几种最容易受到攻击的服务,诸如 Clipbook(启用"剪贴簿查看器"储存信息并与远程计算机共享)、Network DDE 以及 Network DDE DSDM(前者的功能是为在同一台计算机或不同计算机上运行的程序提供动态数据交换(DDE)的网络传输和安全;后者用于管理动态数据交换网络共享)、Telnet、WebClient(使基于 Windows 的程序能创建、访问和修改基于 Internet 的文件)等,默认情况下已经被禁止了。还有一些服务只有在必要时才启用,例如 Intersite Messaging(启用在运行 Windows Server 的站点间交换消息)只有在域控制器提升时才启用,Routing and Remote Access Service(为网络上的客户端和服务器启用多重协议——LAN 到 LAN,LAN 到 WAN,虚拟专用网络(VPN)和网络地址转换(NAT)路由服务)只有在配置 Windows Server 2003 作为路由器、按需拨号的服务器、远程访问服务器时才启用。

其次,运行在 Local System 安全上下文之下的服务变少了,因为 Local System 具有不受限制的本地特权。现在许多情况下,Local System 被 Local Service 或 Network Service 账户取代,这两个账户都只有稍高于授权用户的特权。正如其名字所示的,Local Service 账户用于本地系统的服务,它类似于已验证的用户账户的特殊内置账户。Local Service 账户对于资源和对象的访问级别与 Users 组的成员相同。如果单个服务或进程受到危害,则通过上述受限制的访问将有助于保护系统。以 Local Service 账户运行的服务作为空会话,而且不使用任何凭据访问网络资源。

相对地,Network Service 则被用于必须要有网络访问的服务,它对于资源和对象的访问级别也与 Users 组的成员相同,以 Network Service 账户来运行的服务将使用计算机账户的凭据来访问网络资源。

4. 身份验证

身份验证方面的增强涵盖了基于本地系统的身份验证和基于活动目录域的身份验证。

在本地系统验证方面,默认的设置限制不带密码的本地账户只能用于控制台。这就是说,不带密码的账户将不能再用于远程系统的访问,例如驱动器映射、远程桌面、远程协助连接。

活动目录验证的变化在跨越林的信任方面特别突出。跨越林的信任功能允许在林的根域之间创建基于 Kerberos 的信任关系(要求两个林都运行在 Windows 2003 功能级别上)。在

Windows Server 2003 林中,管理员可创建一个林,将单个林范围外的双向传递性扩展到另外一个 Windows Server 2003 林中。在 Windows Server 2003 林中,这种跨越将两个断开连接的 Windows Server 2003 林链接起来建立单向或双向可传递信任关系。双向林信任用于在两个林中的每个域之间建立可传递的信任关系。这种林信任具有许多优点:

■ 通过减少共享资源所需的外部信任数,使得跨越两个 Windows Server 2003 林的资源的管理得以简化。
■ 每个林中每个域之间的完全的双向信任关系。
■ 使用跨越两个林的用户主体名称(UPN)身份验证。
■ 使用 Kerberos v5 和 NTLM 身份验证协议,提高了林之间传递的授权数据的可信度。
■ 灵活的管理,每个林的管理任务可以是惟一的。

林信任只能在两个林之间创建,不能隐式扩展到第三个林。也就是说,如果在林 1 和林 2 之间创建了一个林信任,在林 2 和林 3 之间也创建了一个林信任,则林 1 和林 3 之间没有隐式信任关系。

注意:在 Windows 2000 林中,如果一个林中的用户需要访问另一个林中的资源,管理员可在两个域之间创建外部信任关系。外部信任可以是单向或双向的非传递信任,因此限制了信任路径扩展到其他域的能力。但在 Windows Server 2003 Active Directory 中,默认情况下,新的外部信任和林信任强制 SID 筛选。SID 筛选用于防止可能试图将提升的用户权限授予其他用户账户的恶意用户的攻击。强制 SID 筛选不会阻止同一林中的域迁移使用 SID 历史记录,而且也不会影响全局组的访问控制策略。

在默认配置下,身份验证是在林的级别上进行的,来自其他林的责任人将被授予与本地用户和计算机同样的访问能力。但无论是谁,都受到设置在资源上的权限的约束。

如果上述默认配置不能满足要求,可以配置选择性验证,不过这要有 Windows 2003 的林功能级别。在这种配置方式中,可以指定哪些来自其他林的用户或组允许通过验证,以及选择本地林的哪些资源可用来执行验证。具体设置分两步进行。

首先,授予来自其他林的责任人允许验证的权限。例如,假设有两个 Windows 2003 功能级别的林 ForestA 和 ForestB,两者之间有信任关系。ForestA 中 DomainA 域的 UserA 用户需要访问 ForestB 中 DomainB 域 ServerB 服务器的 ShareB 共享资源。要达到这个目标,必须按如下方式操作:

①DomainA 的管理员在 DomainA 域中创建一个全局组(例如 GroupA),其中包含成员 UserA。虽然可以直接授予 UserA 适当的权限(这种方式的优点之一是透明),但如果用户数量较多,直接配置各个用户的话效率就很低了。

②启动 Active Directory 用户和计算机管理器,找到 DomainB,再找到 ServerB,双击 ServerB 的图标,打开它的属性对话框。

③转到安全设置页,将 DomainA\GroupA 加入到窗口上方的清单。在窗口下方,选中"允许验证"和"读取"权限的"允许"选项。

第一步的设置到这里完成,我们已经允许 DomainA\GroupA 的成员访问 DomainB\ServerB 时执行验证。

其次,只要把 ServerB 服务器 ShareB 共享资源上适当的权限授予 DomainA\GroupA 全局组即可(或者,也可以将 DomainA\GroupA 全局组加入到 DomainB 域本地组,然后对本地组授权)。

操作系统安全

这里我们只讨论了 Windows 2003 安全性很小的一方面,许多重要的主题尚未涉及,例如 Active Directory 安全特性(SID 过滤等),以及托管、非托管代码的应用程序代码控制等。尽管如此,我们已经可以体会到 Microsoft 宣称的"迄今为止 Microsoft 最强大的 Windows 服务器操作系统"确实在安全性方面作了许多改进。

习题五

1. Linux 操作系统 PAM 的作用是什么?如何配置?
2. 说明 Linux passwd 文件的组成和各字段的含义。
3. Linux 中一般如何关闭一项网络服务?
4. 配置一台安全的 Linux 服务器的基本步骤是什么?
5. 解释 Windows 安全描述符的含义。
6. 简述 NLLM 论证过程。
7. 在 Windows 系统中,如何对文件或文件夹的访问进行审核?
8. 简述 NTFS 文件系统主要提供了哪些安全特性。
9. 组织单元和站点之间有什么区别?
10. 请在自己所在的 Windows 环境中练习创建一台域控制器。
11. 请说明 LSA 在用户登录和身份验证过程中所起的作用。
12. 查看一台 Windows 计算机上的 SID,并解释 SID 各位的含义。
13. 在一台 Windows 2000 计算机上设计一个实验,证明 NTFS 文件系统中,"拒绝"权限优先于其他权限。
14. Windows 系统中可以审核哪些事件的类型?
15. 在 Windows 2000 系统中,请分别通过"事件查看器"工具和组策略单元设置以下事件日志属性:
    * 安全日志最大值:2 048K;
    * 安全日志保留天数:30 天;
    * 系统日志最大值:128M;
    * 系统日志保留天数:30 天;
    * 应用程序日志最大值:5 120K;
    * 应用程序日志保留天数:15 天。
16. 在网上搜索几款常查的 Windows 系统和 Linux 系统的日志分析工具,练习其用法并写出使用说明书。
17. Windows 2003 中新引入的安全技术有哪些?

第6章 操作系统安全评测

操作系统作为计算机系统的基础软件是用来管理计算机资源的,它直接利用计算机硬件并为用户提供使用和编程接口。各种应用软件均建立在操作系统提供的系统软件平台之上,上层的应用软件要想获得运行的高可靠性和信息的完整性、保密性,必须依赖于操作系统提供的系统软件的安全性。任何想像中的、脱离操作系统的应用软件的高安全性,就如同幻想在沙滩上建立坚不可摧的堡垒一样,毫无根基。

安全功能是安全操作系统所应提供的一个重要功能组成部分,不同的用户对于操作系统的安全要求是不同的。安全操作系统的一个安全漏洞,可能致使整个系统所有的安全控制变得毫无价值,并且这个漏洞一旦被蓄意入侵者发现和利用,就会产生巨大危害,所以要求能及时发现这些安全漏洞并且对这些漏洞作出响应。

操作系统安全评价测度是安全操作系统实现的一个极为重要的环节,信息技术发达的一些国家对此进行了长期深入的研究,形成了一些对实践具有重要指导意义的原则和方法。本章主要介绍操作系统的漏洞扫描方法、操作系统的安全级别,以及评测操作系统安全的标准和方法。

6.1 操作系统安全评测概述

为了判断一个操作系统是否安全,人们划分了操作系统的安全级别。由国际专门机构根据操作系统的安全程度对操作系统进行严格的评测和认定。

计算机安全评测的基础是需求说明,即如何定义一个计算机系统是安全的。一般来说,计算机系统安全性的规定就是对信息的存取或访问的控制,使得只有授权的用户或代表他们工作的进程才有读、写、建立或删除信息的访问权限。美国"可信计算机系统评估准则(TCSEC)"指出可信任计算机系统的六项基本需求,其中四项涉及信息的访问控制,两项涉及安全保障。

可信计算机系统的六项基本需求为:

需求1——安全策略:系统必须提供一个明确和良好定义的安全策略。对于识别出的主体和客体,系统必须有一个规则集决定指定的主体是否能访问指定的客体。计算机系统必须实施强制访问控制,有效地实现对敏感信息(如分级信息等)访问规则的处理。此外,还需建立自主访问控制机制,确保只有选中的用户或组才能访问指定数据。

需求2——标记:访问控制标签必须与对应的客体相联系。为了控制对存储在计算机中信息的访问,必须按强制访问控制规则,合理地为每个客体加一个标签,可靠地标识该对象的敏感级别,以及与可能访问该客体的主体相符的访问方式。

需求3——标识:每个主体都必须被标识。每次访问信息,都必须确定是谁在访问,以及授权访问信息的级别。身份和授权信息必须由计算机系统安全地维护。

需求4——审计：必须记录和保存审计信息，以便在影响安全的行为发生时，能追踪到责任人。一个可信任的系统必须有能力将与安全有关的事件记录到审计记录中。必须有能力选择所记录的审计事件，减少审计开销。必须保护审计数据，以免遭到修改、破坏或非法访问。

需求5——保证：计算机系统必须包含硬件/软件机制，能提供充分的保证正确实施以上4项基本需求。这些机制在典型情况下，被嵌入在操作系统中，并被设计成以安全方式执行所赋予的任务。

需求6——持续保护：实现这些基本需求的可信任机制必须得到持续保护，避免篡改和非授权改变。如果实现安全策略的基本硬件和软件机制本身受到非授权的修改或破坏，则这样的计算机系统不能被认为是真正安全的。持续保护需要在整个计算机系统生命周期中均有意义。

以上这六项基本需求构成计算机操作系统安全评测准则的基础。

无论何种操作系统，都有一套规范的、可扩展的安全定义。从计算机的访问到用户策略等。操作系统的安全定义包括五大类，分别为：身份认证、访问控制、数据保密性、数据完整性以及不可否认性。

（1）身份认证

最基本的安全机制。当用户登录到计算机操作系统时，要求身份认证，最常见的就是使用账号以及口令确认身份。但由于该方法的局限性，所以当计算机出现漏洞或口令泄漏时，可能会出现安全问题。其他的身份认证还有：生物测定（Compaq的鼠标认证）、指纹、视网膜等。这几种方式提供高机密性，保护用户的身份验证。采用惟一的方式，例如指纹，那么，恶意的人就很难获得超出自己规定范围的更高的权限。

（2）访问控制

在Windows NT之后的Windows版本，访问控制带来了更加安全的访问方法。该机制包括很多内容，包括磁盘的使用权限、文件夹的访问权限，以及文件权限继承等。最常见的访问控制可以属于Windows的NTFS文件系统。自从NTFS出现后，很多人都从FAT32转向NTFS，提供更加安全的访问控制机制。

（3）数据保密性

处于企业中的服务器数据的安全性对于企业来讲，决定着企业的存亡。从数据的加密方式，以及数据的加密算法，到用户对公司内部数据的保密工作，加强数据的安全性是每个企业都需考虑的。最常见的是采用加密算法进行加密。在通信中，最常见的有SSL2.0加密，数据以及其他的信息采用MD5加密等。虽然MD5的加密算法已经被破解，但是MD5的安全性依然能够保证数据的使用安全。

（4）数据完整性

在文件传输中，更多考虑的是数据的完整性。虽然这也算数据的保密性的范畴，但是，这是无法防范的。在数据的传输中，可能就有像Hacker的人在监听或捕获你的数据，然后破解你数据的加密算法，从而得到重要的信息，包括用户的账号和密码等。

（5）不可否认性

根据《中华人民共和国公共安全行业标准》的计算机信息系统安全产品部件的规范，验证发送方信息发送和接收方信息接收的不可否认性。在不可否认性鉴别过程中用于信息发布方和接收方的不可否认性鉴别的信息，验证信息发送方和接收方的不可否认性的过程。对双方的不可否认性鉴别信息需进行审计跟踪。信息发送者的不可否认性鉴别信息必须是不可伪造的;信息接收者的不可否认性鉴别信息也必须是不可伪造的。

6.1.1 安全认证的发展过程

信息安全产品和信息系统固有的敏感性及特殊性,直接影响着国家的安全利益和经济利益,因此,各国政府纷纷采取颁布标准、实行测评和认证制度等方式,对信息技术和安全产品的研制、生产、销售、使用及进出口实行严格、有效的管理与控制,并建立了与自身的信息化发展相适应的测评认证体系。

国外从20世纪70年代起就开展了建立安全保密准则的工作,美国国防部于1983年提出并于1985年批准的"可信计算机系统评估准则(TCSEC)",为计算机安全产品的评测提供了测试准则和方法,指导信息安全产品的制造和应用,并建立了关于网络系统、数据库等的安全解释。由于Internet技术的广泛应用,信息系统安全问题日益严重并出现了新的问题。1992年12月,美国颁布了新的联邦评测准则(FC)来替代80年代颁布的TCSEC准则。FC中引入了"保护轮廓(PP)"这一重要概念,分级方式与TCSEC不同,每个轮廓都包括功能部分、开发保证部分和评测部分。

在欧洲,英国、荷兰和法国带头联合研制欧洲共同的安全评测标准,并于1991年颁布了包括数据保密性、完整性、可用性概念的"信息技术安全评估准则(ITSEC)"。1990年,加拿大颁布了"加拿大可信计算机产品评估标准(CTCPEC)"。近年来,随着世界市场上对信息安全产品的需求迅速增长以及对系统安全的挑战不断加剧,美国、加拿大和欧洲一些国家联合起来,在美国的TCSEC、欧洲的ITSEC、加拿大的CTCPEC、美国的FC等信息安全准则的基础上,提出了"信息技术安全评估通用准则(The Common Criteria for Information Technology Security Evaluation—CC)",它综合了过去信息安全的准则和标准,形成了一个更全面的框架。CC主要面向信息系统的用户、开发者和评估者,通过建立这样一个标准,使用户可以用它确定对各种信息产品的信息安全要求,使开发者可以用它来描述其产品的安全特性,使评估者可以对产品安全性的可信度进行评估。不过,CC并不涉及管理细节和信息安全的具体实现、算法、评估方法等,也不作为安全协议、安全鉴定等,CC的目的是形成一个关于信息安全的单一国际标准,从而使信息安全产品的开发者和信息安全产品能在全世界范围内发展。总之,CC是安全准则的集合,也是构建安全要求的工具,对于信息系统的用户、开发者和评估者都有重要的意义。1999年5月,国际标准化组织和国际电联(ISO/IEC)通过了将CC作为国际标准ISO/IEC 15408信息技术安全评估准则的最后文本。

从TCSEC、ITSEC到ISO/IEC 15408信息技术安全评估准则中可以看出,评估准则不仅评估产品本身,而且还评估开发过程和使用操作,强调安全的全过程性。ISO/IEC 15408的出台,表明了安全技术的发展趋势。

长期以来,我国一直十分重视信息安全保密工作,并从敏感性、特殊性和战略性的高度,自始至终将其置于国家的绝对领导之下,由国家密码管理部门、国家安全机关、公安机关和国家保密主管部门等分工协作,各司其职,形成了维护国家信息安全的管理体系。

1999年2月9日,为更好地与国际接轨,经国家质量技术监督局批准,正式成立了"中国国家信息安全测评认证中心(CNISTEC)",并于同年通过了中国产品质量认证机构国家认可委员会和中国实验室国家认可委员会的认可。同时,国家质量技术监督局成立了"国家信息安全测评认证管理委员会",并批准《国家信息安全测评认证管理办法》、国家信息安全测评认证标志和《第一批实施测评认证的信息安全产品目录》。

信息系统安全的建设是一件复杂的系统工程。目前，我国计算机网络的发展水平、安全技术和管理手段落后于国际水平。据调查，我国有95%以上用户使用的操作系统是 Windows，但 Windows 的源代码不公开，不能对其进行正确的评估。例如，Windows 2000 有 3500 万行源代码，不能排除其中存在着人为的"陷阱"。因此，我们要建立一个安全的信息系统，在做好系统安全防护、安全检测和对黑客、病毒攻击的反应及事故恢复的网络保护屏障外，我们的应用系统应该选择在国产的 B1 级或 B2 级安全操作系统及 B 级数据库管理系统上实施，为信息系统安全体系的建设打下坚实的基础。

6.1.2 操作系统安全评测方法

操作系统安全是相对的，当一个操作系统满足某一给定的安全策略，就可以说它是安全的。一个操作系统的安全性是与设计密切相关的，只有有效保证从设计者到用户都相信设计准确地表达了模型，而代码准确地表达了设计时，该操作系统才可以说是安全的，这也是安全操作系统评测的主要内容。评测操作系统安全性的方法主要有三种：形式化验证、非形式化确认及入侵分析。这些方法各自可以独立使用，也可以将它们综合起来评估操作系统的安全性。

（1）形式化验证

分析操作系统安全性最精确的方法是形式化验证。在形式化验证中，安全操作系统被简化为一个要证明的"定理"。定理断言该安全操作系统是正确的，即它提供了所应提供的安全特性。但是证明整个安全操作系统正确性的工作量是巨大的。另外，形式化验证也是一个复杂的过程，对于某些大的实用系统，试图描述及验证它都是十分困难的，特别是那些在设计时并未考虑形式化验证的系统更是如此。这两个难点大大降低了能有效地使用形式化验证的可能。

（2）非形式化确认

确认是比验证更为普遍的术语。它包括验证，但它也包括其他一些不太严格的让人们相信程序正确性的方法。完成一个安全操作系统的确认，有如下几种不同的方法：

安全需求检查：通过源代码或系统运行时所表现的安全功能，交叉检查操作系统的每个安全需求。其目标是认证系统所做的每件事是否都在功能需求表中列出，这一过程有助于说明系统仅作了它应该做的每件事。但是这一过程并不能保证系统没有做它不应该做的事情。

设计及代码检查：设计者及程序员在系统开发时通过仔细检查系统设计或代码，试图发现设计或编程错误。例如不正确的假设、不一致的动作或错误的逻辑等。这种检查的有效性依赖于检查的严格程度。

模块及系统测试：在程序开发期间，程序员或独立测试小组挑选数据检查操作系统的安全性。必须组织测试数据以便检查每条运行路线、每个条件语句、所产生的每种类型的报表、每个变量的更改等。在这个测试过程中要求以一种有条不紊的方式检查所有的实体。

（3）"老虎"小组入侵测试

在这种方法中，"老虎"小组成员试图"摧毁"正在测试中的安全操作系统。"老虎"小组成员应当掌握操作系统典型的安全漏洞，并试图发现并利用系统中的这些安全缺陷。

操作系统在某一次入侵测试中失效，则说明它内部有错。相反地，操作系统在某一次入侵测试中不失效，并不能保证系统中没有任何错误。入侵测试在确定错误存在方面是非常有用的。

一般来说，评价一个计算机系统安全性能的高低，应从如下两个方面进行：

安全功能：系统具有哪些安全功能。

可信性：安全功能在系统中得以实现的可被信任的程度。通常通过文档规范、系统测试、形式化验证等安全保证来说明。

6.1.3 操作系统安全级别

操作系统及数据库也存在着安全级别，并在 CC 和 TCSEC 中都有详细划分。TCSEC 将计算机系统的安全可信性分为七个级别：

D 级：最低安全性；
C1 级：自主存取控制；
C2 级：较完善的自主存取控制（DAC）、审计；
B1 级：强制存取控制（MAC）；
B2 级：良好的结构化设计、形式化安全模型；
B3 级：全面的访问控制、可信恢复；
A1 级：形式化认证。

CC 充分突出"保护轮廓"，将评估过程分为"功能"和"保证"两部分，并将评估等级分为从 EAL1 到 EAL7 共七级。每一级均需评估七个功能类，即配置管理、分发和操作、开发过程、指导文献、生命期的技术支持、测试、脆弱性评估。

就 TCSEC 评估来说，达到 B 级标准的操作系统即称为安全操作系统。在 B 级的安全计算机系统中，安全级这个概念包含级别和类别两方面，安全级的级别之间具有可比性，如同 2 级大于 1 级一样；而安全级的类别如同所属的部门，就像某人属于的单位，这个单位可大到整个跨国公司，也可小到所属的最小团体，甚至就是他本人。这样一种安全级定义，在计算机系统中就可以将一个用户定义成"属于那几个部门的、级别为几的用户"，这就是该用户的安全级，凡是该用户运行的进程均具有这个安全级；同样，在计算机系统中也可以将一个文件（主页）定义成"属于那几个部门的、级别为几的文件（主页）"，这就是该文件的安全级。当用户的安全级与文件（主页）的安全级满足一定的存取控制规则时，该用户才可以对该文件（主页）进行相应的读/写操作。这样，便实现了在计算机系统中的对用户和文件（主页）的层次化分类管理。

目前，较流行的几种操作系统的安全性比较如表 6.1 所示。

表 6.1　　　　　　　　　　几种操作系统的安全性比较

操 作 系 统	安 全 级 别
SCO OpenSever	C2
OSF/1	B1
Windows NT	C2
Saloris	C2
DOS	D
Unix Ware 2.1/ES	B2

下面我们只对 Unix Ware 2.1/ES 操作系统作简单介绍。UNIX 操作系统作为开放式操作

系统更具有安全性,因为开放源代码可以免除人为的"陷阱",并且可以进行结构性测试 EAL2 等级(C1 级),其中一个重要的优点是我们可以将它继续完善,提高其自身的安全性,同时,可以在开放源码软件之上再加上其他的软件来加强整个系统的安全性。而源码不开放的软件是无法做出精确估计的。目前,UnixWare 2.1/ES 作为国内独立开发的具有自主版权的高安全性 UNIX 系统,其安全等级为 B2 级。UnixWare 2.1/ES 是 UNIX 系统技术有限公司推出的基于中文 SCO UnixWare 2.1 的、技术先进的、高安全性的开放式操作系统。它保持了 UnixWare 2.1 的高性能,而且全面兼容 UnixWare 2.1 的应用程序,用户可在其上开发安全的应用系统。它基于第一个达到美国《可信计算机系统评估准则(TCSEC)》中 B2 级的安全操作系统 Unix SVR 4.2/ES,并引起广大用户的关注。中国计算机学会计算机安全专业委员会于 1994 年 6 月对 Unix SVR 4.2/ES 的安全性进行了科学和公正的测试及评审。专委会组织了近 30 人的评审委员会和 10 人测试组,经认真讨论后一致认为:该系统是国内首次自主开发的符合 TC-SEC B2 级功能要求的操作系统安全环境,技术上达到国际先进水平,鉴于计算机安全产品的特殊性,该成果的研制成功对提高我国计算机信息系统的整体安全性具有重大的意义。

UnixWare 2.1/ES 不仅具有传统 UNIX 系统的优势,还增添了许多新的特色,具有良好的系统性能和强大的系统功能。系统提供了方便用户使用的标准化图形界面、很强的网络功能和丰富的软件开发工具,还支持实时任务和紧急任务方面的处理,具有良好的实时性和可靠性,支持多 CPU,支持 Internet。UnixWare 2.1/ES 继承了 Unix SVR 4.2 彻底的模块化结构,使系统便于安全控制,安全模块能够独立出系统进行可剪裁的安装。在 UnixWare 2.1/ES 中,约有 1/3 的程序,包括内核程序、应用程序和网络程序,进行了面向安全性的改造和开发,定义了与安全模块良好的接口。当不安装安全模块时,这些程序中的安全机制被跳过而不起作用,一旦安装了安全模块,这些程序将全面发挥出其安全机制。

UnixWare 2.1/ES 的安全功能主要包括:

(1) 标识与鉴别

管理员为系统中的每个用户都设置了一个安全级范围,表示用户的安全等级,系统除进行身份和口令的判别外,还进行安全级判别,以保证进入系统的用户具有合法的身份标识和安全级标识。

(2) 审计

用于监视和记录系统中有关安全性的活动。系统管理员可以有选择地设置哪些用户、哪些操作(命令或系统调用)、对哪些敏感资源的访问等需要审计,这些事件的活动就会在系统中留下痕迹,事件的类型、用户的身份、操作的时间、参数和状态等构成一个审计记录记入审计日志。这样,系统管理员就可以根据审计日志,检查系统中有无危害安全性的活动。

(3) 自主访问控制(DAC)

用于进行按用户意愿的存取控制。基于这种机制,用户可以说明其私人资源允许系统中哪个(些)用户以何种权限进行共享。传统 UNIX 自主存取控制是以"Owner/Group/Others"形式进行的,只能说明主人用户(Owner)、同组用户(Group)和其他用户(Others)三种情况的存取方式。UnixWare 2.1/ES 具有存取控制表(ACL)形式的自主存取控制,使用户可以说明系统中每个用户、每组用户对其私有资源的存取方式。系统中的每个文件、消息列队、信号量集合、共享存储区、目录、特别文件和管道都可以具有一个 ACL,说明允许系统中用户对该资源的存取方式。ACL 的项数原则上可以无限长,从而较传统 UNIX 的 DAC 方式有更细的存取控制粒度。

(4)强制访问控制(MAC)

提供了基于信息机密性的存取控制方法,用于将系统中的用户和信息进行分级别、分类别管理,强制限制信息的共享和流动,使不同级别和类别的用户只能访问到与其有关的、指定范围的信息,从根本上防止信息的失泄密和访问混乱现象。尤其适用于军事、政府重要部门和金融领域。

(5)设备安全管理

用于控制文件卷、打印机、终端等设备输入/输出信息的安全级范围。设备安全管理一般与设备的场地安全管理配合进行。例如,一台打印机可能放在有专人看守的办公室内,也可能放在公共场所中,那么,为防止失泄密事件,后一种情况就不应打印输出高安全级别的信息。

(6)特权管理

在传统 UNIX 中,超级用户具有操作和管理系统所有资源的全部特权,而普通用户不具有任何特权。一旦超级用户特权被盗用或超级用户误操作,就会给系统的安全性带来重大危害。特权管理使系统中每个用户和进程只具有完成其任务的最少特权。系统中不再有超级用户,而是由若干个系统管理员/操作员来共同管理系统,他们都只具有部分特权且相互之间有所约束,从而提高了系统的安全性。

(7)可信通路

UNIX 系统中存在一种与用户登录有关的特洛伊木马欺诈行为,可以窃取合法用户的口令。可信通路机构为用户提供了一种可信的登录方式,以防止上述欺诈行为。

(8)隐通道处理

隐通道是系统中违反 MAC 策略的信息泄露途径。特洛伊木马程序可以利用高带宽的隐通道窃取大量的信息。隐通道处理用于堵塞隐通道或降低隐通道的带宽,并审计其使用情况。

(9)网络安全

实现了安全系统之间以及安全系统与非安全系统之间的网络互通,可进行网络身份认证,控制进入和离开安全系统的用户以及输入/输出安全系统信息的安全级范围。具有防火墙、VPN 和网络审计功能。

6.2 操作系统漏洞扫描

为了保证安全操作系统的安全性,往往需要采用专用工具来扫描操作系统的安全漏洞,从而达到发现漏洞和修补漏洞的目的。漏洞扫描系统也是网络安全产品不可缺少的一部分,安全扫描是增强系统安全性的重要措施之一,它能够有效地预先评估和分析系统中的安全问题。

漏洞扫描系统是用来自动检测远程或本地主机安全漏洞的程序(安全漏洞通常指硬件、软件、协议的具体实现或系统安全策略方面存在的安全缺陷)。漏洞扫描按照功能可分为:操作系统漏洞扫描、网络漏洞扫描和数据库漏洞扫描。针对检测对象的不同,漏洞扫描器还可分为网络扫描器、操作系统扫描器、WWW 服务扫描器、数据库扫描器以及最近出现的无线网络扫描器。

网络漏洞扫描系统(简称扫描器),是指通过网络远程检测目标网络和主机系统漏洞的程序,对网络系统和设备进行安全漏洞检测和分析,从而发现可能被入侵者非法利用的漏洞。漏洞扫描器多数采用基于特征的匹配技术,与基于误用检测技术的入侵检测系统相类似。扫描器首先通过请求/应答,或通过执行攻击脚本,来搜集目标主机上的信息,然后在获取的信息中寻找漏洞特征库定义的安全漏洞,如果有,则认为安全漏洞存在。可以看到,安全漏洞能否被发现在很大程度上取决于漏洞特征的定义。

网络漏洞扫描器通过远程检测目标主机 TCP/IP 不同端口的服务,记录目标给予的应答,来搜集目标主机上的各种信息,然后与系统的漏洞库进行匹配,如果满足匹配条件,则认为安全漏洞存在;或者通过模拟黑客的攻击手法对目标主机进行攻击,如果模拟攻击成功,则认为安全漏洞存在。主机漏洞扫描器则通过在主机本地的代理程序对系统配置、注册表、系统日志、文件系统或数据库活动进行监视扫描,搜集他们的信息,然后与系统的漏洞库进行比较,如果满足匹配条件,则认为安全漏洞存在。网络漏洞扫描系统发展迅速,产品种类繁多,且各具特点,在功能和性能上存在着一定的差异。漏洞扫描系统大多采用软件产品来实现,也有厂家采用硬件产品来实现漏洞扫描。

虽然说绝大多数操作系统是可靠的,可基本完成其设计的功能,但没有一个操作系统是没有漏洞的。就计算机安全而言,一个操作系统仅仅胜任其大部分的设计功能是远远不够的。当我们发现操作系统的某个功能模块存在一个故障时,可以忽略它。这对整个操作系统的功能影响很小,只是某些特殊故障可能对操作系统造成致命的影响。但是,计算机安全的每一个漏洞都可能使整个系统所有的安全控制变得毫无价值。如果被蓄意的入侵者发现这个漏洞,就会产生巨大危害。

操作系统安全漏洞扫描的主要目的是自动评估操作系统配置方式不当所导致的安全漏洞。扫描软件在一台指定机器上运行,通过一系列测试探查每一台机器,发现潜在的安全缺陷。它从操作系统的角度评估单机的安全环境并生成所发现安全漏洞的详细报告。操作系统安全扫描软件就像一位安全顾问,检查系统寻找漏洞提供问题报告,并提出解决办法。可以应用扫描软件对安全策略和实际设施进行比较,采取相应措施堵塞安全漏洞。

操作系统安全漏洞扫描器主要检查以下四个方面:系统设置是否符合安全策略,是否有可疑文件,是否存在木马程序,关键系统文件是否完整。

漏洞扫描器通常以三种形式出现:单一的扫描软件,安装在计算机或掌上电脑上,例如 ISS Internet Scanner;基于客户机(管理端)/服务器(扫描引擎)模式或浏览器/服务器模式,通常为软件,安装在不同的计算机上,也有将扫描引擎做成硬件的,例如 Nessus;其他安全产品的组件,例如防御安全评估就是防火墙的一个组件。在安全扫描中,硬件设备的资源能够承受多数量的主机。与通常的软件扫描器相比,由于承载的硬件嵌入系统平台经过特别优化,其扫描效率远远高于一般的安全扫描软件。

大型网络需多台扫描器跨地域及跨防火墙协同工作,此时可以在网络中采用分布式部署模式。该模型中扫描器部署中分等级和角色,低级别的扫描器将扫描数据同步到高级别的扫描器数据库中,这样上层管理人员可以查看下层扫描器的扫描结果,以此监督下层管理员的工作和了解整体安全现状;同时该模型不影响各个扫描器的单独使用。

网络安全扫描产品的核心功能在于检测目标网络设备存在的各种网络安全漏洞,针对发现的网络安全漏洞提供详尽的检测报告和切实可行的网络安全漏洞解决方案,使系统管理员在黑客入侵之前将系统可能存在的各种网络安全漏洞修补好,避免黑客的入侵而造成不同程度的损失。网络安全扫描系统,是维护网络安全所必备的系统级网络安全产品之一,其存在的重要性和必要性正被广大用户所接受和认可。

6.3 描述安全漏洞的通用语言

当黑客试图攻击某个系统的时候,他们通常都会先在该系统中寻找那些已经公布的漏洞和 bug。在过去,各个产品提供商以及黑客对同样一个系统漏洞的描述名称是不同的。一家厂商可能将五个产品漏洞的修复程序打包成为一个补丁或者是 service pack,然后给一个名称,而另外的一家厂商推出的同样的补丁可能会有五个不同的名称。这种混乱的状况使得使用者在评价一个安全性产品的时候,很难作出比较和决定,那些扫描和弱点探测程序之间的比较几乎是无法进行的,因为它们对自己可以探测的漏洞的称谓都是不统一的,这种漏洞的命名完全是各个厂商自行制定的。幸运的是,现在 mitre 要解决这个问题。

mitre 是一个非赢利的系统工程公司,它们建立了一个标准的"通用弱点及漏洞(Common Vulnerabilities and Exposures ,简称 cve)列表",有了这个列表,在评估一个安全防护性产品的时候,就可以问一个简单的问题:"你的产品可以覆盖到多少个 cve?",然后可以在这个基础上对产品进行横向比较了。

当一个受到 mitre 信任的数据源发现一个潜在的新 cve 以后,mitre 的 cve 编辑/审查部门将授予这个新问题一个候选名称以及一个号码。然后审查小组将对这个问题进行审查,以确定它是全新的问题,而不是一个列表中已有的问题,也不是另一个正在等待审查的问题,然后投票决定是否接受这个问题为一个正式的 cve 项。mitre 的审查小组由计算机安全问题专家组成,这些专家不仅仅来自 mitre,有些是来自其他的安全技术组织或者是安全问题咨询公司,但是绝对没有来自直接提供安全性产品的公司的专家。

所有的安全产品厂商都应该采用 mitre 的命名机制。获得 mitre 的 cve 列表是完全不需要任何费用的,实际上,如果你有兴趣,可以到他们的站点上下载完整的列表。由于在安全漏洞和问题的命名上不存在任何别的竞争性的标准,因此这个列表就是这方面惟一的标准。

cve 的出现,对于安全性产品开发商规范自己的产品来说是个好消息,而且随着大家对 cve 的认识增强,与 cve 兼容的产品在市场上也将获得竞争优势。按照 nfr security 的 cto marcus ranum 的说法,"现在对于 ids 产品来说,确立一个通用的描述是很重要的,也就是说不会出现这种情形,产品 a 向你报告说发现一个 syn 拥塞攻击,而产品 b 告诉你遭遇的是 syn 拒绝访问攻击。"这对于最终的使用者来说是个好事。

对于网络管理员来说,支持 cve 名称的产品可以使他们更加容易的管理每天的安全问题。安全管理员则可以按照 cve 列表看系统中有多少安全漏洞已经被解决了。

现在包含 cve 兼容名称的产品包括:

- nfr 的 ids
- pentasecurity 的 siren(ids)
- qualys 的 qualysguard
- iss 的 internet scanner
- symantec 的 enterprise security manager
- bindview 的 hackershield
- pgp 的 cybercop scanner

那么,现在 mitre 所面临的最大挑战就是如何快速的完成新的 cve 项的审查和分类工作。按照 mitre 的说法,现在已有的 cve 名称有 1 510 个。由于现在新的系统缺陷不断被发现,因此加速审查/命名工作就特别重要。

mitre 的 cve 有助于我们将系统缺陷的命名规范化,而不再使用那些混乱而奇怪的技术术语。

6.4　系统安全评测准则

计算机系统安全评价标准是一种技术性法规。在信息安全这一特殊领域,如果没有这一标准,与此相关的立法、执法就会难免造成偏颇,最终会给国家的信息安全带来严重后果。由于信息安全产品和系统的安全评价事关国家的安全利益,因此许多国家都在充分借鉴国际标准的前提下,积极制定本国的计算机安全评价认证标准。在信息安全的标准化中,众多标准化组织在安全需求服务分析指导、安全技术机制开发、安全评估标准等方面制定了许多标准及草案。目前,国外主要的安全评估准则有:

(1) 美国 TCSEC(橘皮书)

该标准是美国国防部于 1985 年制定的,为计算机安全产品的评测提供了测试和方法,指导信息安全产品的制造和应用。它将安全分为四个方面(安全政策、可说明性、安全保障和文档)和七个安全级别(从低到高依次为 D、C1、C2、B1、B2、B3 和 A 级)。

(2) 欧洲 ITSEC

1991 年,西欧四国(英、法、德、荷)提出了信息技术安全评估准则(ITSEC),它定义了从 E0 级到 E6 级的七个安全等级。对于每个系统,安全功能可分别定义。ITSEC 预定义了十种功能,其中前五种与橘皮书中的 C1~B3 级非常相似。

(3) 美国联邦准则 FC

在 1991 年,美国发表了"信息技术安全性评价联邦准则"(FC)。该标准的目的是提供 TCSEC 的升级版本,同时保护已有投资,但 FC 有很多缺陷,是一个过渡标准,后来结合 ITSEC 发展为联合公共准则。

(4) 联合公共准则 CC

1993 年 6 月,美国、加拿大及欧洲四国经协商同意,起草单一的通用准则(CC)并将其推进到国际标准。CC 的目的是建立一个各国都能接受的通用的信息安全产品和系统的安全性评估准则,国家与国家之间可以通过签订互认协议,决定相互接受的认可级别,这样能使大部分的基础性安全机制,在任何一个地方通过了 CC 准则评价并得到许可进入国际市场时,就不需要再作评价,使用国只需测试与国家主权和安全相关的安全功能,从而大幅节省评价支出并迅速推向市场。CC 结合了 FC 及 ITSEC 的主要特征,它强调将安全的功能与保障分离,并将功能需求分为 9 类 63 族,将保障分为 7 类 29 族。

(5) 系统安全工程能力成熟模型(SSE – CMM)

美国国家安全局于 1993 年 4 月提出的一个专门应用于系统安全工程的能力成熟模型(CMM)的构思。该模型定义了一个安全工程过程应有的特征,这些特征是完善的安全工程的根本保证。

(6) ISO 安全体系结构标准

国际标准化组织 ISO 公布了许多安全评价标准。在安全体系结构方面,1989 年 ISO 制定了国际标准 ISO7498-2-1989《信息处理系统开放系统互连基本参考模型第 2 部分安全体系结构》。该标准为开放系统互连(OSI)描述了基本参考模型,为协调开发现有的与未来的系统互连标准建立起了一个框架。其任务是提供安全服务与有关机制的一般描述,确定在参考模型内部可以提供这些服务与机制的位置。

国内主要是等同采用国际标准。公安部主持制定、国家质量技术监督局发布的中华人民共和国国家标准 GB17895-1999《计算机信息系统安全保护等级划分准则》已正式颁布并实施。该准则将信息系统安全分为五个等级:自主保护级、系统审计保护级、安全标记保护级、结构化保护级和访问验证保护级。主要的安全考核指标有身份认证、自主访问控制、数据完整性、审计等,这些指标涵盖了不同级别的安全要求。图 6.1 示出了国际安全评测标准的发展及其联系。

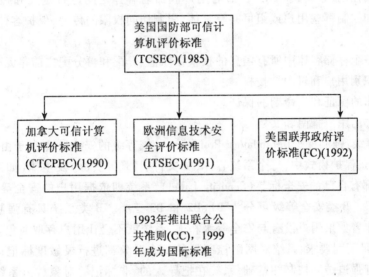

图 6.1　国际安全评测标准的发展及其联系

6.4.1　美国可信计算机系统评估准则(TCSEC)

TCSEC 标准是计算机系统安全评估的第一个正式标准,具有划时代的意义。该准则于 1970 年由美国国防科学委员会提出,并于 1985 年 12 月由美国国防部公布。TCSEC 最初只是军用标准,后来延至民用领域。TCSEC 将计算机系统的安全划分为四个等级、八个级别。

D 类安全等级:最低保护(Minimal Protection),凡没有通过其他安全等级测试项目的系统即属于该级。D 类安全等级只包括 D1 一个级别。D1 的安全等级最低。D1 系统只为文件和用户提供安全保护。D1 系统最普通的形式是本地操作系统,或者是一个完全没有保护的网络。

C 类安全等级:自主保护(Discretionary Protection),该等级的安全特点在于系统的对象(如文件、目录)可由系统的主体(如系统管理员、用户、应用程序)自定义访问权。例如管理员可以决定某个文件仅允许某一特定用户读取、另一用户写入。该类安全等级能够提供审慎的保护,并为用户的行动和责任提供审计能力。C 类安全等级可划分为 C1 和 C2 两类。

C1 系统的可信运算基 TCB(Trusted Computing Base)通过将用户和数据分开来达到安全的目的。在 C1 系统中,所有的用户以同样的灵敏度来处理数据,即用户认为 C1 系统中的所有文档都具有相同的机密性。对 C1 级系统的最低要求是:

①自主访问控制(DAC)。TCB在命名用户和命名客体之间进行定义和控制。强制机制允许用户说明和控制哪些用户或组可共享客体。

②TCB能识别用户和对用户授权。

③执行操作的保证和生命期的保证。

④安全操作的用户指南和文档。

C2系统比C1系统加强了可调的审慎控制。在连接到网络上时,C2系统的用户分别对各自的行为负责。C2系统通过登录过程、安全事件和资源隔离来增强这种控制。C2系统具有C1系统中所有的安全性特征。对C2级系统的最低要求是:

①自主访问控制(DAC)。TCB在命名用户和命名客体之间进行定义和控制。强制机制允许用户说明和控制哪些用户或组可共享客体,限制访问权限的传递,保护客体免于非授权用户的访问。

②包含在一个存储客体中所有信息的授权在赋值、分配和再分配之前是无效的。

③TCB能识别用户和对用户授权。

④执行操作的保证和生命期的保证。

⑤安全操作的用户指南和文档。

B类安全等级:强制保护(Mandatory Protection),该等级的安全特点在于由系统强制的安全保护,在强制式保护模式中,每个系统客体(如文件、目录等资源)及主体(如系统管理员、用户、应用程序)都有自己的安全标签(Security Label),系统即依据用户的安全等级赋予他对各对象的访问权限。B类安全等级可分为B1、B2和B3三类。B类系统具有强制性保护功能。强制性保护意味着如果用户没有与安全等级相连,系统就不会让用户存取对象。

B1系统满足下列要求:系统对网络控制下的每个对象都进行灵敏度标记;系统使用灵敏度标记作为所有强迫访问控制的基础;系统在把导入的、非标记的对象放入系统前标记它们;灵敏度标记必须准确地表示其所联系的对象的安全级别;当系统管理员创建系统或者增加新的通信通道或I/O设备时,管理员必须指定每个通信通道和I/O设备是单级还是多级,并且管理员只能手工改变指定;单级设备并不保持传输信息的灵敏度级别;所有直接面向用户位置的输出(无论是虚拟的还是物理的)都必须产生标记来指示关于输出对象的灵敏度;系统必须使用用户的口令或证明来决定用户的安全访问级别;系统必须通过审计来记录未授权访问的企图。

B2系统必须满足B1系统的所有要求。另外,B2系统的管理员必须使用一个明确的、文档化的安全策略模式作为系统的可信任运算基础体制。B2系统必须满足下列要求:系统必须立即通知系统中的每一个用户所有与之相关的网络连接的改变;只有用户能够在可信任通信路径中进行初始化通信;可信任运算基础体制能够支持独立的操作者和管理员。

在B2级安全系统中,TCB基于清晰定义和编制成文档的形式安全模型,它要求将B1级建立的自主存取控制和强制存取控制实现扩充到系统的所有主体和对象。此外,隐蔽通道被指明。TCB需要仔细构造为临界保护元素和非临界保护元素。TCB接口是严格定义的,TCB设计和实现使其能进行详细的测试和更完备的复查。对B2级系统的最低要求是:

①自主存取控制。TCB定义和控制系统中命名用户和命名对象(如文件和程序)之间的存取。实施机制(如用户/用户组/公用控制表)允许用户指定和控制命名用户(或用户组)共享命名对象,并提供控制限制存取权限的扩散。自主存取控制机制,能在单个用户粒度下进行蕴涵存取或取消存取。

②客体重用。释放一个客体时,将释放其目前所保存的所有信息。当它再次分配时,新主体将不能据此获得原主体的任何信息。

③标记。对于 TCB 之外的主体可直接或间接存取的每个系统资源,与其相关的敏感标记要由 TCB 进行维护。这些标记被作为进行强制存取控制决策时的依据。

④标记完整性。敏感标记要准确表示指定主体和客体的安全级。当由 TCB 输出时,敏感标记要准确而无二义地表示内部标记,并与所输出的信息相对应。

⑤标记信息的输出。对每个通道和 I/O 设备,TCB 将其标记成单级或多级的设备。这种标记的任何改变均要由人工完成,并要通过 TCB 的审计。TCB 应能审计与通信通道或 I/O 设备对应的安全级的任何改变。

⑥输出到多级设备。当 TCB 将一个客体输出到多级 I/O 设备时,与此客体对应的敏感标记也要输出,并驻留在与输出信息相同的物理介质上。当 TCB 在多级通信通道上输出或输入一个客体时,为使敏感标记与被发送或接收的信息之间进行准确对应,应提供通道所使用的协议。

⑦输出到单级设备。单级 I/O 设备和单级通道不要求保持他们所处理的信息的敏感标记。然而,TCB 要提供一种供 TCB 和授权用户可靠地通信的机制,以便经过单级通信通道或 I/O 设备输入输出后,对信息加上单安全级的标记。

⑧可读输出标记。系统管理员能指定与输出敏感标记对应的可打印标记名。在所有的可读输出的开始和结束处,TCB 都加上可读敏感标记,以正确表示该输出的敏感性。这些标记都是 TCB 可审计的。

⑨主体敏感标记。TCB 应能立即观察到终端用户在交互会话期间与该用户对应的安全级的任何改变。

⑩设备标记。TCB 支持为所有已连接的物理设备设置安全级,并加上设备安全标记。

⑪强制访问控制。TCB 对于由 TCB 以外的主体可直接或间接访问的所有资源,实施强制访问控制策略。对主体和客体赋予敏感标记,标记是有层次的级和无层次的范畴的组合,并被用做强制访问控制进行决策的依据。具体要求是,当且仅当主体的安全级中有层次的级大于或等于客体安全级中有层次的级,并且主体安全级中无层次的范畴包含客体安全级中所有无层次的范畴,一个主体能读一个客体。当且仅当主体的安全级中有层次的级小于或等于客体安全级中有层次的级,并且主体安全级中无层次的范畴被客体安全级中所有无层次的范畴包含,一个主体能写一个客体。

⑫标识和鉴别。TCB 要求用户先进行自身识别,之后才开始执行 TCB 控制的任何其他活动。此外,TCB 要维护鉴别数据,不仅包括各个用户的许可证和授权信息,而且包括为验证各个用户标识所需的信息。

⑬可信通道。TCB 要支持它本身与用户之间的可信任通信路径,以便进行初始登录和鉴别。

⑭审计。TCB 对于它所保护的对象,要能够建立和维护对其进行存取的审计踪迹,并保护该踪迹不被修改或非授权存取和破坏。审计数据要受 TCB 保护。TCB 应能记录下列类型的事件:标识和鉴别机制的使用;客体引用用户地址空间;删除客体;计算机操作人员和系统管理员或系统安全员进行的活动;以及其他与安全有关的事件。TCB 还应对可读输出标记的任何覆盖进行审计。对所记录的每个事件,审计记录要标识该事件的日期和时间、用户、事件类型、该事件的成功或失败。对于标识/鉴别事件,请求的来源要包括在审计记录中。对于将客体引

进用户地址空间事件和客体删除事件，审计记录要包括该对象的安全级。系统管理员应能根据各用户标识和客体安全级，对任一个或几个用户的活动有选择地进行审计。对于可用于隐蔽存储通道使用的标识事件，TCB 应能审计。

⑮系统体系结构。TCB 应保护其自身执行的区域，使其免受外部干预。TCB 应能提供不同的地址空间保证进程隔离。TCB 要从内部被构造成良好定义的基本上独立的模块，有效地利用可用硬件，将属于临界保护的元素与非临界保护元素区分开来。TCB 模块的设计应遵循最小特权原则。硬件特性如分段，将用于支持具有不同属性的逻辑上不同的存储客体。对 TCB 的用户接口定义要完全，且 TCB 的全部元素要进行标识。

⑯隐蔽通道分析。系统开发者要对隐蔽存储通道进行全面搜索，并确定每个被标识通道的最大带宽。

⑰可信任机构管理。TCB 应支持单独的操作员和管理员功能。

⑱安全测试。系统的安全机制要经过测试，并确认依据系统文档的要求进行工作。由充分理解该 TCB 特定实现的人员组成的小组，对其设计文档、源代码和目标进行全面分析和测试。他们的目标是：纠正所有被发现的缺陷，并重新测试 TCB 表明缺陷已被消除，而且没有引进新的缺陷。测试将说明，该 TCB 的实现符合描述性顶层规范。

⑲设计规范和验证。在系统的生命期内，TCB 支持的安全策略形式模型始终有效，TCB 的描述性顶层规范（DTLS）始终有效。

⑳配置管理。在 TCB 的开发和维护期间，配置管理系统要保持与当前 TCB 版本对应的所有文档与代码之间映射关系的一致性。要提供由源代码生成新版 TCB 的工具。还要有适当工具对新生成的 TCB 版本与前一版本进行比较，以便肯定实际使用的新版 TCB 代码中只进行了所要求的改变。

㉑安全特性用户指南。用户文档中单独的一节、一章或一本手册，对 TCB 提供的保护机制和使用方法进行描述。

㉒可信任机制手册。针对系统管理员的手册应当说明在运行安全机制时，应用有关功能和特权时的注意事项，每种类型审计事件的详细审计记录结构，以及检查和维护审计文件的过程。该手册还要说明与安全有关的操作员和管理员功能，例如改变用户的安全特性，如何安全地生成新的 TCB，也要进行说明。

㉓测试文档。系统开发人员要向评测人员提供一个文档，说明测试计划，描述安全机制的测试过程，以及安全机制功能测试的结果。测试文档还应包括，为减少隐蔽通道带宽所用的方法，以及测试的结果。

㉔设计文档。设计文档提供生产厂商关于系统保护原理的描述，并且说明如何将该原理转换成 TCB。设计文档应当说明，有 TCB 实施的安全策略。文档应描述 TCB 如何防篡改，不能被迂回绕过；TCB 如何构造以便于测试和实施最小特权等。此外，描述性顶层规范（DTLS）应准确描述 TCB 接口。

B3 系统必须符合 B2 系统的所有安全需求。B3 系统具有很强的监视委托管理访问能力和抗干扰能力。B3 系统必须设有安全管理员。B3 系统应满足以下要求：除了控制对个别对象的访问外，B3 必须产生一个可读的安全列表；每个被命名的对象提供对该对象没有访问权的用户列表和说明；B3 系统在进行任何操作前，要求用户进行身份验证；B3 系统验证每个用户，同时还会发送一个取消访问的审计跟踪消息；设计者必须正确区分可信任的通信路径和其他路径；可信通信基为每一个被命名的对象建立安全审计跟踪；可信运算基支持独立的安全管理。

A类安全等级:可验证保护(Verified Protection)。A系统的安全级别最高。目前,A类安全等级只包含A1一个安全类别。A1类与B3类相似,对系统的结构和策略不作特别要求。A1系统的显著特征是,系统的设计者必须按照一个正式的设计规范来分析系统。对系统分析后,设计者必须运用核对技术来确保系统符合设计规范。A1系统必须满足下列要求:系统管理员必须从开发者那里接收到一个安全策略的正式模型;所有的安装操作都必须由系统管理员进行;系统管理员进行的每一步安装操作都必须有正式文档。

6.4.2 欧洲的安全评价标准(ITSEC)

ITSEC(Information Technology Security Evaluation Criteria)是欧洲多国安全评价方法的综合产物,应用领域为军队、政府和商业。与TCSEC不同,它并不把保密措施直接与计算机功能相联系,而是只叙述技术安全的要求,把保密作为安全增强功能。另外,TCSEC把保密作为安全的重点,而ITSEC则把完整性、可用性与保密性作为同等重要的因素。ITSEC首次提出了信息安全的保密性、完整性、可用性概念,把可信计算机的概念提高到可信信息技术的高度上来认识。该标准将安全概念分为功能与评估两部分。评估分为E0级到E6级的七个安全等级,功能准则共分十级。

ITSEC定义的七个评估安全级别是:

E0:不能充分满足保证级;

E1:功能测试级;

E2:数字化测试级;

E3:数字化测试分析级;

E4:半形式化分析级;

E5:形式化分析级;

E6:形式化验证级。

功能准则级为:

前五个功能级为F-C1、F-C2、F-B1、F-B2、和F-B3,形成一个层次与TCSEC中的相应级别对应;后五个功能级为F-IN、F-AV、F-DI、F-DC、和F-DX,分别对应数据和程序的完整性、系统的可用性、数据通信的完整性、数据通信的保密性以及机密性和完整性的网络安全。

6.4.3 加拿大的评价标准(CTCPEC)

CTCPEC专门针对政府需求而设计。与ITSEC类似,该标准将安全分为功能性需求和保证性需要两部分。该标准将安全需求分为四个层次:机密性、完整性、可靠性和可说明性。每种安全需求又可以分成很多小类,来表示安全性上的差别,分级条数为0~5级。

6.4.4 美国联邦准则(FC)

FC是对TCSEC的升级,并引入了"保护轮廓"(PP)的概念。每个轮廓都包括功能、开发保证和评价三部分。FC充分吸取了ITSEC和CTCPEC的优点,在美国的政府、民间和商业领域得到广泛应用。

6.4.5 通用安全评估准则 CC

CC 是国际标准化组织统一现有多种准则的结果,是目前最全面的评估准则。1996 年 6 月,CC 第一版发布;1998 年 5 月,CC 第二版发布;1999 年 10 月 CC v2.1 版发布,并且成为 ISO 标准。CC 的主要思想和框架都取自 ITSEC 和 FC,并充分突出了"保护轮廓"概念。CC 将评估过程划分为功能和保证两部分,评估等级分为 EAL1、EAL2、EAL3、EAL4、EAL5、EAL6 和 EAL7 共七个等级。每一级均需评估七个功能类,分别是配置管理、分发和操作、开发过程、指导文献、生命期的技术支持、测试和脆弱性评估。

6.4.6 中国计算机信息系统安全保护等级划分准则

早在 1994 年,我国就发布了《中华人民共和国计算机信息系统安全保护条例》。在 1999 年,中国公安部主持制定、国家技术标准局发布的中华人民共和国国家标准 GB17895 - 1999《计算机信息系统安全保护等级划分准则》正式颁布,并于 2001 年 1 月 1 日起实施。

该准则参考了美国橘皮书《可信计算机系统评估准则》(TCSEC)和《可信计算机网络系统说明》(NCSC-TG-005),将信息系统安全分为五个等级,分别是:用户自主保护级、系统审计保护级、安全标记保护级、结构化保护级和访问验证保护级。主要的安全考核指标有身份认证、自主访问控制、数据完整性、审计、隐蔽信道分析、客体重用、强制访问控制、安全标记、可信路径和可信恢复等,这些指标涵盖了不同级别的安全要求。

第一级——用户自主保护级:每个用户对属于自己的客体具有控制权,如不允许其他用户写他的文件而允许其他用户读他的文件。存取控制的权限可基于三个层次:客体的属主、同组用户、其他任何用户。另外,系统中的用户必须用一个注册名和一个口令验证其身份,目的在于标明主体是以某个用户的身份进行工作的,避免非授权用户登录系统。同时要确保非授权用户不能访问和修改"用来控制客体存取的敏感信息"和"用来进行用户身份鉴别的数据"。

具体来说就是:

①可信计算基要定义和控制系统中命名用户对命名客体的访问,进行自主存取控制。

②具体实施自主存取控制的机制应能控制客体属主、同组用户、其他任何用户对客体的共享以及如何共享。

③实施自主存取控制机制的敏感信息要确保不被非授权用户读取、修改和破坏。

④系统在用户登录时,通过鉴别机制对用户进行鉴别。

⑤鉴别用户的数据信息,要确保不被非授权用户访问、修改和破坏。

第二级——系统审计保护级:与"用户自主保护级"相比,增加了以下四项内容:

①自主存取控制的粒度更细,要达到系统中的任一单个用户。

②审计机制。审计系统中受保护客体被访问的情况(包括增加、删除等),用户身份鉴别机制的使用,系统管理员、系统安全管理员、操作员对系统的操作,以及其他与系统安全有关的事件。要确保审计日志不被非授权用户访问和破坏。对于每一个审计事件,审计记录包括事件的时间和日期、事件的用户、事件类型、事件是否成功等;对身份鉴别事件,审计记录包含请求的来源(例如终端标识符);对客体引用用户地址空间的事件及客体删除事件,审计记录包含客体名;对不能由 TCB 独立分辨的审计事件,审计机制提供审计记录接口,可由授权主体调用。

③TCB 对系统中的所有用户进行惟一标识(如 ID 号),系统能通过用户标识号确认相应

的用户。

④客体重用。释放一个客体时,将释放其目前所保存的信息;当它再次分配时,新主体将不能据此获得其原主体的任何信息。

第三级——安全标记保护级:在"系统审计保护级"的基础上增加了下述安全功能:

①强制存取控制机制。TCB对系统的所有主体及其控制的客体(如进程、文件、段、设备)指定敏感标记(即安全级),这些敏感标记由级别和类别组成:级别是线性的,如公开、秘密、机密和绝密等;类别是一个集合,如{外交、人事,干部调配}。敏感标记如{秘密:外交,人事}。两个敏感标记之间可以是支配关系、相等关系和无关。仅当主体的敏感标记支配客体的敏感标记时,主体才可以读取客体;仅当客体的敏感标记支配主体的敏感标记时,主体才可以写客体。

②在网络环境中,要使用完整性敏感标记确保信息在传送过程中没有受损。

③系统要提供有关安全策略模型的非形式化描述。

④在系统中,主体对客体的访问要同时满足强制访问控制检查和自主访问控制检查。

⑤在审计记录的内容中,对客体增加和删除事件要包括客体的安全级别。另外,TCB对可读输出记号(如输出文件的安全级标记等)的更改要能审计。

第四级——结构化保护级:该保护级明确要求具备以下安全功能:

①可信计算基建立于一个明确定义的形式化安全策略模型之上。

②对系统中的所有主体和客体实行自主访问控制和强制访问控制。

③进行隐蔽存储信道分析。

④为用户注册建立可信通路机制。

⑤TCB必须结构化为关键保护元素和非关键保护元素。TCB的接口定义必须明确,其设计和实现要能经受更充分的测试和更完整的复审。

⑥支持系统管理员和操作员的职能划分,提供了可信功能管理。

第五级——访问验证保护级:该保护级的关键功能要求如下所述:

①TCB满足参照监视器需求,它仲裁主体对客体的全部访问,其本身足够小,能够分析和测试。在构建TCB时,要清除那些对实施安全策略不必要的代码,在设计和实现时,从系统工程角度将其复杂性降低到最小程度。

②扩充审计机制,当发生与安全相关的事件时能发出信号。

③系统具有很强的抗渗透能力。

我国在2001年正式成立了中国信息安全产品测评认证中心(CNITSEC)。该中心是国家授权的专门从事信息安全产品和信息系统安全性测试、评估和认证的非营利的技术支持与服务性机构。其宗旨是对我国信息安全产品和系统进行公正、客观和权威的测试、评估和认证,确保信息安全产品及信息系统的可信度和安全性,确保我国信息安全产业的健康发展,确保我国政府及商业部门运用互联网络的安全,确保信息时代国家的安全利益和经济利益。

中国信息安全产品测评认证中心信息安全测评认证的基础标准是国家标准GB/T 18336-2001《信息技术 安全技术 信息技术安全性评估准则》,该标准等同采用国际标准ISO/IEC 15408(CC)。一切产品的评估都依据与ISO/IEC 15408相配套的《信息技术安全通用评估方法(CEM)》和相应的产品标准进行。此外,信息安全测评过程中依据的标准还包括经中国国家信息安全测评认证管理委员会认可的安全技术要求、规范和测评要求等,具体包括:

包过滤防火墙安全技术要求;

应用级防火墙安全技术要求；

信息技术安全性评估准则；

信息系统安全工程能力成熟模型；

信息安全服务评估准则；

信息安全工程质量管理要求；

电信智能卡安全技术要求；

商用密码产品安全技术要求；

网上证券委托系统安全技术要求；

信息技术安全性评估方法等20多项。

习题六

1. 美国可信计算机系统评估准则(TCSEC)指出可信任计算机系统基本需求是什么？
2. 简述操作系统安全的评测方法。
3. 操作系统的安全定义包括哪几个方面？
4. 中国 GB17859-1999 将信息安全的等级划分为哪几级？请比较各级之间的主要差别。
5. 简单描述国际安全评测标准的发展及其联系。
6. CC 标准比美国国防部可信计算机系统评估准则主要作了什么改进？
7. 一般认为从 TCSEC 的 B1 级到 B2 级是单级安全性增强最为困难的一个阶段，为什么？
8. 操作系统安全漏洞扫描包括哪几个方面？

第7章 安全操作系统设计

操作系统是计算机应用程序执行的基础平台,安全操作系统的目标就是对各类信息的安全进行保密处理,用于实现多密级文件的安全管理,支持多密级数据库安全以及网络安全的实现,较一般的操作系统有更强的保密性与完整性。

设计各类网络安全产品,如防火墙、VPN保密机、安全管理中心、认证中心等,都必须考虑其"底座"的安全性。但是,目前超过半数的网络安全产品采用的操作系统平台是 Linux,而 Linux 系统现有的安全性是不能满足高等级安全性要求的。

近年来,我国逐步开展了安全操作系统的研究和设计工作,并取得了一定成绩。但是,我国开发安全操作系统依然明显存在两方面的不足:一是现有安全操作系统产品化普遍落后;二是更高安全等级的安全操作系统设计的理论和实践尚属空白。目前,应当从设计符合 GB17859-1999 第四级"结构化保护级"的安全操作系统抓起,不能仅仅靠"打补丁"来增强系统的安全性。应当系统研究高安全级别安全操作系统设计的理论、方法以及技术难点,为将来更高级别的安全操作系统研究积累经验和技术。

GB17859-1999 的第四级和第三级之间的一个明显区别就在于,第四级需要建立一个形式化的安全模型。安全模型是对其安全策略所表达的安全需求的简单、抽象和无歧义的描述。目的在于明确地表达系统的安全需求,为设计开发安全操作系统提供方针,并保证当设计和安全模型一致时,实现的系统是安全的。开发高安全等级的安全操作系统,建立形式化的安全模型是必须的基础工作。为了模型的形式化,必须遵循形式设计的过程及表达方式。

当前,高安全等级的操作系统的设计趋势是:安全体系要支持多安全策略。真实的安全环境有两个特征:其一,安全威胁是多种多样的,它们可能威胁信息的机密性、完整性、可用性等,因此要求系统要支持安全策略的多样性,满足多种安全目标。其二,安全环境是变化的,一种是周期性变化;一种是环境的突然变化。系统必须能及时响应环境的变化,将适应新环境的安全策略立即有效地实施。如何在同一系统中支持多种安全策略是近年信息安全领域研究的热点。

但在支持多策略的安全体系结构中,一些本质的问题还没得到解决:首先遇到的是合成策略的安全性问题。一般的安全性往往不是一个可合成的性质,安全性是不能传递的,因此,两个安全的策略合成后的安全性是需要证明的;其次,现有的多策略的安全体系对动态授权的支持还不是很清楚。

此外,GB17859 第四级及以上的系统,提出了分析与处理隐蔽通道(Covert Channel)的硬性要求,美国 TCSEC、欧洲 ISO/IEC 15408 也把隐蔽通道作为评估高安全等级信息系统的关键指标,国际标准 CC 和我国 GB/T18336 也在安全保证部分对隐蔽通道分析做了明确规定。目前我国研发的安全信息系统最多只达到 GB17859 第三级水平(相当于 TCSEC 橘皮书 B1 级),一个重要原因就在于无法解决隐蔽通道问题,突破这个瓶颈已经是当务之急。

在研究开发高级别的安全操作系统的时候,还应该注意其他多方面的问题,比如:存取控制和密码服务的有机结合;将系统中安全相关的功能与安全无关的功能分离开,以利于验证和说明;将强制存取控制与网络安全有机融合;机密性与完整性的融合等。

7.1 安全操作系统设计

本节主要讨论安全操作系统设计的原则、开发方法和开发过程。

7.1.1 安全操作系统设计的原则

1975年,J. H. Saltzer和M. D. Schroeder以保护机制的体系结构为中心,探讨了计算机系统的信息保护问题,重点考察了权能(Capability)实现结构和访问控制表(Access Control List,ACL)实现结构,给出了信息保护机制的八条设计原则。

为讨论信息保护问题,从概念上,可以为每一个需保护的客体建立一个不可攻破的保护墙,保护墙上留有一个门,门前有一个卫兵,所有对客体的访问都首先在门前接受卫兵的检查。在整个系统中,有很多客体,因而有很多保护墙和卫兵。对客体的访问控制机制的实现结构可分为两种类型:面向门票(Ticket-oriented)的实现和面向名单(List-oriented)的实现。在面向门票的实现中,卫兵手中持有一份对一个客体的描述,在访问活动中,主体携带一张门票,门票上有一个客体的标识和可访问的方式,卫兵把主体所持门票中的客体标识与自己手中的客体标识进行对比,以确定是否允许访问;在整个系统中,一个主体可能持有多张门票。在面向名单的实现中,卫兵手中持有一份所有授权主体的名单及相应的访问方式,在访问活动中,主体出示自己的身份标识,卫兵从名单中进行查找,检查主体是否记录在名单上,以确定是否允许访问。

权能结构属于面向门票的结构,一张门票也称做一个权能。访问控制表(ACL)结构属于面向名单的结构。在访问控制矩阵的概念模式下,权能结构对应访问控制矩阵的行结构,行中的每个矩阵元素对应一个权能;ACL结构对应访问控制矩阵中的列结构,每一列对应一个ACL。

萨尔哲(Saltzer)和施罗德(Schroder)提出了下列安全操作系统的设计原则:

(1)最小特权原则

为使无意或恶意的攻击所造成的损失达到最低限度,分配给系统中的每一个程序和每一个用户的特权应该是它们完成工作所必须享有的特权的最小集合。

(2)机制的经济性原则

保护机制的设计应小型化、简单、明确。保护系统应该是经过完备测试或严格验证的。

(3)开放系统设计原则

不应该把保护机制的抗攻击能力建立在设计的保密性的基础之上。因为安全性不依赖于保密,所以保护机制应该是公开的,应该在设计公开的环境中设法增强保护机制的防御能力。

(4)完整的存取控制原则

对每一个客体的每一次访问都必须经过检查,以确认是否已经得到授权。

(5)失败-保险(Fail-safe)默认原则

访问判定应建立在显式授权而不是隐式授权的基础上,显式授权指定的是主体该有的权限,隐式授权指定的是主体不该有的权限。在默认情况下,没有明确授权的访问方式,应该视为不允许的访问方式,如果主体欲以该方式进行访问,结果将是失败,这对于系统来说是保险的。

(6) 权限分离原则

为一项权限划分出多个决定因素,仅当所有决定因素均具备时,才能行使该项权限。如用户身份鉴别和密钥等,这样使得侵入保护系统的人不会轻易拥有对全部资源的存取权限。

(7) 最少公共机制原则

把由两个以上用户共用和被所有用户依赖的机制的数量减少到最小。每一个共享机制都是一条潜在的用户间的信息通路,要谨慎设计,避免无意中破坏安全性,系统为防止这种潜在通道应采取物理或逻辑分离的方法。应证明为所有用户服务的机制能满足每一个用户的要求。

(8) 方便使用原则

设计友好的用户接口。

操作系统安全的可信性主要依赖于安全功能在系统中实现的完整性、文档系统的清晰性、系统测试的完备性和形式化验证所达到的程度。操作系统可以看成是由内核程序和应用程序组成的一个大型软件,其中内核直接和硬件打交道,应用程序为用户提供使用命令和接口。验证这样一个大型软件的安全性是十分困难的,因此要求在设计中要用尽量小的操作系统部分控制整个操作系统的安全性,并且使得这一小部分软件便于验证或测试,从而可用这一小部分软件的安全可信性来保证整个操作系统的安全。

安全操作系统的一般结构如图 7.1 所示。其中,由安全内核用来控制整个操作系统的安全操作。可信应用软件由两个部分组成,即系统管理员和操作员进行安全管理所需的应用程序,以及运行具有特权操作的、保障系统正常工作所需的应用程序。用户软件由可信软件以外的应用程序组成。

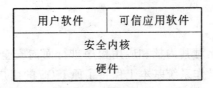

图 7.1 安全操作系统一般结构

高安全级别的操作系统首先对整个操作系统的内核进行分解用于产生安全内核,因此安全内核是从内核中分离出来的、与系统安全控制相关的部分软件。例如 KSOS 和 UCLA Secure UNIX 就具有这种结构,它们的安全内核已经足够小,所以能够对其进行严格的安全性验证。

低开发代价的安全操作系统则不再对操作系统内核进行分解,此时安全核就是内核。这种结构的例子有 LINVS IV、Secure Xenix、TMach、Secure TUNIS 等。操作系统的可信应用软件和安全内核组成了系统的可信软件,它们是可信计算基(TCB)的一部分,系统必须保护可信软件不被修改和破坏。可信计算基由以下几部分组成:

①操作系统的安全内核;
②具有特权的程序和命令;
③处理敏感信息的程序,如系统管理命令;
④与 TCB 实施安全策略有关的文件;

⑤其他有关的固件、硬件和设备；
⑥负责系统管理的人员；
⑦保障固件和硬件正确的程序和诊断软件。

7.1.2 安全操作系统的开发方法

继 Adept-50 之后，特别是 Anderson 的报告之后，越来越多的安全操作系统项目相继被启动，一系列的安全操作系统被设计和开发出来，典型的有 Multics、Mitre 安全核、UCLA 数据安全 UNIX、KSOS 和 PSOS 等。

从总体上看设计安全内核与设计操作系统类似，要用到常规的操作系统的设计概念。但是，在设计安全内核时，优先考虑的是完整性、隔离性、可验证性等三条基本原则，而不是那些通常对操作系统来说更为重要的因素，比如灵活性、性能、开发费用、方便性等。

采用从头开始建立一个完整的安全操作系统（包括所有的硬件和软件）的方法在安全操作系统的开发中并不常见，常遇到的是在一个现有非安全的操作系统（ISOS）上增强其安全性。基于非安全操作系统开发安全操作系统，一般有三种方法。

(1) 虚拟机法

在现有操作系统与硬件之间增加一层新的软件作为安全内核，操作系统几乎不变地作为虚拟机来运行。安全内核的接口几乎与原有硬件编程接口等价，操作系统本身并未意识到已被安全内核控制，仍像在裸机上一样执行它自己的进程和内存管理功能，因此它可以不变地支持现有的应用程序，且能很好地兼容 ISOS 的将来版本。

虚拟机法在 KVM 中运用得相当成功，这是由于硬件（IBM370）和原有操作系统（VM/370）的结构都支持虚拟机。采用虚拟机法增强操作系统的安全性时，硬件特性对虚拟机的实现非常关键，它要求原系统的硬件和结构都要支持虚拟机。因此，用这种方法开发安全操作系统的局限性很大。

(2) 改进/增强法

在现有操作系统的基础上对其内核和应用程序进行面向安全策略的分析，然后加入安全机制，经改造、开发后的安全操作系统基本上保持了原 ISOS 的用户接口界面。由于改进/增强法是在现有系统的基础上开发增强安全性的，受其体系结构和现有应用程序的限制，所以很难达到很高（如 B2 级以上）的安全级别。但这种方法不破坏原系统的体系结构，开发代价小，且能很好地保持原 ISOS 的用户接口界面和系统效率。

(3) 仿真法

对现有操作系统的内核进行面向安全策略的分析和修改以形成安全内核，然后在安全内核与原 ISOS 用户接口界面中间再编写一层仿真程序。这样做的好处在于在建立安全内核时，可以不必受现有应用程序的限制，且可以完全自由地定义 ISOS 仿真程序与安全内核之间的接口。但采用这种方法要同时设计仿真程序和安全内核，还要受顶层 ISOS 接口的限制。另外根据安全策略，有些 ISOS 的接口功能不安全，从而不能仿真；有些接口功能尽管安全，但仿真实现特别困难。

7.1.3 安全操作系统的开发过程

任一系统的开发过程一般都包含以下几个步骤：
①系统需求分析：描述各种不同的需求。

②系统功能描述:准确定义应完成的功能,而且还应包括描述验证,即证明描述与需求分析相符合。

③系统实现:设计并建立系统,其中包含实现验证,用于论证实现与功能描述之间的一致性。

非形式化开发路径是通常的开发过程。安全需求分析是从安全策略中得到的,它是从整个系统需求分析中抽取的一小部分。在安全操作系统的系统开发过程中,非形式化过程是常用的,通过论证和测试等一致性步骤,分别证明功能描述和系统实现满足安全需求分析。但没有经过数学上的证明,且需求分析和功能描述以自然语言写成,容易造成歧义和遗漏。当系统要求相当高的安全保证时,可通过数学方法,采用形式化路径。开发的形式化路径可以作为非形式化路径的一个补充,但不能完全替代非形式化路径。实际上也无法证明系统实现与形式描述完全相符。

安全操作系统的开发过程如下:

①建立一个安全模型:对一个现有操作系统的非安全版本进行安全性增强之前,首先得进行安全需求分析。也就是根据所面临的风险、已有的操作系统版本,明确哪些安全功能是原系统已具有的,哪些安全功能是要开发的。只有明确了安全需求,才能给出相应的安全策略。计算机安全模型是实现安全策略的机制,它描述了计算机系统和用户的安全特性。建立安全模型有利于正确地评价模型与实际系统间的对应关系,帮助我们尽可能精确地描述系统安全相关功能。

另外,还要将模型与系统进行对应性分析,并考虑如何将模型用于系统开发之中,并且说明所建安全模型与安全策略是一致的。

②安全机制的设计与实现:建立了安全模型之后,结合系统的特点选择一种实现该模型的方法。使得开发后的安全操作系统具有最佳安全/开发代价比。

③安全操作系统的可信度认证:安全操作系统设计完成后,要进行反复的测试和安全性分析,并提交权威评测部门进行安全可信度认证。

7.2 Linux 安全模块(LSM)

近年来 Linux 系统由于其出色的性能和稳定性,开放源代码特性带来的灵活性和可扩展性,以及较低廉的成本,而受到计算机工业界的广泛关注和应用。但在安全性方面,Linux 内核只提供了经典的 UNIX 自主访问控制(root 用户,用户 ID,模式位安全机制),以及部分的支持了 POSIX.1e 标准草案中的 capabilities 安全机制,这对于 Linux 系统的安全性是不够的,影响了 Linux 系统的进一步发展和更广泛的应用。

有很多安全访问控制模型和框架已经被研究和开发出来,用以增强 Linux 系统的安全性,比较知名的有安全增强 Linux(SELinux)、域和类型增强(DTE),以及 Linux 入侵检测系统(LIDS)等。但是由于没有一个系统能够获得统治性的地位而进入 Linux 内核成为标准;并且这些系统都大多以各种不同的内核补丁的形式提供,使用这些系统需要有编译和定制内核的能力,对于没有内核开发经验的普通用户,获得并使用这些系统是有难度的。在 2001 年的 Linux 内核峰会上,美国国家安全局(NSA)介绍了他们关于安全性增强 Linux(SELinux)的工作,这是一个灵活的访问控制体系 Flask 在 Linux 中的实现,当时 Linux 内核的创始人 Linus Torvalds 同意 Linux 内核确实需要一个通用的安全访问控制框架,但他指出最好是通过可加载内核模块的方法,这样可以支持现存的各种不同的安全访问控制系统。因此,Linux 安全模块(LSM)应运而生。

Linux 安全模块(LSM)是 Linux 内核的一个轻量级通用访问控制框架。它使得各种不同的安全访问控制模型能够以 Linux 可加载内核模块的形式实现出来,用户可以根据其需求选择适合的安全模块加载到 Linux 内核中,从而大大提高了 Linux 安全访问控制机制的灵活性和易用性。目前已经有很多著名的增强访问控制系统移植到 Linux 安全模块(LSM)上实现,包括 POSIX.1e capabilities,安全增强 Linux(SELinux),域和类型增强(DTE),以及 Linux 入侵检测系统(LIDS)等。目前 Linux 安全模块(LSM)已经进入 Linux 2.6 稳定版本。

Linux 安全模块(LSM)的设计必须尽量满足两方面人的要求:让不需要它的人尽可能少地因此得到麻烦;同时让需要它的人因此得到有用和高效的功能。

以 Linus Torvalds 为代表的内核开发人员对 Linux 安全模块(LSM)提出了三点要求:

①真正的通用性:当使用一个不同的安全模型的时候,只需要加载一个不同的内核模块,不再需要额外的内核补丁。

②概念的简单性:LSM 的实现应不涉及复杂的安全理论,不干扰或不对安全模型的实现提供"具体的"支持;尽量减少对原有内核的改动;不能对内核执行效率有大的影响。对 Linux 内核影响最小。

③支持现存的 POSIX.1e capabilities 逻辑,能够使已有的 POSIX.1e capabllities 逻辑结构作为一个可选择的安全模块装入,允许用户以可加载内核模块的形式重新实现其安全功能,并且不会在安全性方面带来明显的损失,也不会带来额外的系统开销。

为了满足这些设计目标,LSM 在一些内核数据结构上增加了模糊的安全域(opaque security fields),通过"void *"实现,并在程序流程的关键点插入钩子(hook)函数来操作安全域,仲裁对内核内部客体进行的访问,这些客体有:任务,inode 节点,打开的文件等。用户进程执行系统调用,首先游历 Linux 内核原有的逻辑找到并分配资源,进行错误检查,并经过经典的 UNIX 自主访问控制,恰好就在 Linux 内核试图对内部对象进行访问之前,一个 Linux 安全模块(LSM)的钩子(hook)函数对安全模块所必须提供的函数进行一个调用,从而对安全模块提出"是否允许访问执行",安全模块根据其安全策略进行决策,作出回答:允许,或者拒绝进而返回一个错误。钩子(hook)函数类似与 MFC 的框架函数,它可以保证在内核的平台无关部分的适当地点被调用,而其中的具体操作需要用户自己定义。LSM 提供了内核模块的载入机制和模块栈(module stacking)技术,可以使实现具体安全策略的模块与 LSM 的框架相接,并使得多个安全模块可以堆叠在一起并保持 LSM 接口的单一性。LSM 没有采用直接对系统调用进行仲裁或者当访问物理设备时仲裁的设计方法,因为那样都涉及处理用户空间的安全信息,而那时的安全信息不是很全面和有效,同时会影响效率。LSM 只对内核空间的内部对象进行操作,如任务(task)、inode 节点、打开的文件等,并依据这些内部对象的安全信息来进行访问仲裁。

用户进程执行系统调用时,将通过原有的内核接口逻辑先后执行功能性错误检查,传统的 UNIX 访问控制检查,在即将访问内核的内部对象前,通过 LSM hook 调用 LSM,LSM 在调用具体的访问控制策略来决定该访问是否合法。

另一方面,为了满足大多数现存 Linux 安全增强系统的需要,Linux 安全模块(LSM)采取了简化设计的决策。Linux 安全模块(LSM)现在主要支持大多数现存安全增强系统的核心功能:访问控制;而对一些安全增强系统要求的其他安全功能,比如安全审计,只提供了少量的支持。Linux 安全模块(LSM)现在主要支持"限制型"的访问控制决策：当 Linux 内核给予访问权限时，Linux 安全模块(LSM)可能会拒绝，而当 Linux 内核拒绝访问时，就直接跳过 Linux 安全模块(LSM)；而对于相反的"允许型"的访问控制决策只提供了少量的支持。对于模块功能合成，Linux 安全模块(LSM)允许模块堆栈，但是把主要的工作留给了模块自身：由第一个加载的模块进行模块功能合成的最终决策。所有这些设计决策可能暂时影响了 Linux 安全模块(LSM)的功能和灵活性，但是大大降低了 Linux 安全模块(LSM)实现的复杂性，减少了对 Linux 内核的修改和影响，使得其进入 Linux 内核成为安全机制标准的可能性大大提高；等成为标准后，可以改变决策，增加功能和灵活性。

Linux 安全模块(LSM)主要在以下五个方面对 Linux 内核进行了修改：

(1) 在特定的内核数据结构中加入了安全域

安全域是一个 void * 类型的指针，它使得安全模块把安全信息和内核内部对象联系起来。下面列出被修改加入了安全域的内核数据结构，以及各自所代表的内核内部对象：

task_struct 结构：代表任务(进程)；

linux_binprm 结构：代表程序；

super_block 结构：代表文件系统；

inode 结构：代表管道，文件，或者 Socket 套接字；

file 结构：代表打开的文件；

sk_buff 结构：代表网络缓冲区(包)；

net_device 结构：代表网络设备；

kern_ipc_perm 结构：代表 Semaphore 信号，共享内存段，或者消息队列；

msg_msg：代表单个的消息。

另外，msg_msg 结构，msg_queue 结构，shmid_kernel 结构被移到 include/linux/msg.h 和 include/linux/shm.h 这两个头文件中，使得安全模块可以使用这些定义。

(2) 在内核源代码中不同的关键点插入了对安全钩子(hook)函数的调用

Linux 安全模块(LSM)提供了两类对安全钩子函数的调用：一类管理内核对象的安全域，另一类仲裁对这些内核对象的访问。对安全钩子函数的调用通过钩子来实现，钩子是全局表 security_ops 中的函数指针，这个全局表的类型是 security_operations 结构，这个结构定义在 include/linux/security.h 这个头文件中，这个结构中包含了按照内核对象或内核子系统分组的钩子组成的子结构，以及一些用于系统操作的顶层钩子。在内核源代码中很容易找到对钩子函数的调用：其前缀是 security_ops - >。

(3) 加入了一个通用的安全系统调用

Linux 安全模块(LSM)提供了一个通用的安全系统调用，允许安全模块为安全相关的应用编写新的系统调用，其风格类似于原有的 Linux 系统调用 socketcall()，是一个多路的系统调用。这个系统调用为 security()，其参数为(unsigned int id, unsigned int call, unsigned long * args)，其中 id 代表模块描述符，call 代表调用描述符，args 代表参数列表。这个系统调用缺省的提供了一个 sys_security() 入口函数：其简单地以参数调用 sys_security() 钩子函数。如果安全模块不提供新的系统调用，就可以定义返回 - ENOSYS 的 sys_security() 钩子函数，但是大多数安全模块都可以自己定义这个系统调用的实现。

(4) 提供了函数允许内核模块注册为安全模块或者注销

在内核引导的过程中，Linux 安全模块(LSM)框架被初始化为一系列的虚拟钩子函数，以实现传统的 UNIX 超级用户机制。当加载一个安全模块时，必须使用 register_security() 函数向 Linux 安全模块(LSM)框架注册这个安全模块：这个函数将设置全局表 security_ops，使其指向这个安全模块的钩子函数指针，从而使内核向这个安全模块询问访问控制决策。一旦一个安全模块被加载，就成为系统的安全策略决策中心，而不会被后面的 register_security() 函数覆盖，直到这个安全模块使用 unregister_security() 函数向框架注销：这简单的将钩子函数替换为缺省值，系统回到 UNIX 超级用户机制。另外，Linux 安全模块(LSM)框架还提供了函数 mod_reg_security() 和函数 mod_unreg_security()，使其后的安全模块可以向已经第一个注册的主模块注册和注销，但其策略实现由主模块决定：是提供某种策略来实现模块堆栈从而支持模块功能合成，还是简单地返回错误值以忽略其后的安全模块。这些函数都提供在内核源代码文件 security/security.c 中。

（5）将 capabilities 逻辑的大部分移植为一个可选的安全模块

Linux 内核现在对 POSIX.1e capabilities 的一个子集提供支持。Linux 安全模块(LSM)设计的一个需求就是把这个功能移植为一个可选的安全模块。POSIX.1e capabilities 提供了划分传统超级用户特权并赋给特定的进程的功能。Linux 安全模块(LSM)保留了用来在内核中执行权能(capability)检查的现存的 capable() 接口，但把 capable() 函数简化为一个 Linux 安全模块(LSM)钩子函数的包装，从而允许在安全模块中实现任何需要的逻辑。Linux 安全模块(LSM)还保留了 task_struck 结构中的进程权能(capability)集(一个简单的位向量)，而并没有把它移到安全域中去。Linux 内核对 capabilities 的支持还包括两个系统调用：capset() 和 capget()。Linux 安全模块(LSM)同样保留了这些系统调用但将其替换为对钩子函数的调用，使其基本上可以通过 security() 系统调用来重新实现。Linux 安全模块(LSM)已经开发并且移植了相当部分的 capabilities 逻辑到一个 capabilities 安全模块中，但内核中仍然保留了很多原有 capabilities 的残余。这些实现方法都最大程度地减少了对 Linux 内核的修改影响，并且最大程度地保留了对原有使用 capabilities 的应用程序的支持，同时满足了设计的功能需求。以后要使 capabilities 模块完全独立，剩下要做的主要步骤是：把位向量移到 task_struct 结构中合适的安全域中，以及重新定位系统调用接口。

Linux 安全模块(LSM)对于内核开发人员和安全研究人员的价值就在于：可以使用其提供的接口将现存的安全增强系统移植到这一框架上，从而能够以可加载内核模块的形式提供给用户使用；或者甚至可以直接编写适合自己需要的安全模块。Linux 安全模块(LSM)提供的接口就是钩子，其初始化时所指向的虚拟函数实现了缺省的传统 UNIX 超级用户机制，模块编写者必须重新实现这些钩子函数来满足自己的安全策略。

LSM 提供了大量的"钩子"(hook)函数，这些钩子函数覆盖了对系统内部客体进行操作的所有方面，只要通过这些"钩子"与用户自己实现的安全策略代码相连，就可以完成相关访问控制判定，而不必过多考虑底层的细节。LSM 同时修改了一些内部数据结构，如 task_struct, inode, File 等，在其中增加了安全域(security fileds)，通过钩子函数 alloc_security() 分配安全域，并使其指向实现不同安全策略所需要的用户自定义安全属性数据结构；用户通过 free_security() 释放该结构，则安全域将自动恢复成默认设置。Linux 安全模块(LSM)提供的钩子(hook)函数主要有以下几类：

第一类是任务钩子(task hooks)。

Linux 安全模块(LSM)提供了一系列的任务钩子使得安全模块可以管理进程的安全信息并且控制进程的操作。模块可以使用 task_struct 结构中的安全域来维护进程安全信息；任务钩子提供了控制进程间通信的钩子，例如 kill()；还提供了控制对当前进程进行特权操作的钩子，例如 setuid()；还提供了对资源管理操作进行细粒度控制的钩子，例如 setrlimit()和 nice()。

第二类是程序装载钩子（program loading hooks）。

很多安全模块，包括 Linux capabilities，SELinux，DTE 都需要有在一个新程序执行时改变特权的能力。因此 Linux 安全模块（LSM）提供了一系列程序装载钩子，用在一个 execve()操作执行过程的关键点上。linux_binprm 结构中的安全域允许安全模块维护程序装载过程中的安全信息；提供了钩子用于允许安全模块在装载程序前初始化安全信息和执行访问控制；还提供了钩子允许模块在新程序成功装载后更新任务的安全信息；还提供了钩子用来控制程序执行过程中的状态继承，例如确认打开的文件描述符。

第三类是进程间通信 IPC 钩子（IPC hooks）。

安全模块可以使用进程间通信 IPC 钩子来对 System V IPC 的安全信息进行管理，以及执行访问控制。IPC 对象数据结构共享一个子结构 kern_ipc_perm，并且这个子结构中只有一个指针传给现存的 ipcperms()函数进行权限检查，因此 Linux 安全模块（LSM）在这个共享子结构中加入了一个安全域。为了支持单个消息的安全信息，Linux 安全模块（LSM）还在 msg_msg 结构中加入了一个安全域。Linux 安全模块（LSM）在现存的 ipcperms()函数中插入了一个钩子，使得安全模块可以对每个现存的 Linux IPC 权限执行检查。由于对于某些安全模块，这样的检查是不足够的，Linux 安全模块（LSM）也在单个的 IPC 操作中插入了钩子。另外还有钩子支持对通过 System V 消息队列发送的单个消息进行细粒度的访问控制。

第四类是文件系统钩子（filesystem hooks）。

对于文件操作，定义了三种钩子：文件系统钩子，inode 节点钩子，以及文件钩子。Linux 安全模块（LSM）在对应的三个内核数据结构中加入了安全域，分别是：super_block 结构，inode 结构，file 结构。超级块文件系统钩子使得安全模块能够控制对整个文件系统进行的操作，例如挂载，卸载，还有 statfs()。Linux 安全模块（LSM）在 permission()函数中插入了钩子，从而保留了这个函数，但是也提供了很多其他 inode 节点钩子来对单个 inode 节点操作进行细粒度访问控制。文件钩子中的一些允许安全模块对 read()和 write()这样的文件操作进行额外的检查；还有文件钩子允许安全模块控制通过 socket IPC 接收打开文件描述符；其他的文件钩子对像 fcntl()和 ioctl()这样的操作提供细粒度访问控制。

第五类是网络钩子（network hooks）。

对网络的应用层访问使用一系列的 socket 套接字钩子来进行仲裁，这些钩子基本覆盖了所有基于 socket 套接字的协议。由于每个激活的用户 socket 套接字有伴随有一个 inode 结构，所以在 socket 结构或是更底层的 sock 结构中都没有加入安全域。socket 套接字钩子对有关进程的网络访问提供了一个通用的仲裁，从而显著扩展了内核的网络访问控制框架（这在网络层是已经由 Linux 内核防火墙 netfilter 进行处理的）。例如 sock_rcv_skb 钩子允许在进入内核的包排队到相应的用户空间 socket 套接字之前，按照其目的应用来对其进行仲裁。另外 Linux 安全模块（LSM）也为 IPv4，UNIX 域，以及 Netlink 协议实现了细粒度的钩子，以后还可能实现其他协议的钩子。网络数据以包的形式被封装在 sk_buff 结构（socket 套接字缓冲区）中游历协议栈，Linux 安全模块（LSM）在 sk_buff 结构中加入了一个安全域，使得能够在包的层次上对通过网络层的数据的安全信息进行管理，并提供了一系列的 sk_buff 钩子用于维护这个安全域的整个生命周期。硬件和软件网络设备被封装在一个 net_device 结构中，一个安全域被加到这个结构中,使得能够在设备的层次上维护安全信息。

最后是其他的钩子。

Linux 安全模块(LSM)提供了两种其他系列的钩子:模块钩子和顶层的系统钩子。模块钩子用来控制创建,初始化,清除内核模块的内核操作。系统钩子用来控制系统操作,例如设置主机名,访问 I/O 端口,以及配置进程记账。虽然现在的 Linux 内核通过使用权能(Capability)检查对这些系统操作提供了一些支持,但是这些检查对于不同操作差别很大并且没有提供任何参数信息。

Linux 安全模块(LSM)对于普通用户的价值就在于:可以提供各种安全模块,由用户选择适合自己需要加载到内核,满足特定的安全功能。Linux 安全模块(LSM)本身只提供增强访问控制策略的机制,而由各个安全模块实现具体特定的安全策略。

7.3 安全操作系统设计实例剖析(以 SELinux 为例)

本节主要讨论怎样安装、配置和管理一个增强安全性的 Linux(Security – Enhanced Linux,SELinux)系统。SELinux 是在标准的 Linux 内核上的扩展,增加了严格的访问控制。SELinux 限制进程到所需的最小特权。作为配置安全策略的例子,将介绍怎样配置基于 BIND 的 DNS 服务器,限制服务器只拥有其所需的操作权限。

7.3.1 SELinux 简介

SELinux 是由美国国家安全局(National Security Agency, NSA)于 2000 年年底发布,是与 NAI 实验室、安全计算公司和 MITRE 公司联合开发的 GPL 项目,它拥有一个灵活而强制性的访问控制结构,旨在提高 Linux 系统的安全性,提供强健的安全保证,可防御未知攻击,据称相当于 B1 级的军事安全性能。美国国家安全局(National Security Agency, NSA)长时间以来就关注大部分操作系统中受限的安全能力,他们发现大部分操作系统的安全机制,包括 Windows 和大部分 UNIX 和 Linux 系统,只实现了"自主访问控制(Discretionary Access Control)"(DAC)机制。DAC 机制只是根据运行程序的用户的身份和文件等对象的所有者来决定程序可以做什么。NSA 认为这是一个严重的问题,因为 DAC 本身对脆弱的或恶意的程序来说是一个不合格的防护者。取而代之的是能支持"强制访问控制(Mandatory Access Control)"(MAC)机制,需要扩充标准内核来对增加的安全提供更多的灵活性,于是出现了 Linux 内核的安全模块版本(LSM),提供附加的模块,将标准的 Linux 内核扩充到安全性增强的内核。SELinux 就是作为 LSM 模块构建的。SELinux 在 Linux 内核级别上提供了一个灵活的强制访问控制机制(MAC),这个强制访问控制机制是建立在选择性访问控制机制(DAC)之上的。应用 SELinux 后,可以减轻恶意攻击或恶意软件带来的灾难,并提供对机密性和完整性有很高要求的信息很高的安全保障。

DAC 是指系统的安全访问控制都是由系统管理员 root 自由管理的,不是系统强制行为。MAC 提供了关于软件交互的全面控制。管理员定义的策略能密切控制用户和进程与系统交互。MAC 运行的时候,比如一个应用程序或者一个线程以某个用户 UID 或者 SUID 运行的时候同样对一些其他的对象拥有访问控制限制,比如文件,套接字(Sockets)或者其他的线程。通过运行 SELinux MAC 内核可以保护系统不受恶意程序的侵犯,或者系统本身的 bug 不会给系统带来致命影响(把影响限定在一定范围内)。

在 DAC 模型中,文件和资源惟一由用户身份和客体拥有者决定。每个用户和程序能运行其拥有的客体。恶意或缺陷软件能通过启动进程来控制用户文件和资源。如果用户是超级用户或使用 setid 和 setgid 设置成超级用户,则进程就能控制整个系统。

MAC 系统可以免除这样的问题。首先,可以对所有进程和客体定义安全策略;第二通过内核控制所有的进程和客体;第三利用相关安全信息做决定,而不是认证用户身份。SELinux 中的 MAC 允许提供对所有主体(用户、程序、进程)和客体(文件、设备)的粒度控制。实际上,如果把进程看成主体的话,则客体就是进程操作的目标。可以只安全地授予一个进程执行所需操作的权限,而无其他权限。

SELinux 使用基于角色的访问控制(RBAC),提供基于角色的用户级控制和强制类型(TE)。TE 使用一个表,或一个矩阵处理访问控制,增强基于进程和客体类型的策略规则。进程类型成为域(Domains),进程域和客体类型矩阵的交叉点定义了权限。

SELinux 为每一个用户,程序,进程,还有文件定义了访问还有传输的权限。然后管理所有这些对象之间的交互关系。对于 SELinux 设定的对象权限是可以根据需要在安装时候规定严格程度,或者完全禁用。在大多数情况下,SELinux 对于用户来说是完全透明的,普通用户根本感觉不到 SELinux 的存在,只有系统管理员才需要对这些用户环境,以及策略进行考虑。这些策略可以按照需要宽松的部署或者应用严格的限制,SELinux 提供了非常具体的控制策略,范围覆盖整个 Linux 系统。比如,当一个对象如应用程序要访问一个文件对象,内核中的控制程序检查访问向量缓存(AVC),从这里寻找目标和对象的权限,如果在这里没有发现权限定义,则继续查询安全定义的上下关联,以及文件权限,然后作出准许访问以及拒绝访问的决定。如果在 var/log/messages 出现 avc:denied 信息,则表明访问拒绝。

目标和对象通过安装的策略来决定自身的安全关联,同时这些安装的策略也负责给系统产生安全列表提供信息。除了运行强制模式以外,SELinux 可以运行在许可模式,这时候,检查 AVC 之后,拒绝的情况被记录。SELinux 不强制使用这种策略。

MAC 机制使得系统管理员可以定义整个系统的安全策略,这个策略可以基于其他因素,像是用户的角色、程序的可信性及预期使用、程序将要使用的数据的类型等,来限制程序可以做哪些事情。例如,有了 MAC 后,用户不能轻易地将"保密的(Secret)"数据转化为"不保密的(Unclassified)"的数据。

7.3.2 SELinux 的工作原理

SELinux 的设计遵循了安全操作系统的设计原则:分配给每个主体对客体的访问特权是完成其工作所必须的特权的最小集合,有效地防止了特权的转移;MAC 和 RBAC 机制简单明了,并经过严格验证;MAC、RBAC 和 LSM 保护机制是公开的;每个主体对每一个客体的每一次访问都必须经过检查,以确认是否已经得到授权,并且采用的是明确授权的访问方式;通过域和角色来实现权限分离;使用 LSM 可以使安全增强模块以可加载内核模块的方式加入内核,在实际的 SELinux 发布中,用户可根据自己的需要来选择加载 SELinux 安全模块来启动安全增强子系统,方便用户使用。

SELinux 是一种基于域-类型模型(Domain-type)的强制访问控制(MAC)安全系统,其开发方法采用的是改进/增强法。它由 NSA 编写并设计成内核模块包含到内核中,相应的某些安全相关的应用也被打了 SELinux 的补丁,最后还有一个相应的安全策略。

SELinux 的开发过程如下:在对现有 Linux 非安全版本进行安全性增强之前,通过进行安全需求分析,明确安全需求,制定相应的安全策略;结合系统特点采用改进/增强法,在系统内核中添加安全模块;最后在具体的发布版本中进行反复的测试和安全性分析,并提交权威评测部门进行安全可信度认证。

域-类型模型意味着在安全域中运行着的每一个进程和每一个资源(一般文件、目录文件和套接字等)都有一个与之相联系的"类型"(Type)。在这基础之上建立了一系列规则,这些规则列出了某个域可以在每一个类型上执行的所有动作。域-类型模型的一个优点就是我们可以对策略进行分析,从而判断出哪些信息有可能外溢。在标准的 UNIX 环境中,用户一般可以使用 ps 命令来互相查看彼此的进程列表,然而这也会为攻击者提供有价值的信息。甚至就算完全阻止用户使用 ps 命令,信息还是会意外的或故意的泄露,其实在一个给定的 UNIX 环境中,哪些信息会发生泄露是无法判断的。

SELinux 的方法实际上非常普通。每一个重要的内核对象,比如每个文件系统对象和每个进程,都有一个关联到它们的"安全上下文(Security Context)"。安全上下文可以基于军事安全级(如不保密的、保密的和高度保密的)、基于用户角色、基于应用程序(例如一个 Web 服务器可以拥有它自己的安全上下文),或者基于很多其他内容。当它执行另一个程序时,进程的安全上下文可以改变。即使是同一个用户启动了所有程序,一个给定的程序也可以在不同的安全上下文中运行。

系统管理员可以创建一个指定哪些特权授予哪个安全上下文的"安全策略(Security Policy)"。当发生系统调用时,SELinux 去检查是否所有需要的特权都已经授予了——如果没有,它就拒绝那个请求。

在使用了 SELinux 的系统中,每一个进程的上下文都包含三个组成部分:一个 ID(Identity),一个角色(Role)和一个域(Domain)。

ID 是指这个进程的所有者,就是 UNIX 账户,但前提是这个账户必须被预先编译到 SELinux 策略中去使 SELinux 认识这个账户,不然的话 SELinux 默认地将那些未知的系统进程 ID 记为 system_u ,将那些未知的用户进程 ID 记为 user_u;角色用来判断某个处于此角色的 ID 可以进入哪些域,还用来防止某个处于此角色的 ID 进入其他不该进入的域。比如,user_r 角色就不允许进入 sysadm_t(重要的系统管理域)。换句话说就是,那些只有 user_u ID 的进程只能扮演 user_r 这个角色,而 user_r 这个角色永远不能被许可进入 sysadm_t 域。从而,那些只有 user_u 这个 ID 的人是别想进入 sysadm_t 域的。这些特色在缺省的 Fedora Core2 策略中并没有完全使用,当前我们只是把努力花在制定守护进程上,而对用户域的策略限制得很少(targeted 策略没有对用户登录做任何限制)。

一个安全上下文可以像 identity:role:domain 这样一种描述符的方式简明地表现出来。

比如,典型的系统管理上下文可以表示成 root:sysadm_r:sysadm_t 。任何可以被访问的对象都可以这样来表示。值得注意的是,"域"其实也是和一个进程相对应的一个"类型"。所以当检查某个进程是否有权向另一个进程发送信号(比如为 ps 命令检阅/proc 文件系统)时,接受信号的进程的"域"就会充当"域-类型"模型中的"类型"的角色,从而完成"域-类型"的规则检查。即完成了进程间通信权限的检查。由于对于文件还没有使用角色这个机制,所以目前每个文件都被规定为 object_r 角色(这个角色只是占个位置罢了,对策略没有任何影响)。

文件的 ID 就是文件创建者的 ID。constraints 策略源文件中使用这个方式来判断一个访问是否有权改变某个文件的上下文描述符。除非被访问的文件的描述符中的 ID 字段和访问该文件的进程的所有者 ID 字段相同,无论是改变前还是改变后,否则进程无权改变一个文件的上下文描述符。

例如,一个拥有 rjc:user_r:user_t 描述符的进程可以将一个拥有 rjc:object_r:user_games_rw_t 描述符的文件的描述符改为 rjc:object_r:user_games_ro_t,但是它无权改变一个拥有 john:object_r:user_games_rw_t 描述符的文件的任何属性。

要想查看当前运行的进程的上下文描述符,可以使用 ps 命令并加入"-Z"选项。要想查看目录下的文件的上下文描述符,可以使用 ls 命令并加入"-Z"选项。

值得注意的是:对于那些没有指定上下文的文件(一般是指那些不支持 rwx 标签的文件系统,如/sys、/proc、/selinux),ls 命令就不会显示其上下文。对于不能用 stat 命令查看当前状态的那些文件系统。ls 命令返回"? ---------",其所有者和所有组也被标记为"?",也不会显示上下文。

如果在 SELinux 系统中使用了 strict 策略,会发现应用程序做一些不正常的事情是很容易发生的。经常会发现某些程序中会有些 bug,这些 bug 使程序做那些 SELinux 策略不允许其做的其他事情。

SELinux 要求进程的上下文只有在被执行的"那一刻"才允许改变。新进程的域和角色信息可以从 exec 系统函数的上下文和文件类型中自动获得。进程也可以在执行 exec 之前被指明上下文。这些过程自然受 SELinux 策略的控制,因为 ID,角色和域都受 SELinux 策略的控制。

例如,要创建一个文件,当前进程的安全上下文必须有对父目录的安全上下文的"搜索(search)"和"增加(add_name)"特权,而且它需要有对于(要创建的)文件的安全上下文的"创建(create)"特权。同样,那个文件的安全上下文必须有特权与文件系统"关联(associated)"(例如,"高度保密"的文件不能写到一个"不保密"的磁盘)。还有用于套接字、网络接口、主机和端口的网络访问控制。如果安全策略为那些操作全部授予了权限,那么请求就会被 SELinux 所允许,否则,就会被禁止。如果按部就班地去做所有这些检查将会较慢,不过有很多优化方案(基于多年的研究)使其变得很迅速。

这一检查完全独立于类 UNIX 系统中的通常的权限位;在 SELinux 系统中,用户必须既有标准的类 UNIX 权限,又有 SELinux 权限才能去做一些事情。不过,SELinux 检查可以做很多对传统的类 UNIX 权限来说难以完成的事情。使用 SELinux,用户可以方便地创建一个只能运行特定程序并且只能在特定的上下文中写文件的 Web 服务器。更有趣的是,如果一个攻击者攻入了 Web 服务器并成为超级用户,在有一个好的安全策略的情况下,攻击者也不会获得整个系统的控制权。

为了使 SELinux 有效,用户需要有一个好的安全策略来由 SELinux 执行。大部分用户将需要一个他们容易修改的实用的初始策略。设计好的初始安全策略类似对产品分类,NSA 希望由商业界来做,而且看起来是要这样做。Red Hat、一些 Debian 开发者、Gentoo 以及其他人正在使用基本的 SELinux 框架,并且正在创建初始安全策略,这样用户可以马上开始使用它。的确,Red Hat 计划为所有用户在他们的 Fedora 内核中都启用 SELinux,并提供简单的工具来使得非专业用户可以通过选择一些常见选项来修改他们的安全策略。Gentoo 有一个可引导的 SELinux LiveCD。这些团体将使得最小化程序特权变得更简单,而不需要大量代码。

SELinux 只有当程序执行时才允许发生安全传输,它控制进程的权限(不是一个进程的一部分)。所以,为了充分发挥 SELinux 的潜力,用户需要将其应用程序分解为独立的进程,形成一些小的有特权的组件。这样容易创建一个更强有力的防御,以使得那些控制能发挥最大的效用。

默认情况下,安全策略的定义文件在/etc/security/selinux/src目录下。"users"文件包含用户和角色的定义。如果一个用户想切换角色的话,应该在此文件中登记。目录"file_contexts"包含了文件标记的定义。在"file_contexts/program"中,有系统内每类程序的文件上下文定义。例如file_contexts/program/ntpd.fc文件中包含了ntpd程序的标记定义。命令make relabel将读所有文件上下文的定义,并将其应用到所有的本地文件系统中。目录"domains"包含了安全策略定义,命令make load将根据其中的文件重建并重装内核安全策略。

7.3.3 普通的Linux与SELinux相比较

SELinux与普通Linux内核兼容,所以SELinux系统可以运行任何在Linux上编译的软件。普通Linux安全和传统Unix系统一样,基于自主存取控制方法,即DAC,只要符合规定的权限,如规定的所有者和文件属性等,就可存取资源。系统的安全性是依赖内核的,这个依赖是通过setuid/setgid产生的。在传统的安全机制下,一些通过setuid/setgid的程序就产生了严重安全隐患,甚至一些错误的配置就可引发巨大的漏洞,被轻易攻击。

而SELinux则基于强制存取控制方法,即MAC,透过强制性的安全策略,应用程序或用户必须同时符合DAC及对应SELinux的MAC才能进行正常操作,否则都将遭到拒绝或失败。一旦用户正确配置了系统,不正常的应用程序配置或错误将只返回错误给用户的程序和它的系统后台程序。其他用户程序的安全性和他们的后台程序仍然可以正常运行,并保持着它们的安全系统结构。

虽然SELinux本身并不是一个发布,但有许多Linux的发布包含了SELinux的安装。目前常见的包含SELinux的Linux发布有:

①Fedora Core :从Fedora Core 2开始;
②RedHat Enterprise Linux :从4.0版开始;
③Debian:支持附加的包;
④Gentoo :支持附加的包;
⑤Ubuntu:支持附加的包;
⑥SuSE :集成在SuSE Linux 9.x和SLES 9中。

在RHEL4.0或FC3以上的版本中,可以在安装时就选择是否激活SELinux,系统自动会安装相应的内核、工具、程序等。由于SELinux的MAC机制将极大的影响了现有引用,因此RHEL4/FC3中已预配置了大量兼容现有应用的安全策略。

SELinux的配置相关文件都在/etc/selinux下,其中/etc/selinux/targeted目录里就包含了策略的详细配置和context定义,以下是主要文件及功用:

/etc/selinux/targeted/contexts/ *_context :默认的context设置;
/etc/selinux/targeted/contexts/files/ * :精确的context类型划分;
/etc/selinux/targeted/policy/ * :策略文件。

使用Redhat默认的策略对正常应用带来的影响比较小,兼容性相对比较好。对于需要提供虚拟主机或大量应用的用户而言,则会带来不小的麻烦,需要仔细阅读SELinux的手册进行调整。其中Fedora Core的官方网站上有相关的Apache/SELinux的策略调整文档。

激活SELinux的操作系统,需要对策略和模式进行变更时,一般不需要重启动即可获得变化,主要就是透过libselinux软件包实现。libselinux包含了对策略的控制/管理工具,其中getsebool/setsebool 是读取/设置 SELinux 布尔值的工具，getenforce/setenforce 则是设置强制性的工具。

SELinux 主要的改进在于：
①对内核对象和服务的访问控制；
②对进程初始化、继承和程序执行的访问控制；
③对文件系统、目录、文件和打开文件描述的访问控制；
④对端口、信息和网络接口的访问控制。

控制的东西越多，使用起来就越复杂，SELinux 也不例外，目前 SELinux 还在不断完善中，管理和控制策略并不是一件轻松的事，需要丰富的系统知识和经验，并且必须仔细阅读 SELinux 相关的文档，做大量的尝试。

在安全方面 SELinux 也对 Linux 本身加强了安全级数，Linux 的安全级数一直是 C 级或 C+级，和 Windows 服务器的级数相同，但是 SELinux 却有望把 Linux 的安全级数提升至 B 级。应用 SELinux 后，可以减轻恶意攻击或恶意软件带来的灾难，并提供对机密性和完整性有很高要求的信息很高的安全保障。

SELinux 能从外部定义安全策略使得管理更容易并能在运行时动态改变策略。SELinux 也包括角色访问控制(RBAC)机制，有能力赋予用户和进程角色并控制角色转换。

SELinux 也有能力实现多级安全模型(MLS)。在该模型中，对象(如系统中的文件)被分类成不同的安全级别，如"绝密"、"机密"、"秘密"和"公开"。信息可从低级向高级传递，反过来不行。MLS 典型地应用在需要极高安全级别的军队和政府的多用户系统中。

SELinux 是使用类型和基于角色的访问控制的一个强制访问控制系统。它是作为 Linux 安全模块(LSM)实现的。除了内核部分以外，SELinux 由一个库(libselinux)、用户实用工具和其他用户程序组成。该实用工具可以编译策略(checkpolicy)，加载策略(policycoreutils)。SELinux 是应用到真实操作系统中的强制访问控制的一个实际实现。通过利用 SELinux，有可能创建高安全级别的系统，能够抵抗住来自最高特权级的运行程序的攻击。

SELinux 中包含的一些常用工具包有：
①libselinux；
②libsepol；
③selinux-policy-targeted；
④selinux-policy-strict；
⑤policycoreutils；
⑥checkpolicy；
⑦setools。

7.3.4 强制访问控制(MAC)

安全专家使用很多模型描述安全访问控制系统。最有名的一个模型可能是自主访问控制(Discretionary Access Control, DAC)。DAC 是 UNIX 系统通常使用的模型。该模型描述了每个用户如何完全控制他们拥有的文件和他们使用的程序，被一个用户运行的程序拥有该用户的全部权限。一个用户允许他人有选择性地访问他的文件，这样的一个模型，其系统安全的级别由选择的应用决定。例如，如果超级用户运行一个程序(如缓冲区溢出或错误配置)，攻击者可以获得超级用户的特权，整个系统安全性就受到威胁。

另一个安全模型是强制访问控制(Mandatory Access Control,MAC)。如果已经为一个防火墙系统配置了规则,那么就知道 MAC 模型:由管理员定义的严格安全访问控制,其他任何人都不能改变。一个带 MAC 机制的系统按严格定义的规则操作,其中的一个关键准则是"没有明确允许的,就是拒绝的"。

在 UNIX 系统上实现 MAC 模型是很困难的。为所有用户定义每个程序对所有对象的访问权限,将形成一个巨大的规则集。为了简化该问题,使用基于角色的访问控制(Role – Based Access Control,RBAC)。在 RBAC 模型中,系统管理员能定义角色,并允许某些用户访问某些角色。如会计只能读写访问账目数据库,而不能访问其他文件,系统审计员应该能读访问系统日志和配置文件,但不能修改它们。通过定义系统中的角色,定义了某类角色能访问的对象,并允许各个用户扮演各种角色,这样强制访问控制(MAC)的定义任务就得到大大简化。

几乎没有操作系统允许这种级别的访问控制。SELinux 发布表明这种高安全等级的操作系统是切实可行的。SELinux 是基于 Linux 内核,实现强制访问控制(MAC)模型的一个实例。简言之,一个 SELinux 系统的系统管理员能在系统中建立一个安全策略,定义哪些程序能访问哪些文件,这就相当于在每个用户和系统中的每个进程周围放置了一个防火墙。为了做到这点,SELinux 实现了一种机制,用安全上下文标记每个进程文件,并在 Linux 内核中增加了强制安全模块允许或拒绝访问对象,如文件和设备。管理员定义的安全策略由内核通过一个安全服务进程访问。该进程作为内核的一部分运行,并决定哪个主体(进程、用户)能访问哪个客体(文件、设备)。在 SELinux 中,称该控制机制为类型强制(TE)。

如果在一个 SELinux 系统中以超级用户身份运行的一个进程有害的话(如缓冲区溢出),那么损失会减到最小。

chroot 就是把某程序置于文件系统下的某一处,而当运行的时候,就不会离开这个文件系统的部分(也就是不会影响整个的文件系统。)bind 是最喜欢使用这个方式来增进其安全级数的。

如果把所有的程序都分成不同的层次来运行(domain),而不同的 domain 却各自独立,而且如果没有经过授权是不可以由 domain A 跳到 domain B 的,在这种情况下,MAC 就如 chroot 一样。

因为 root 所属的 domain type(如 sysadm_t 或者 staff_t)没有授权"跳到"所需要执行某程序的 domain type 下,则 root 无法执行该程序。如果无法做这样的"跳",也就无法做希望的工作,这样 root 的权力就受到限制了!

SELinux 在开机的时候,会装入(load)一个叫做 policy * 的策略权限文件,来定义 domain 和权限。如果用户的 SELinux 是不能在开机后转回 permissive 模式的话,那 root 也可能无法修改其中的设定!

MAC 的好处就如 chroot 一样把系统内任何东西都加上一层保护层。就算是入侵进入了计算机,也很有可能无法做任何事情!

例如:imapd 和 popd 服务器是以 root 的权限执行的,当某天发现了一个极严重的 bug,从而使得入侵者可以从这两个服务器进入系统,此时如果 Linux 系统有被 SELinux 保护的话,那么入侵者仍没有办法拿到 Linux 系统下完整的 root 的权限,因为它被 imapd 或者 popd 所属的 domain type 所限制,因此 Linux 系统仍被 SELinux 系统保护,但是没有 SELinux 保护的系统,就可能因为 imapd 或者 popd 服务器入侵而产生不可预期的安全问题。

SELinux 在 Linux 中实现了高强度但又灵活的强制访问控制(MAC)体制,提供基于机密性和完整性的信息隔离，能对抗欺骗和试图旁路安全机制的威胁，限制了因恶意代码和应用程序缺陷造成的危害。SELinux 支持多种安全策略模型，支持策略的灵活改变，使用类型裁决和基于角色的访问控制来配置系统。

说起 SELinux，同时也涉及相关的几个概念，DAC(自主访问控制)、MAC(强制访问控制)。SELinux 就是一个 FLask 体系结构在 Linux 上的实现，最初是以内核的一个大补丁的形式出现，自从 Linux2.6 支持 LSM 以后，就以一个 LSM hook 的集合的形式重新用 LSM 实现了，完全分离了访问控制仲裁功能和访问策略。DAC(Discretionary Access Control)：传统的 Unix/Linux 访问控制方式，系统通过文件的读、写、执行权限和 owner、group、other 等形式来控制多文件属性。MAC(Mandatory Access Control)：在 SELinux 的 MAC 模型与传统的 DTE 模型有点类似，只不过在 SELinux 中，域的概念其实就是 DTE 中的类型，只不过被冠以 domain 的属性 SELinux 的安全机制采用了 Flask/Fluke 安全体系结构。

7.3.5　SELinux 体系结构

Flask7 是以 Fluke 操作系统为基础开发的安全操作系统原型。Fluke 是一个基于微内核的操作系统，它提供一个基于递归虚拟机思想的、利用权能系统的基本机制实现的体系结构。

SELinux 的安全机制采用了 Flask/Fluke 安全体系结构，此安全体系结构在安全操作系统研究领域的最主要突破是灵活支持多种强制访问控制策略，支持策略的动态改变。

Flask 安全体系结构描述两类子系统之间的相互作用以及各类子系统中的组件应满足的要求，两类子系统中，一类是客体管理器，实施安全策略的判定结果，另一类是安全服务器，作出安全策略的判定。该体系结构的主要目标是不管安全策略判定是如何作出的，也不管它们如何随时间的推移而可能发生变化，都确保这些子系统总是有一个一致的安全策略判定视图，从而，在安全策略方面提供灵活性。

Flask 安全体系结构清晰分离定义安全策略的部件和实施安全策略的部件，安全策略逻辑封装在单独的操作系统组件中，对外提供获得安全策略裁决的良好接口，这个单独的组件称为安全服务器(因为其原型是在微内核之上运行于应用层次的服务)。在 Flask 安全体系结构中系统实施安全策略的组件称为客体管理器。客体管理器从安全服务器获得安全策略的裁决并通过绑定客体的标识和操控对客体的访问来实施安全策略裁决。客体管理器分布在 SELinux 内核的大多数子系统上，例如进程管理、文件管理、套接字管理等。应用层的管理子系统也被融入了客体管理器。

安全服务器：Flask 原型系统的安全服务器实现了由四个子策略组成的安全策略，这几个子策略是多级安全(MLS)策略、类型裁决(TE)策略、基于标识的访问控制(IBAC)策略和基于角色的访问控制(RBAC)策略。安全服务器提供的访问判定必须满足每个子策略的要求。由 Flask 的安全服务器封装的安全策略通过两种方式定义，一种方式是由程序代码定义，另一种方式是由策略数据库定义。能够由 Flask 原型的策略数据库语言表示的安全策略可以简单地通过修改策略数据库来实现。对于其他的安全策略，需要修改程序代码或完全重写安全服务器，以改变安全服务器的内部策略框架，从而获得支持。值得注意的是，不管是否需要修改安全服务器的程序代码，都无需对客体管理器作任何修改。安全服务器中安全裁决的做出依据安全上下文(context)，安全上下文是独立于安全策略的数据类型，包含了与安全裁决相关的安全属性，能被系统多个部分处理但只能由安全服务器负责解释。安全上下文不直接与客体绑定，与客体直接绑定的数据类型是安全标识(SID)。SID 是客体管理器绑定的非全局，非恒定

（用于标识主体如进程）的数据，在运行时由安全服务器持有并映射（map）为安全上下文。SELinux 中的安全服务器使用的是支持多策略的安全模型，包括支持基于标识的访问控制（IBAC），基于角色的访问控制（RBAC）和类型裁决（TE），MLS 作为可选的策略被系统支持。SELinux 并不依赖于这几个策略，可以有其他的选择来替代这个模型，这仅仅是 SELinux 安全服务器多策略的一种组合。

客体管理器：Flask 安全体系结构为客体管理器提供 3 个基本要素。首先，该体系结构提供从安全服务器检索访问、标记和多例化判定的接口。访问判定描述两个实体间（典型地，是一个主体与一个客体间）的一个特定权限是否得到批准。标记判定描述分配给一个客体的安全属性。多例化判定描述一个特定的请求应该访问多例化资源中的哪一个成员。其次，该体系结构提供一个访问向量缓存（AVC）模块，该模块允许客体管理器缓存访问判定，以便缩小性能开销。第三，该体系结构为客体管理器提供接收安全策略变化通知的能力。客体管理器负责定义为客体分配标记的机制。每个客体管理器必须定义和实现一个控制策略，该控制策略描述如何利用安全判定来控制管理器提供的服务，它为安全策略提供对客体管理器提供的所有服务的控制，客体管理器允许根据安全威胁来配置这些控制，从而以最通用的方式对威胁进行处理。每个客体管理器必须定义响应策略变化时调用的处理例程。对多实例化资源的使用，每个客体管理器必须定义选择资源的合适实例的机制。SELinux 客体管理器是运行于内核各个子系统的精巧、高效的代码。客体管理器管理客体与安全相关的属性（如 SID）并对客体进行标识，它主要的功能是实施安全策略，控制对客体的访问，任何用户对客体访问的请求必须经过客体管理器，这是不可旁路的（这主要得益于 LSM 的体系结构）。用户的请求导致客体管理器进行许可检查，向安全服务器发出许可检查请求，从而获得安全裁决。系统用 AVC 缓存对访问的裁决，可减少对安全服务器的查询开销。客体管理器对所有的客体安全属性是进行的盲（opaque）操作，即客体管理器标识客体或对 SID 操作时不对相应数据的结构和数据的具体数值进行操作，因此安全服务器策略的改变，安全属性数据结构的改变都不会影响客体管理器的运作。

Flask 安全体系结构的突出特点是通过安全判定与判定实施的分离实现安全策略的独立性，借助访问向量缓存（AVC）实现对动态策略的支持。安全请求的判定由安全服务器负责，判定结果的实施由客体管理器完成，AVC 是客体管理器的一部分，它用于存放由安全服务器提供的供客体管理器使用的访问判定计算。安全服务器是封装安全策略逻辑的一个独立的操作系统组件，它对外提供获取安全策略判定的通用接口。在 SELinux 实现中，安全服务器和 AVC 是在 Linux 操作系统中增加的两个新组件，安全服务器是 Linux 内核中的一个子系统，内核中的其他子系统属于客体管理器。

NSA 发布的 SELinux 有一个用于通用目的，符合多种安全要求的策略配置实例，主要用于演示系统应如何配置策略来加强安全。其中，RBAC 配置非常简单，所有的系统进程以 system_r 角色运行，对用户只定义了两个角色，user_r 普通用户角色和 system_r 系统管理员角色。绝大多数安全策略通过类型裁决（TE）的配置来细化，TE 为各种系统进程和授权的 system_r 角色划分不同的域，用户角色在登录（login）时进入 user_t 或 sytem_t 域，域是用来分割主体权限和主体对客体权能（capability）的标签，相应地用类型（Type）来标识客体。每个用户角色可被授权不同的域，域的转换将导致主体特权的自动改变，域能根据现实环境的安全需求进行细粒度分割，可对安全情况复杂的活跃进程分配单独的域。

如果攻击者能直接对数据进行 I/O 操作，那么对任何进程和文件的访问控制就会失效，所以在配置策略时要严格限制对数据的原始访问。SELinux 配置实例为能被原始访问的客体定义了一系列类型（Type），仅有很少的特权域能访问这些类型，而且严格限制主体进入这些特权域。因为象 fsck 这样的磁盘的维护工具必须访问原始磁盘，所以为这类工具定义了 fadm_t 域，为工具的执行程序定义了 fadm_exec_t 类型，并在策略配置文件中用宏脚本定义具体的规则。

SELinux 配置实例符合的第二个安全目的是提供对内核完整性的保护，内核完整性的保护即就是对根(/)目录文件的保护，根(/)目录文件如被非法篡改、移动和替换，将对整个系统产生威胁。绝大多数根(/)目录下的文件被标识为 boot_t 类型，仅能被系统管理员修改，另一些根(/)目录下的文件需随系统的运行被自动修改，这样的文件标识为 boot_runtime_t 类型。

关键系统文件一样也需要保护，SELinux 配置实例为系统软件，系统配置信息，系统审计分别定义了单独的类型来保护其完整性。例如，审计文件 wtemp 储存了用户登录(login)的记录，需要保护其完整性，策略配置为其定义了 wtmp_t 类型，为必须更新此文件的程序(如 login、utemper、gnome-pty-helper 等)分别分配单独的域，且仅授权这些域有写 wtemp 的访问权限，这样可防止恶意代码对此文件的篡改。

特权程序的缺陷经常被利用来破坏系统的安全，SELinux 配置实例基于通用的目的，选择了通常认为具有不安全因素的特权程序并为这些特权程序定义了单独的域，通过对域权限的控制，使特权程序只具备正常运作的最小权限。在设计配置策略时，可根据具体的应用环境对特权程序进行限制。

对进程的保护首先是对进程运行进行隔离，按环境需要为进程定义和分配不同的域，同时还要保护域中进程不受其他域进程的干扰。SELinux 配置实例严格限制进程间的相互作用，只有经过授权的相关特权域如系统管理员的 system_t 域才能对/proc 目录下的其他域的进程文件进行访问。

因为管理员域在系统所有域中高度特权化，所以策略配置必须确保管理员域的安全进入。SELinux 配置实例只允许通过程序 login 和程序 newrole 进入管理员域，本地 login 和远程 login 具有不同的域，所以策略配置能禁止远程登录的用户进入管理员域。

SELinux 配置实例还通过禁止其他域的进程干扰管理员域来保护管理员域。通过自动转移具有不安全因素的进程如 netscape 到限制更严格的域和限制管理员域只能执行规则允许执行的客体类型来防止管理员域执行恶意代码。

7.3.6 SELinux 的安装与使用

当安装 Linux 系统时，确保做好如下工作：
①使用 ext2 或 ext3 文件系统；
②安装内核开发工具包；
③安装 gcc 编译器；
④使用 GRUB 或 LILO 作为引导装入。

安装任何需要运行的软件包时，如 BIND DNS、Apache、Samba 等。最好不要安装 GUI 的登录配置，因为一旦安装 SELinux 后，在 GUI 控制台登录会很困难。因此最好编辑/etc/inittab 文件，设置缺省的运行级别为 3，并禁止 X 服务器启动。在安装好 Linux 系统后，就可下载 SELinux。可从 NSA 网站获得最新版本，http://www.nsa.gov/selinux/src-disclaim.html。

SELinux 工具包包括下列部分：

①标准的 Linux 内核；
②附加的 Linux 安全模块(LSM)；
③SELinux 内核模块；
④SELinux 需要的内核补丁；
⑤SELinux 管理程序标记文件、构造策略；
⑥RBAC 和 TE 策略的标准策略文件集；
⑦SELinux 对标准程序的替换，如 cp、find、id、ls、mkdir 等。

有两种方法安装 SELinux。一种是以超级用户的身份运行 make quickinstall，系统会自动安装；另一种是根据 README 文件中的指导一步步安装。

安装完后，如果路径设置正确，就能运行 SELinux 特有的程序。例如 SELinux 的 ps 命令能够显示运行进程的安全上下文：

[root@ xena /]# ps -e --context

PID	SID	CONTEXT	COMMAND
1	7	system_u:system_r:init_t	init
2	1	system_u:system_r:kernel_t	[keventd]
3	1	system_u:system_r:kernel_t	[kapmd]
4	1	system_u:system_r:kernel_t	[ksoftirqd_CPU 0]
5	1	system_u:system_r:kernel_t	[kswapd]
6	1	system_u:system_r:kernel_t	[bdflush]
7	1	system_u:system_r:kernel_t	[kupdated]
8	7	system_u:system_r:init_t	[khubd]
9	7	system_u:system_r:init_t	[kjournald]
515	274	system_u:system_r:syslogd_t	syslogd -m 0
520	283	system_u:system_r:klogd_t	klogd -x
706	295	system_u:system_r:ntpd_t	/usr/sbin/ntpd -U ntp -g
757	296	system_u:system_r:named_t	/usr/local/sbin/named -u named
778	297	system_u:system_r:sshd_t	/usr/sbin/sshd
910	305	system_u:system_r:gpm_t	gpm -t ps/2 -m /dev/mouse
928	306	system_u:system_r:crond_t	crond
982	310	system_u:system_r:xfs_t	xfs -droppriv -daemon
1018	311	system_u:system_r:atd_t	/usr/sbin/atd
1319	312	system_u:system_r:getty_t	/sbin/mingetty tty2
1620	312	system_u:system_r:getty_t	/sbin/mingetty tty1
2726	297	system_u:system_r:sshd_t	/usr/sbin/sshd
2728	323	root:user_r:user_t	-bash
2920	323	root:user_r:user_t	ps -e --context

这里 ps 命令显示了两个额外的列 SID（安全标识符标记）和 CONTEXT。与此类似，ls 命令也显示了上下文标记：

[root@ xena /]# ls -l --context
drwxr-xr-x   root   root   system_u: object_r: bin_t   bin

drwxr-xr-x	root	root	system_u:	object_r:	boot_t		boot
drwxr-xr-x	root	root	system_u:	object_r:	device_t		dev
drwxr-xr-x	root	root	system_u:	object_r:	etc_t		etc
drwxr-xr-x	root	root	system_u:	object_r:	file_t		initrd
drwxr-xr-x	root	root	system_u:	object_r:	lib_t		lib
drwx------	root	root	system_u:	object_r:	lost_found_t		lost + found
drwxr-xr-x	root	root	system_u:	object_r:	file_t		misc
drwxr-xr-x	root	root	system_u:	object_r:	file_t		mnt
dr-xr-xr-x	root	root	system_u:	object_r:	proc_t		proc
drwxr-x---	root	root	system_u:	object_r:	sysadm_home_dir_t		root
drwxr-xr-x	root	root	system_u:	object_r:	sbin_t		sbin
drwxrwxrwt	root	root	system_u:	object_r:	tmp_t		tmp
drwxr-xr-x	root	root	system_u:	object_r:	usr_t		usr
drwxr-xr-x	root	root	system_u:	object_r:	var_t		var

  注意到在安装时 system_u 用户被赋予给所有文件。在安装以后创建的文件,其用户上下文被赋值成创建该文件的进程的用户身份。既然对文件来说,角色的概念是无关的,所有的文件都被赋予成 object_r 角色。

  如果用 SELinux Development Support 配置内核,则系统会运行在 permissive 模式。换言之,不是阻止安全策略不允许的功能,而是简单日志非法的活动并允许它们处理。查看/var/log/messages 中的消息,就会看到许多日志。运行 avc_toggle 命令,可将内核切换成强制模式,则非法的功能将被阻止。即使是作为 root 登录,在进入强制模式后,有些事也做不了。下面是一个 avc_toggle 命令的例子:

[root@ xena /]# id
uid = 0(root) gid = 0(root) groups = 0(root) context = root:user_r:user_t sid = 323
[root@ xena /]# avc_toggle
enforcing
[root@ xena /]# tail /var/log/messages
tail: /var/log/messages: Permission denied
[root@ xena /]# avc_toggle
avc_toggle: Permission denied

  该例中,以超级用户登录,并用 avc_toggle 命令切换到强制模式。不幸的是在 SELinux 中,没有拥有一切权力的超级用户,像例子中看到的那样,很多权限被否定。在 SELinux 中,需要一个系统管理员的角色,可用 newrole 命令切换成 sysadm_r 角色。

[root@ xena /]# newrole -r sysadm_r
Authenticating root.
Password: < rootpassword >
[root@ xena /]# tail /var/log/messages
Jan 20 10:53:22 xena kernel: avc: denied { avc_toggle } for pid = 12592
  exe = /usr/local/selinux/bin/avc_toggle scontext = root:user_r:user_t
  tcontext = system_u:system_r:kernel_t tclass = system

Jan 20 10:53:30 xena kernel: avc: denied { read } for pid=12593
　　exe=/usr/bin/tail path=/var/log/messages dev=03:01 ino=23230
　　scontext=root:user_r:user_t tcontext=system_u:object_r:var_log_t tclass=file
Jan 20 10:53:35 xena kernel: avc: denied { avc_toggle } for pid=12594
　　exe=/usr/local/selinux/bin/avc_toggle scontext=root:user_r:user_t
　　tcontext=system_u:system_r:kernel_t tclass=system
[root@ xena /]# avc_toggle
permissive

　　在此messages文件的末尾,可以看到三个拒绝访问。第一个是在permissive模式下运行的avc_toggle命令,它做日志并被执行,将内核切换到强制模式。第二个是以root身份登录,在强制模式下运行。第三个是试图在切换到sysadm_r角色之前退出强制模式。

7.3.7　Fedora Core 中的 SELinux

　　Fedora Core 2的发布是SELinux一次重要的发展。它是第一套提供对SELinux完整支持的主流Linux发行版本。Fedora Core 3也是一个重要的里程碑,因为它是第一套将SELinux作为默认安装选项的Linux发行版本。Fedora Core中的SELinux是在Linux内核中使用LSM框架的强制访问控制的实现。标准的Linux安全采用的是自主访问控制方式。

　　SELinux的安全策略描述了所有主体对客体的访问权限,即整个系统中的用户、程序、进程对文件和设备所能做的操作。Fedora Core的安全策略保存在包中,它们是:

　　selinux-policy-<version>.noarch.rpm:该包是所有策略类型的公共部分,其中包括配置文件和手册页,开发环境的接口文件。接口文件驻留在/usr/share/selinux/devel/headers目录。

　　selinux-policy-strict-<version>.noarch.rpm,

　　selinux-policy-targeted-<version>.noarch.rpm,

　　selinux-policy-mls-<version>.noarch.rpm,

　　二进制的策略文件驻留在/etc/selinux/policyname/中。

　　当SELinux引入到Fedora Core中时,它实施NSA的严格策略。在严格策略下,发现了几百个安全问题,除此之外,还发现在Fedora用户的许多环境中使用单一的严格策略是行不通的。如果不采用省却安装,只安装单个的严格策略的话,那只有专家才能胜任该工作。

　　考虑到这一点,SELinux的开发者提供了选择,可以尝试不同的策略。可以创建一个targeted策略锁定具体的守护进程,尤其是那些易受攻击或会损害系统的进程。其余的进程在标准的Linux DAC安全模式下运行。

　　在targeted策略中,大多数进程运行在unconfined_t域,顾名思义,它们不受限制。那些网络守护进程,在应用开始时,会迁移到targeted策略。例如,在系统引导时,init运行在unconfined_t策略,当named启动时,它会迁移到named_t域,并被适当的策略锁定。

　　目前被targeted策略保护的程序有:accton, amanda, httpd(apache), arpwatch, pam, automount, avahi, named, bluez, lilo, grub, canna, comsat, cpucontrol, cpuspeed, cups, cvs, cyrus, dbskkd, dbus, dhcpd, dictd, dmidecode, dovecot, fetchmail, fingerd, ftpd(vsftpd, proftpd, and muddleftpd), gpm, hald, hotplug, howl, innd, kerberos, ktalkd, openldap, auditd, syslog, logwatch, lpd, lvm, mailman, module-init-tools, mount, mysql, NetworkManager, NIS, nscd, ntp, pegasus, portmap, postfix, postgresql, pppd, pptp, privoxy, procmail, radiusd, radvd, rlogin, nfs, rsync, samba, saslauthd, snmpd, spamd, squid, stunnel, dhcpc, ifconfig, sysstat, tcp wrappers, telnetd, tftpd, updfstab, user management (passwd, useradd, etc.), crack, uucpd, vpnc, webalizer, xend, xfs, zebra。

在 Fedora Core 中使用严格的策略。这对不同用户的同一环境是个挑战。要想使用严格策略,需要仔细配置策略和系统。为了让使用严格策略容易一些,SELinux 开发者试图在用户身份变化时改变策略。例如,system-config-securitylevel 可构造一个重新标记给开始脚本。

MLS 策略类似于严格策略,但对不同级别的安全上下文增加了一个附加域。SELinux 使用这些级别分隔数据。

引用(Reference)策略是由 Tresys 公司维护的一个新项目,可以用一种更简单更易理解的方式重写 SELinux 策略。在 Fedora Core 5 中开始使用引用(Reference)策略。

文件上下文是由 setfiles 命令生成的固定标签,用于描述文件或目录的安全上下文。Fedora Core 配置了 fixfiles 脚本,支持三种选项:check, restore, 和 relabel。该脚本允许用户重新标记文件系统,而不需安装 selinux-policy-targeted-sources 包。

利用选项-z 可以观看一个文件、用户、和进程的上下文。显示主体和客体上下文的命令示例如下:

ls -alZ *file.foo*

id -Z

ps -eZ

Fedora Core 5 之前的 SELinux 策略被编译成一个单独的二进制文件,如果想改变或添加策略,管理员必须替换整个策略文件。从 Fedora Core 5 开始,策略采用模组技术。这就意味着第三方开发者可以为其应用配置安全策略,并将其添加到内核,而无需替换整个策略文件,也不必重新启动整个系统。semodule 命令可以实现安装、升级、或删除模块的工作。策略模块(扩展名为.pp)通常存放在/usr/share/selinux/*policyname*/中。

从 Fedora Core 5 开始,添加了一个新的库 libsemanage,为用户空间提供一个接口工具,使得对策略的管理更容易。策略信息存储在/etc/selinux/*policyname*/中。用户可以不直接编辑策略,而是使用工具,如 semanage。

为了切换到当前使用的安全策略,可使用自动的方法。从 GUI 主菜单中选择 Desktop → System Settings → Security level,或运行 system-config-securitylevel,改变成所希望的策略,确定在重新启动时重新标记。也可以使用下列手工方法:

①编辑/etc/selinux/config,并改变策略的类型和模式;

SELINUXTYPE = *policyname*

SELINUX = permissive

②设置在重新启动时重新标记文件系统;

touch /. autorelabel

③重新启动系统;

④确认改变生效;

sestatus -v

⑤运行 setenforce 1。

在/etc/selinux/config 文件中设置 SELINUX = disabled 会关闭 SELinux。可以在配置文件/etc/sysconfig/selinux 中说明 SELinux 模式。

```
# This file controls the state of SELinux on the system.
# SELINUX = can take one of these three values:
#       enforcing - SELinux security policy is enforced.
#       permissive - SELinux prints warnings instead of enforcing.
#       disabled - No SELinux policy is loaded.
SELINUX = enforcing
# SELINUXTYPE = type of policy in use. Possible values are:
#       targeted - Only targeted network daemons are protected.
#       strict - Full SELinux protection.
SELINUXTYPE = targeted
```

习题七

1. 安全操作系统的设计原则是什么？基于一般操作系统开发安全操作系统一般有哪些方法？这些开发方法有哪些的优缺点？它们各自所适用怎样的场合？
2. Linux 安全模块(LSM)是什么？目前人们大多是通过对 Linux 内核进行安全性增强的方式来开发所需的各种安全机制，试说明在这个过程中如何保障安全机制的完备性。
3. 仔细分析 LSM 开发中所采用的先进思想和技术，它们的先进性主要表现在哪些方面？
4. SELinux 体系结构怎样？有哪些优点？
5. 与普通 Linux 相比，SELinux 有何特点？
6. SELinux 的出现为在源代码级学习和研究安全操作系统提供了一个极好的机会，请从网址 http://www.nsa.gov/selinux/ 上下载 SELinux 的源程序代码和相关文档，分析其安全体系结构和安全策略配置的具体实现。

主要参考文献

1. 卿斯汉,刘文清,刘海峰. 操作系统安全导论. 北京:科学出版社,2003
2. 卿斯汉,刘文清,温红子,刘海峰. 操作系统安全. 北京:清华大学出版社,2004
3. 石文昌. 安全操作系统研究的发展. 2001
4. 中国国家质量技术监督局. 1999. 中华人民共和国国家标准:计算机信息系统安全保护等级划分准则. GB17859-1999
5. 石文昌. 安全操作系统研究的发展. 计算机科学,Vol. 29 No. 6 和 Vol. 29 No. 7,2002 年 6、7 月
6. 蔡谊,沈昌祥. 安全操作系统发展现状及对策. 第十六次全国计算机安全学术交流会,四川成都,2001 年 6 月
7. 王东霞,赵刚. 安全体系结构与安全标准. 计算机工程与应用,第 41 卷,第 8 期,2005 年 8 月
8. 马建峰,郭渊博. 计算机系统安全. 西安:西安电子科技大学出版社,2005
9. 赵炯. Linux 内核完全注释. 北京:机械工业出版社,2004
10. 李涛. 网络安全概论. 北京:电子工业出版社,2004
11. 刘克龙,冯登国,石文昌编著. 安全操作系统原理与技术. 北京:科学出版社,2004
12. 薛质,王轶骏,李建华. Windows 系统安全原理与技术. 北京:清华大学出版社,2005
13. 黄易冬,沈廷芝,朱亚平. SELinux 安全机制和安全目的研究. 2003
14. Greg Hoglund, Gary McGraw 编著,邓劲生翻译. 软件剖析——代码攻防之道. 北京:清华大学出版社,2005
15. Matt Bishop 著,王立斌,黄征等译. 计算机安全学——安全的艺术与科学. 北京:电子工业出版社,2005
16. Matt Bishop 著,王立斌,黄征等译. 计算机安全学导论. 北京:电子工业出版社,2005
17. U. S. Department of Defense. Trusted Computer System Evaluation Criteria. DoD 5200. 28-STD,1985
18. Roberta Bragg,Mark Rhodes – Ousley,Keith Strassberg 等著,程代伟译. 网络安全完全手册. 北京:电子工业出版社,2005
19. Abrams M. D.. Renewed Understanding of Access Control Policies. In Proceedings of the 16th National Computer Security Conference, pages 87-96, Oct. 1993
20. Bell D., LaPadula L.. Secure Computer Systems:Mathematical Foundations and Model. Technical Report M74-244,Mitre Corporation, Belford, MA, 1975
21. Biba K., Intergrity Considerations for Secure Computer Systems. Technical Report MTR-3153,Mitre Corporation,Belford,MA,1977
22. Brewer D. ,Nash M. The Chinese Wall Security Policy. Proceedings of the 1989 IEEE Symposium on Security and Privacy,1989

23. Clark D., Wilson D.. A Comparison of Commercial and Military security Polices. Proceedings of the 1987 IEEE Symposium on Security and Privacy, 1987
24. Ford B., Hibler M., Lepreau J., McGrath R., Tullmann P.. Interface and Execution Models in the Fluke Kernel. In Proceedings of the 3rd USENIX Symposium on Operating Systems Design and Implementation, pages 101-116, Feb. 1999
25. Information Technology Security Evaluation Criteria (ITSEC), 1991
26. Kevin Fenzi, Tuning Your SELinux Policy with Audit2allow, 2005
27. LaPadula L., Bell D.. Secure computer systems: A mathematical model.. Technical Report 2547 (Volume II), MITRE, 1973
28. Larry Loeb. Secure Electronic Transactions, 2001
29. Marc Laroche. Common Criteria Evaluation for a Trusted Entrust/PKI^{TM}, 2000
30. Microsoft Corporation, Windows 2000 Security Hardening Guide, Version 1.3, http://www.microsoft.com/technet/columns/security/essays
31. Microsoft Corporation, Windows Server 2003 Security Guide, http://www.microsoft.com/china/TechNet/security/Safeguidebook/book00.asp
32. Microsoft Corporation, Windows 2003 安全性简介, http://www.microsoft.com/china/technet/security/guidance/secmod117.mspx
33. Minear S. E. Providing Policy Control Over Object Operations in a Mach Based System. In Proceedings of the Fifth USENIX UNIX Security Symposium, pages 141-156, June 1995